普通高等教育机械类教材

CAXA
机械制图教程

刘日良　韩泉泉　魏雪松　编

化学工业出版社

·北京·

内容简介

本书是一本专门介绍CAXA电子图板2025的使用操作及机械图样绘制技术的教材，旨在系统培养针对二维机械工程图样的计算机绘图能力。全书共分8章，主要包括CAXA电子图板入门、CAXA工程制图基础、平面图形绘制、图形的编辑与修改、标注、视图与剖视图的绘制、标准件与常用图形、零件图与装配图。

本书适合作为大中专院校机械类专业和近机类专业学生的教材，也可作为广大工程技术人员进行计算机绘图时的参考书籍。

图书在版编目（CIP）数据

CAXA机械制图教程 / 刘日良，韩泉泉，魏雪松编. 北京：化学工业出版社，2026. 3. -- （普通高等教育机械类教材）. -- ISBN 978-7-122-49915-8

Ⅰ. TH126

中国国家版本馆CIP数据核字第2026JP9805号

责任编辑：张海丽　　装帧设计：刘丽华

责任校对：杜杏然

出版发行：化学工业出版社

（北京市东城区青年湖南街13号　邮政编码100011）

印　　装：高教社（天津）印务有限公司

787mm×1092mm　1/16　印张10　字数240千字

2026年3月北京第1版第1次印刷

购书咨询：010-64518888　　售后服务：010-64518899

网　　址：http://www.cip.com.cn

凡购买本书，如有缺损质量问题，本社销售中心负责调换。

定　　价：39.00元

前言

CAXA 电子图板是一个具有完全自主知识产权的通用 CAD 软件。该软件是依据中国的机械设计标准和使用习惯为设计工程师精心打造的，为用户提供了直观形象、简洁实用的设计手段，能够减少重复性工作，帮助设计人员提高工作效率，而且更有利于提高工程图样和设计工作的标准化、规范化，是进行产品设计和工程图样绘制的得力助手，在国内普及率较高。

本书是编者基于多年从事机械制图及计算机绘图的教学经验编写的，重点在于介绍二维机械工程图样的 CAXA 绘图方法和技巧。内容编排上以机械制图的基本要求为主线，从一般的二维图形到三视图、机件的表达方法及常用图形，最后到零件图和装配图等，循序渐进地通过示例介绍了如何用电子图板来实现各种图形的绘制方法和技巧。为了让初学者迅速掌握 CAXA 电子图板 2025 的基本操作，不断提高绘图技巧，主要章节都结合机械制图需要安排了相应的示例。其中部分采用了《CAXA 绘制机械标准图样 150 例》中的示例，并根据新版本特点进行了修改。

CAXA 电子图板的最新版本采用了当前流行的 Fluent 风格界面，但又保留了经典界面风格，并通过快捷键在新老界面间切换，供用户选择。同时，CAXA 电子图板也优化了交互技术，为绘图操作提供了多种交互方式，包括绘图命令、主菜单、工具条、功能区和功能面板、快速启动工具栏、工具选项板等，本书中逐一进行了介绍。但简洁起见，在介绍绘图、编辑和标注等具体命令的操作时，均以主菜单方式为主。不管用户选用经典界面还是新界面，通过主菜单进行操作时，操作流程基本是一样的。在某些情况下不一样时，书中单独进行了说明。

本书由刘日良、韩泉泉、魏雪松编写。编写过程中，山东大学的制图教师和相关课程的学生给予了很大的帮助，在此表示衷心感谢！

由于编者水平有限，书中不足之处在所难免，恭请广大读者批评指正。

编　者

2025 年 10 月

目录

第1章 CAXA 电子图板入门 1

1.1 CAXA CAD 电子图板 2025 用户界面 / 1
1.1.1 操作界面风格选择 / 1
1.1.2 经典界面简介 / 2
1.1.3 Fluent 风格界面简介 / 5
1.2 绘图操作基础 / 8
1.2.1 命令的调用 / 8
1.2.2 点的输入 / 8
1.2.3 拾取对象 / 9
1.2.4 动态输入方式 / 10
1.3 文件操作 / 11
1.3.1 新建图形文件 / 11
1.3.2 打开图形文件 / 12
1.3.3 存储图形文件 / 12
1.3.4 打印图形 / 14
1.4 显示控制 / 14
1.4.1 重生成及全部重生成 / 15
1.4.2 按窗口放大显示 / 15
1.4.3 平移显示区域 / 15
1.4.4 其他显示控制方式 / 16

第2章 CAXA 工程制图基础 17

2.1 图幅 / 17
2.1.1 幅面设置 / 17
2.1.2 调入图框 / 18
2.1.3 调入及填写标题栏 / 18
2.1.4 调入参数栏 / 19
2.2 图层 / 20
2.2.1 图层的概念 / 20
2.2.2 层设置 / 20

2.2.3 当前层设置 / 22
2.2.4 图层工具 / 23
2.3 颜色 / 23
2.3.1 常用颜色的选取 / 23
2.3.2 颜色设置 / 24
2.4 线型与线宽 / 25
2.4.1 线型操作 / 25
2.4.2 线型属性设置 / 25
2.4.3 定制线型 / 26
2.4.4 线宽设置 / 27
2.5 标注风格及绘图环境参数设置 / 28
2.5.1 文本样式设置 / 28
2.5.2 标注风格设置 / 29
2.5.3 点样式设置 / 30
2.5.4 系统选项设置 / 30
2.5.5 捕捉模式和智能点的设置 / 30

第3章 平面图形绘制 32

3.1 绘图命令概览 / 32
3.2 基本曲线 / 32
3.2.1 直线 / 32
3.2.2 平行线 / 36
3.2.3 圆 / 37
3.2.4 圆弧 / 38
3.2.5 矩形 / 39
3.2.6 中心线 / 39
3.2.7 多线段 / 40
3.2.8 等距线 / 40
3.3 高级曲线 / 41
3.3.1 点 / 41
3.3.2 样条曲线 / 42
3.3.3 正多边形 / 42
3.3.4 椭圆 / 43
3.3.5 箭头 / 44
3.3.6 波浪线 / 44
3.3.7 双折线 / 44
3.3.8 公式曲线 / 45
3.4 特殊曲线 / 45
3.4.1 剖面线 / 45

3.4.2 填充 / 47
3.4.3 孔/轴 / 47
3.4.4 局部放大图 / 48
3.4.5 齿轮齿形 / 49
3.5 CAXA 绘图练习示例 / 50

第4章 图形的编辑与修改 54

4.1 基本编辑 / 54
4.1.1 删除 / 54
4.1.2 撤销和恢复 / 55
4.1.3 剪切、复制和粘贴 / 55
4.2 属性编辑 / 55
4.2.1 特性工具选项板 / 55
4.2.2 特性匹配 / 56
4.3 图形编辑 / 57
4.3.1 裁剪 / 57
4.3.2 延伸 / 59
4.3.3 过渡 / 59
4.3.4 打断 / 62
4.3.5 平移 / 62
4.3.6 平移复制 / 62
4.3.7 旋转 / 63
4.3.8 比例缩放 / 63
4.3.9 镜像 / 64
4.3.10 阵列 / 64
4.3.11 拉伸 / 66
4.3.12 夹点编辑功能 / 67
4.4 绘制平面图形示例 / 68
4.4.1 绘制吊钩视图 / 68
4.4.2 绘制压盖视图 / 70
4.4.3 绘制带铸造圆角的底板 / 71

第5章 标注 73

5.1 尺寸标注 / 73
5.1.1 基本标注方式下直线的标注 / 73
5.1.2 基本标注方式下圆的标注 / 74
5.1.3 基本标注方式下圆弧的标注 / 74

5.1.4 基本标注方式下两个元素的标注 / 75
5.1.5 基线标注与连续标注 / 76
5.1.6 半标注 / 76
5.1.7 大圆弧标注 / 77
5.1.8 锥度与斜度的标注 / 77
5.1.9 三点角度标注 / 78
5.1.10 角度连续标注 / 78
5.1.11 尺寸标注菜单中的其他标注 / 78
5.2 文字标注 / 79
5.2.1 文字标注——指定两点方式 / 79
5.2.2 文字标注——其他方式 / 80
5.2.3 引出说明 / 81
5.2.4 技术要求 / 82
5.3 特殊尺寸和符号标注 / 83
5.3.1 尺寸公差 / 83
5.3.2 形位公差 / 84
5.3.3 倒角标注 / 84
5.3.4 粗糙度符号的标注 / 84
5.3.5 基准代号的标注 / 85
5.3.6 剖切符号 / 86
5.3.7 焊接符号 / 86
5.3.8 向视符号 / 87
5.3.9 中心孔标注 / 87
5.3.10 孔标注 / 88
5.4 工程标注的编辑 / 89
5.4.1 尺寸标注修改 / 89
5.4.2 尺寸驱动 / 90
5.4.3 标注间距 / 91
5.4.4 标注对齐 / 91

第6章 视图与剖视图的绘制 92

6.1 导航捕捉 / 92
6.1.1 导航点捕捉 / 92
6.1.2 三视图导航 / 93
6.2 三视图绘制示例 / 94
6.2.1 圆柱相贯体三视图 / 94
6.2.2 组合体三视图 / 96
6.3 机件表达方法练习 / 99
6.3.1 六个基本视图 / 99

6.3.2 局部视图和斜视图 / 102
6.3.3 剖视图的绘制 / 104
6.3.4 机件表达方法综合练习 / 105

第7章 标准件与常用图形 108

7.1 块与块操作 / 108
7.1.1 块的创建 / 108
7.1.2 块消隐 / 108
7.1.3 块打散 / 109
7.2 图库 / 109
7.2.1 图库简介 / 109
7.2.2 图库操作与管理 / 109
7.3 插入图符 / 111
7.3.1 插入固定图符 / 111
7.3.2 插入参数化图符 / 112
7.4 图库的其他操作 / 113
7.4.1 驱动图符 / 113
7.4.2 定义固定图符 / 113
7.4.3 定义参数化图符 / 114
7.5 标准件相关图形示例 / 115
7.5.1 螺栓连接 / 115
7.5.2 双头螺柱连接 / 117
7.5.3 螺钉连接 / 118
7.5.4 销连接 / 119
7.5.5 装配图中的滚动轴承 / 121

第8章 零件图与装配图 124

8.1 常见结构和图形画法 / 124
8.1.1 图库中的常用图形 / 124
8.1.2 构件库 / 124
8.2 零件图的绘制 / 126
8.3 零件序号 / 128
8.3.1 生成序号 / 128
8.3.2 删除序号 / 130
8.3.3 编辑序号 / 130
8.3.4 交换序号 / 130
8.3.5 合并与拆分序号 / 131

8.3.6 序号风格 / 131
8.4 明细表 / 133
8.4.1 填写明细表 / 133
8.4.2 删除表项 / 133
8.4.3 表格折行 / 134
8.4.4 插入空行 / 135
8.4.5 明细表风格 / 135
8.5 装配图的绘制 / 137
8.5.1 绘制装配图的大致步骤 / 137
8.5.2 综合示例 / 140

第1章　CAXA 电子图板入门

1.1　CAXA CAD 电子图板 2025 用户界面

1.1.1　操作界面风格选择

第一次启动电子图板时，系统会弹出如图 1-1 所示的【选择配置风格】对话框，供用户选择自己喜欢的交互风格和界面风格。

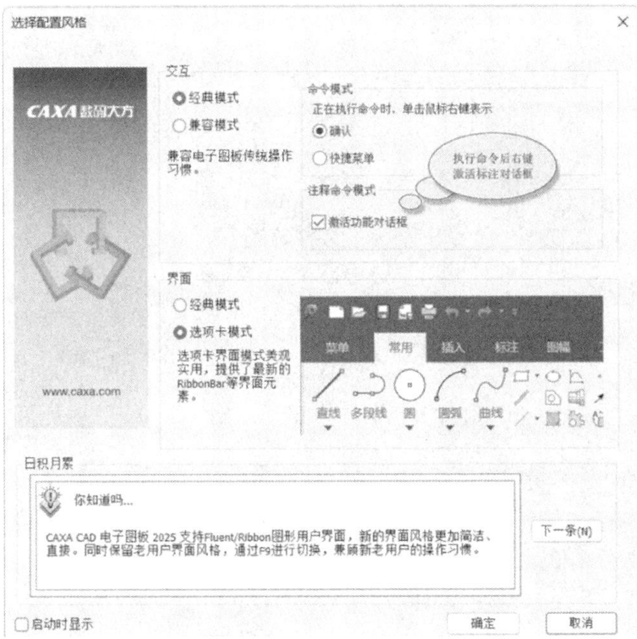

图 1-1　【选择配置风格】对话框

交互风格包括经典模式和兼容模式。其中，经典模式兼容了电子图板的传统操作习惯，即在执行命令时，单击鼠标右键表示“确认”，在执行命令后单击右键可激活功能对话框；兼容模式则与其他 CAD 软件的操作习惯相兼容，即在执行命令时，单击右键将启用相应的快捷菜单，在执行命令后单击右键不会激活功能对话框。

界面风格包括经典模式和选项卡模式。其中，经典模式界面（也称为经典界面）简洁明了，提供了经典的菜单、工具条等元素；而选项卡模式界面（也称为 Fluent 风格界面）则采用 Fluent 风格，提供了功能区和工具栏等元素。启动时用户可根据自己的喜好选择，后期也可以利用 F9 功能键随时在两者之间进行切换，或者在主菜单中单击【工具】→【界面操作】→【切换】，就可以在新界面和经典界面中进行切换。在 Fluent 风格界面下也可以通过功能区中单击【视图选项卡】→【界面操作面板】→【切换界面风格】进行切换。

“日积月累”则逐条提供 CAXA 电子图板的使用技巧，供用户浏览。它与主菜单中【帮助】选项卡中的【日积月累】按钮功能相同。

值得说明的是，【选择配置风格】对话框不需要经常弹出。如果下一次启动时不需要显示【选择配置风格】对话框，则应取消左下角的“启动时显示”复选框，单击“确定”按钮即可。如果希望查看此对话框，则可在功能区单击【工具】→【选项】，在系统随之弹出的【选项】对话框中，从左侧列表中选择“系统”，在右侧勾选“启动时显示风格配置”复选框，单击“确定”按钮即可。

1.1.2 经典界面简介

CAXA 电子图板经典风格界面主要通过主菜单和工具条访问常用命令。另外还包括绘图区、命令行、状态栏、立即菜单、工具选项板等，如图 1-2 所示。

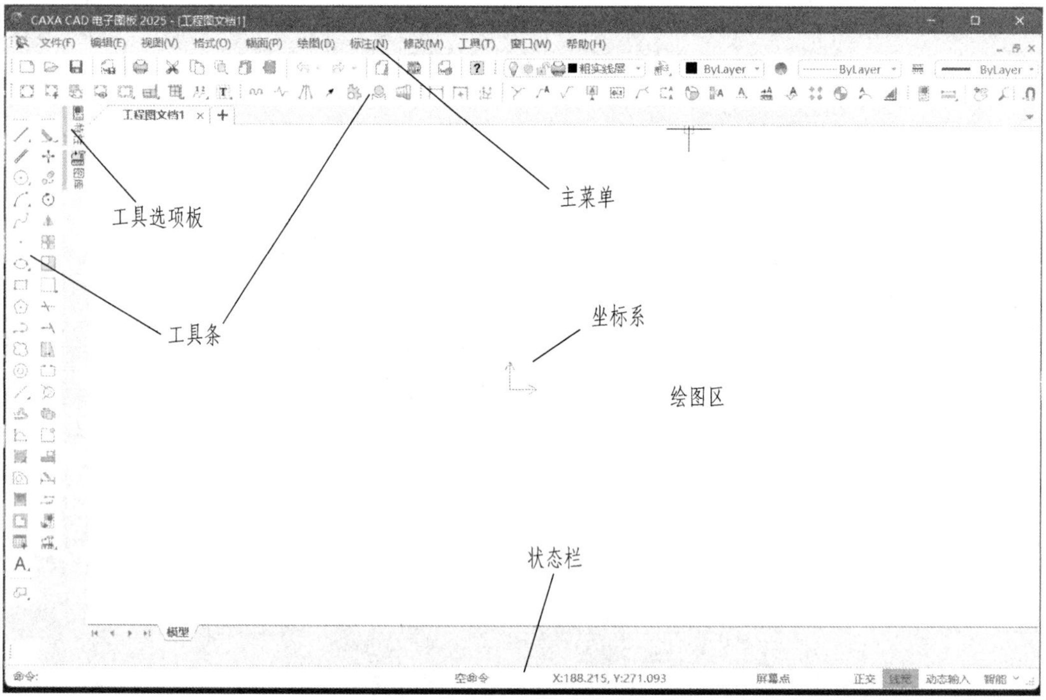

图 1-2 经典界面

1.1.2.1 绘图区及坐标系

绘图区是用户进行绘图设计的工作区域，位于屏幕的中心，并占据了屏幕的大部分面积。其中央设置了一个二维直角坐标系，该坐标系称为世界坐标系。如有必要，用户也可以建立自己的用户坐标系（调用【工具】→【新建坐标系】）或对坐标系进行设置（调用【工具】→【坐标系管理】）。缺省情况下，用户坐标系与世界坐标系重合，即绘图区的中央为坐标原点（0,0）。

CAXA 电子图板以当前用户坐标系的原点为基准，水平方向为 X 方向，并且向右为正，向左为负。垂直方向为 Y 方向，向上为正，向下为负。在绘图区用鼠标拾取的点或由键盘输入的点，均以当前用户坐标系为基准。

坐标系图标可以显示，也可以关闭、重新打开或者采用不同的显示形式，具体方法是：调用【视图】→【坐标系显示】，在系统弹出的【坐标系显示设置】对话框中进行设置。

1.1.2.2 菜单系统

CAXA 电子图板的菜单系统包括主菜单、立即菜单和捕捉菜单等。

（1）主菜单

主菜单位于屏幕的顶部，它由一行菜单条及其子菜单组成，菜单条包括【文件】、【编辑】、【视图】、【格式】、【幅面】、【绘图】、【标注】、【修改】、【工具】、【窗口】、【帮助】等，每部分都含有若干个下拉菜单项。例如，单击主菜单中的【工具】则出现如图 1-3 所示的下拉菜单。下拉菜单中右侧有三角形箭头的菜单条表示该项操作有下一级下拉菜单，需从下一级下拉菜单中选择具体的命令，如图中“查询”下的“坐标点”（表示将要查询某点的坐标，本书用【工具】→【查询】→【点坐标】表示）；菜单条右侧有省略号的（如“选项”，本书用【工具】→【选项】表示）表示单击该菜单条将出现相应的对话框，其他菜单条（如“三视图导航”，本书用【工具】→【三视图导航】表示）表示单击后即执行相应的命令。

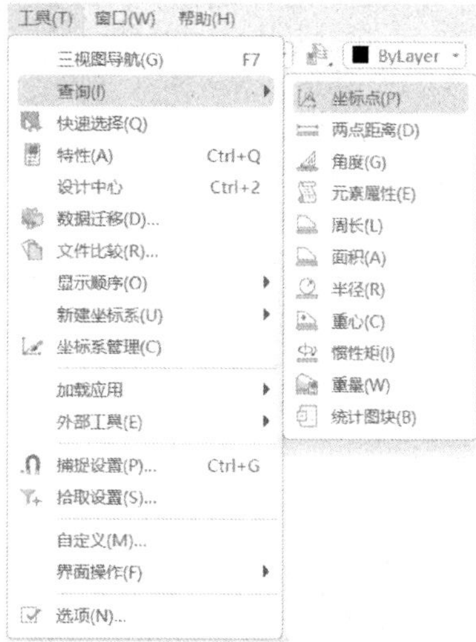

图 1-3 主菜单及其下拉菜单示例

（2）立即菜单

立即菜单描述了命令执行的各种情况和使用条件，在执行某些命令时自动弹出。例如，输入画直线命令时（从主菜单选择【绘图】→【直线】；单击相应工具条中的 或键盘输入“LINE”），则系统立即弹出立即菜单及相应的操作提示［图 1-4（a）］。

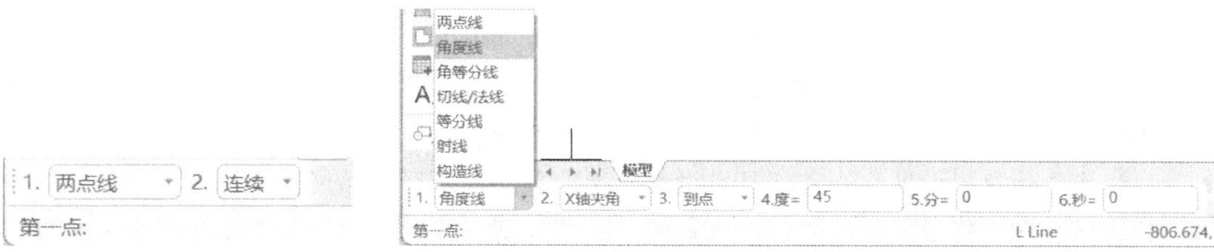

（a）直线命令的立即菜单　　（b）立即菜单的操作

图 1-4 立即菜单示例

立即菜单一般位于屏幕左下部，主要作用是方便用户对命令的不同功能进行选择。在立即菜单环境下，用鼠标单击其中的某一项（或按 Alt＋数字键）可以改变该项的内容。用户根据当前的作图要求所作的正确选择将会得到立即的反应。例如，改变上述立即菜单第一项为“角度线”时，则立即菜单将改变为如图 1-4（b）所示形式。

如果立即菜单中的某一项有三个以上的选择值，要改变框内的当前值，只需用鼠标单击框右边的“▼”就弹出一个列表框，从中选取一项，该项即切换为当前值［图 1-4（b）］。如果框内只有两个选项，要实现这两项的切换，只需用鼠标单击框右边的“▼”即可。如果需要输入数值，需用鼠标单击对应的编辑框，用键盘输入一个要求范围的实数或字母即可。

（3）捕捉菜单

如果在系统提示输入点时按下空格键，屏幕上会弹出一个被称为捕捉菜单的选项菜单（图 1-5），用户可以根据作图需要从中选取特征点（如端点、切点、交点、圆心等）进行捕捉。利用该菜单，用户可以很准确、方便地捕捉图形上的特殊点。

注意，捕捉菜单是经典交互模式下常用的方式。当交互风格为兼容模式时，如果用户也希望使用捕捉菜单功能，可以通过【菜单】→【工具】→【选项】，在弹出的【选项】对话框（图 1-6）中，单击“交互”后勾选“空格激活捕捉菜单”。

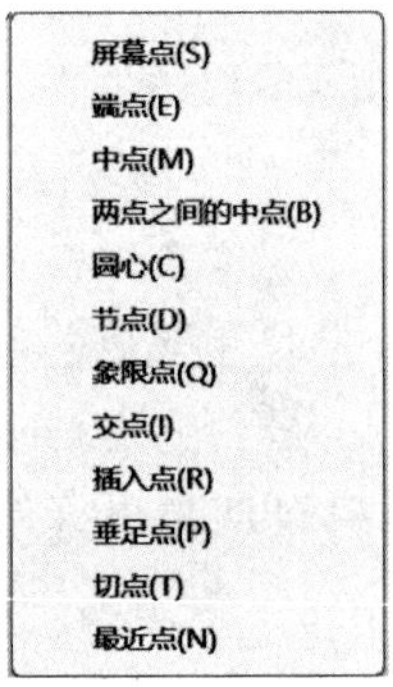

图 1-5　捕捉菜单

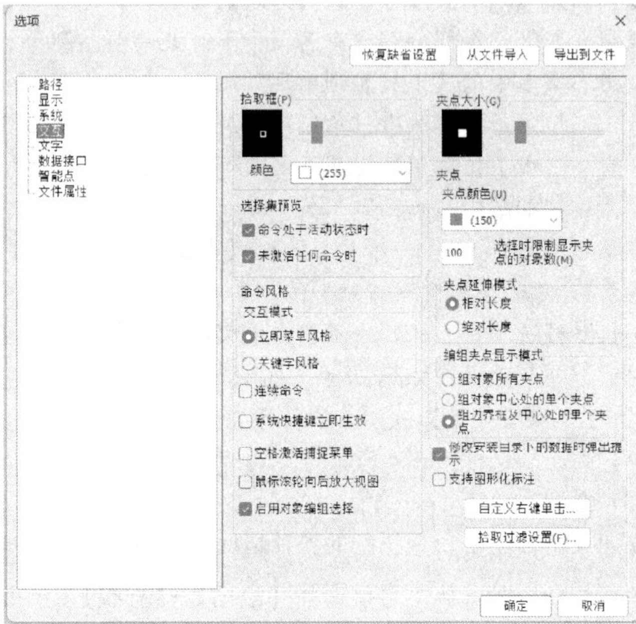

图 1-6　【选项】对话框

1.1.2.3　状态栏

CAXA 电子图板提供了多种显示当前状态的功能（图 1-7），包括屏幕状态显示、操作信息提示、当前工具点设置及拾取状态显示等。这些信息分区域显示，具体包括当前点坐标显示区、操作信息提示区、当前工具点设置及拾取状态提示区、点捕捉状态设置区、命令与数据输入区和命令提示区等。

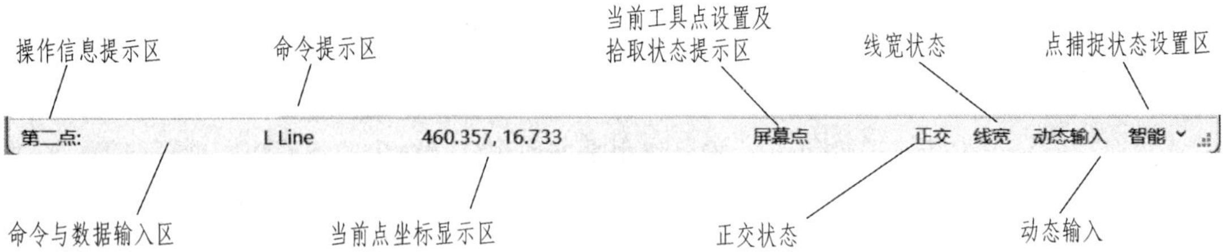

图 1-7　状态显示栏

操作信息提示区位于屏幕底部状态栏的左侧，用于提示当前命令执行情况或提醒用户输入。例如，画直线时，用户输入一个点后系统会提示输入“第二点”。当此处显示“命令”时，提醒用户输入一个命令（如“LINE”），否则将显示当前命令的执行状态。

命令与数据输入区位于状态栏左侧，用于由键盘输入命令或数据，例如在提示“第二点”时可输入点的坐标。

命令提示区位于命令与数据输入区和当前点坐标显示区之间，显示目前正在执行的键盘命令，便于用户快速掌握系统当前运行状态。

当前点坐标显示区位于屏幕底部状态栏的中部，当前点的坐标值随鼠标光标的移动作动态变化。坐标可能是直角坐标、极坐标或相对坐标，可以通过 F2 快捷键切换。

当前工具点设置及拾取状态提示位于状态栏的右侧，自动提示当前点的性质以及拾取方式。例如，点可能为“屏幕点”“切点”“端点”等；拾取方式可以为“拾取添加”或“拾取取消”等。

正交状态与线宽状态为两个切换开关，前者可以使系统处于正交状态或非正交状态；后者控制系统在线宽和细线状态间切换。正交状态下，系统将限制光标移动方向为水平或垂直。线宽状态下，系统将显示图线的实际线宽；在细线状态下，则所有图线均显示为细线。

动态输入按钮用于打开或关闭动态输入工具（见 1.2.5 节）。

系统对屏幕上的点可以进行不同形式的控制，这种控制方式称为捕捉。点捕捉状态设置区位于状态栏的最右侧，在此区域内可以将点的捕捉状态设置为“自由”“智能”“栅格”或“导航”（图 1-8）。除了鼠标外也可以用 F6 键进行四种方式之间的切换。自由方式就是对点不加任何限制，即点的输入完全由当前光标的实际定位来确定；智能方式下，鼠标自动捕捉一些特征点，如圆心、切点、垂足、中点、端点等；栅格捕捉方式下，鼠标的十字光标线只能在被设置的栅格点上移动；导航捕捉方式则是为了保证图形与已有特征点之间的对应关系而开发的。

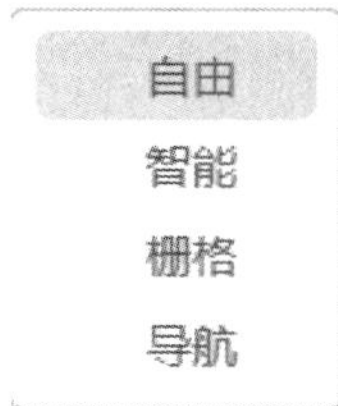

图 1-8　点捕捉模式

1.1.2.4　工具条

工具条是经典的交互工具。在工具条中，可以通过鼠标左键单击相应的功能按钮进行操作，系统默认工具条包括【标准】、【颜色图层】、【常用工具】、【绘图工具】、【绘图工具Ⅱ】、【标注工具】、【图幅】、【设置工具】、【编辑工具】等，也可以建立全新的工具条。图 1-9 所示为【绘图工具】工具条，其他工具条的形式类似。用鼠标拖动工具条可以调整其位置，系统将根据其位置自动决定将工具条横放或竖放。工具条可以自定义位置和是否显示在界面上。

图 1-9　工具条示例

1.1.3　Fluent 风格界面简介

CAXA 电子图板新风格（Fluent 风格）界面如图 1-10 所示，除了菜单系统外，还使用功能区、快速启动工具栏和菜单按钮访问常用命令。Fluent 风格界面中，绘图区、状态栏、立即菜单等与经典界面下基本相同，但主菜单被集中于【菜单】选项下，其功能与经典界面主菜单大致相当。所以，在 Fluent 风格界面下可以使用菜单按钮呼出主菜单（图 1-11），其应用方式与传统的主菜单相同。

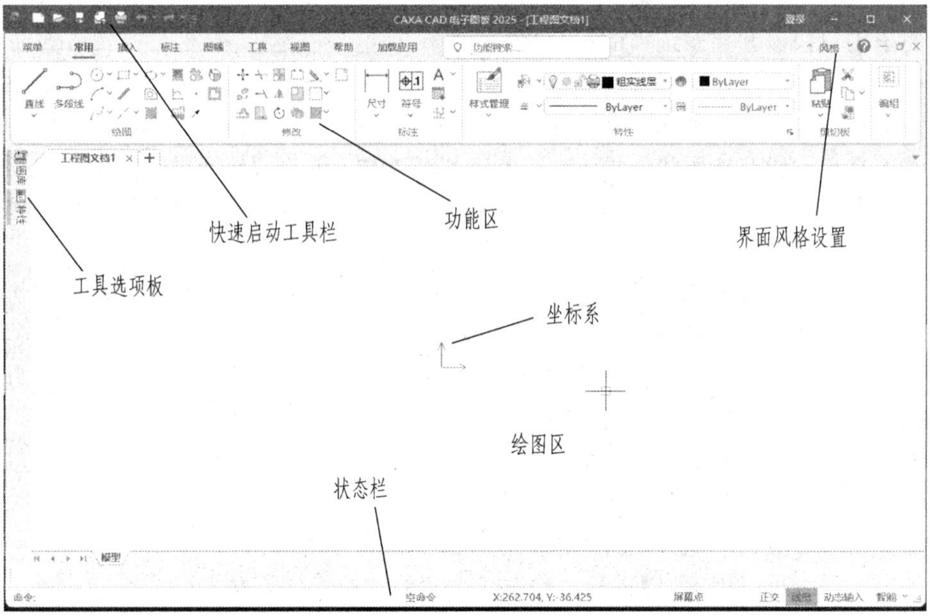

图 1-10　CAXA 电子图板 Fluent 风格界面

图 1-11　Fluent 风格界面中的主菜单

（1）功能区

CAXA 电子图板 2025 的功能区如图 1-12 所示。它通过单一紧凑的界面使各种命令组织在一起，简洁有序，通俗易懂。功能区通常包括多个选项卡，如【常用】、【插入】、【标注】、【图幅】、【工具】、【视图】、【帮助】等。每个功能区选项卡由各种功能面板组成，例如，【常用】选项卡由【绘图】、【修改】、【标注】、【特性】和【剪切板】等功能面板组成。

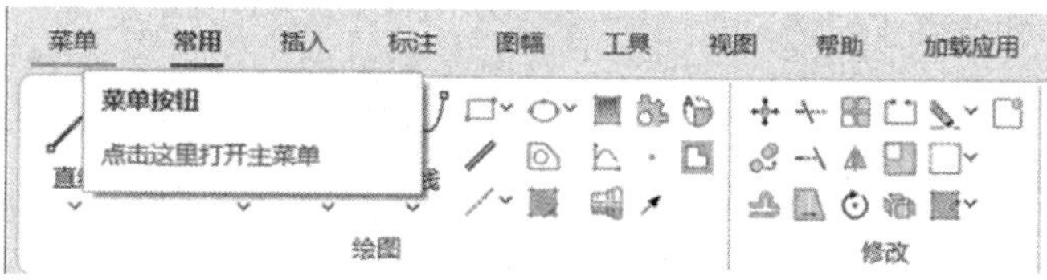

图 1-12　电子图板 Fluent 风格界面功能区

如果使用鼠标左键单击选项卡标题，可以在不同的选项卡之间切换（当光标位于功能区时，也可以使用鼠标滚轮进行切换）。功能区面板上包含各种功能命令和控件，其使用方法与主菜单或工具条上的对应命令或控件相同。再次单击当前选项卡的标题可以使功能区最小化。单击功能区右上角的"风格"，将弹出如图 1-13 所示的菜单，从中可以选择电子图板整体界面元素的配色风格。

（2）快速启动工具栏

电子图板的快速启动工具栏如图 1-14 所示，用于组织经常使用的命令，可以自定义。快速启动工具栏具体的使用方法为：用鼠标左键单击快速启动工具栏上的图标即可执行对应的命令；用鼠标右键单击快速启动工具栏上的图标时弹出自定义菜单。通过自定义菜单，可以选择将某命令"从快速启动工具栏移除"，可以选择"在功能区下方显示快速启动工具栏"，也可以选择"自定义快速启动工具栏下拉菜单"并在弹出的对话框中进行自定义。

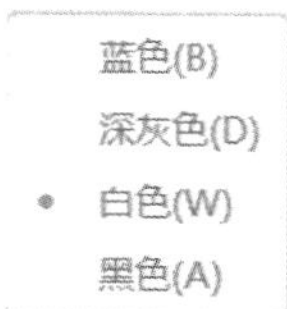

图 1-13　配色风格菜单

图 1-14　快速启动工具栏

如果使用鼠标右键单击功能区面板或主菜单上的图标，可以在弹出的菜单中选择将该命令"添加到快速启动工具栏"。利用"快速启动工具栏自定义对话框"也可以对快速启动工具栏进行配置，不仅可以实现"添加/删除快速启动工具栏项目"等，还能添加/删除分割符，对快速启动工具栏中的命令进行排序。

（3）工具选项板

工具选项板是一种特殊形式的交互工具，用来组织和放置图库、属性修改等工具。电子图板的工具选项板有【图库】、【特性】等。平时，工具选项板会隐藏在界面左侧的工具选项板工具条内，将鼠标移动到该工具条的工具选项板按钮上，对应的工具选项板就会弹出（图 1-15）。

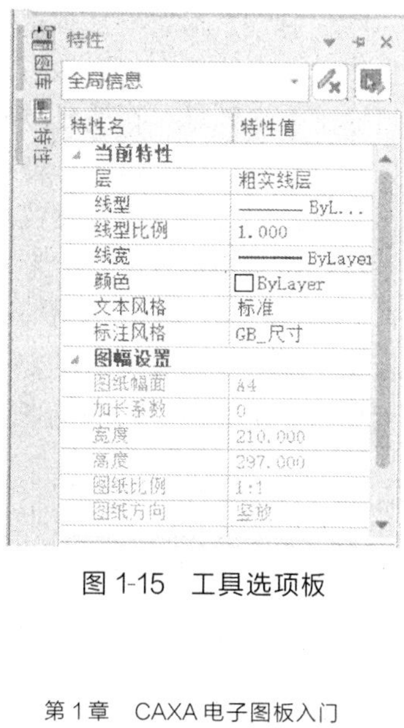

图 1-15　工具选项板

（4）右键菜单

当用户在功能区、绘图区等空白处单击鼠标右键时，在光标处弹出的菜单为光标菜单或右键菜单。在不同的区

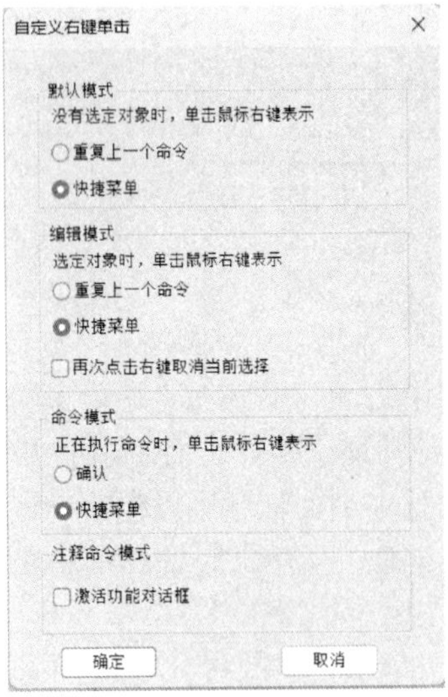

图 1-16 【自定义右键单击】对话框

域或者在命令执行的不同状态弹出的右键菜单所包含的内容往往不同。例如，在选中标题栏等实体的状态下，在绘图区弹出的右键菜单会比在空命令下多出一些内容，而基本编辑操作的选项会减少。选中其他实体后，右键菜单的内容也会随之改变，但一般与正在进行的操作或系统状态密切相关。在其他区域弹出的右键菜单则可以对工具栏和功能区的状态进行设置。

用户可以对右键菜单进行设置，单击电子图板菜单按钮后打开【工具】→【选项】对话框，选择【交互】→【自定义右键单击】按钮，弹出【自定义右键单击】对话框，如图 1-16 所示。其中，“默认模式”及“编辑模式”分别用于控制在未选择对象和已选择对象时单击右键的行为。选择“快捷菜单”即弹出绘图区右键菜单；选择“重复上一个命令”，则不弹出绘图区右键菜单，而是直接调用上一次执行的命令。

1.2 绘图操作基础

1.2.1 命令的调用

在电子图板中，无论进行什么样的操作都必须调用命令。调用命令的方式主要有鼠标选择、键盘输入命令和快捷键三种。

鼠标选择方式就是根据屏幕显示出来的状态或提示，用鼠标去点击所需的菜单或者图标。所谓点击菜单或图标，是指在主菜单、工具条或功能区等位置找到该命令的选项或图标，使用鼠标左键单击，例如要画直线时可以从主菜单选择【绘图】→【直线】或者单击【绘图工具】工具条中的直线按钮 ╱ 。菜单或者工具条按钮的名称与其功能一致。选中了菜单或者工具栏按钮就意味着执行了与其对应的键盘命令。

键盘输入方式是由键盘直接键入命令或数据，例如从键盘输入 LINE（或 L），回车后系统将执行画直线操作。键盘输入要求操作者熟悉软件的各条命令以及它们相应的功能，否则将给输入带来困难。在经典界面下，当操作提示为“命令”时，使用鼠标右键和键盘回车键可以重复执行上一条命令，命令结束后会自动退出该命令。

注意：部分命令可以在执行其他命令的过程中嵌套执行而不必退出该命令。例如，在某命令执行过程中插入窗口图形缩放命令的执行，当执行完窗口图形缩放命令后按操作信息提示返回到执行前的状态，仍继续执行原来的命令，这种命令称为“透明”命令。“透明”命令通常是一些可以查询、改变图形设置或绘图工具的命令。而绘图、修改类命令一般不能被透明使用，例如在画圆时想透明地执行画线命令是不行的。

1.2.2 点的输入

点是最基本的图形元素，点的输入是各种绘图操作的基础。CAXA 电子图板中除了常用的键盘输入和鼠标点取输入方式外，还设置了若干种捕捉方式，力求简单、迅速、准确。

（1）由键盘输入点的坐标

点在屏幕上的坐标有绝对坐标和相对坐标两种方式。

绝对坐标的输入可直接通过键盘输入 X、Y 坐标，但 X、Y 坐标值之间必须用英文逗号隔开，例如在绘制直线时输入“30,40”和“20,10”，则系统绘制的直线端点的坐标为（30,40）和（20,10），坐标原点为当前用户坐标系的原点。

相对坐标是指相对系统当前点的坐标，与坐标系原点无关。输入时，为了区分不同性质的坐标，CAXA 电子图板规定：输入相对坐标时必须在第一个数值前面加上一个符号@，以表示相对。例如，输入“@60,40”表示相对参考点来说，输入了一个 X 坐标为 60，Y 坐标为 40 的点。

另外，相对坐标也可以用极坐标的方式表示。例如，“@60<45”表示输入了一个相对当前点的极坐标，其相对当前点的极坐标半径为 60，半径与 X 轴的正方向夹角（逆时针）为 45°。

注意：参考点是系统自动设定的相对坐标的参考基准，它通常是用户最后一次操作点的位置。在当前命令的交互过程中，用户也可以按 F4 键，专门确定参考点。

（2）用鼠标输入点的坐标

用鼠标输入点的坐标就是通过移动十字光标选择需要输入的点的位置。选中后按下鼠标左键，该点的坐标即被输入。鼠标输入的都是绝对坐标。用鼠标输入点时，应在移动十字光标的同时观察屏幕底部的坐标显示数字的变化，以便尽快较准确地确定待输入点的位置。

鼠标输入方式与工具点捕捉配合使用可以准确地定位特征点，例如端点、切点、垂足点等。

（3）工具点的捕捉

工具点就是在作图过程中具有几何特征的点，如圆心点、切点、端点等。所谓工具点捕捉，就是使用鼠标捕捉工具点菜单中的某个特征点。用户进入作图命令，需要输入特征点时，只要按下空格键，即在屏幕上弹出捕捉菜单（图 1-5），从中可以选择捕捉图线上的“端点（E）”“中点（M）”“圆心（C）”“节点（D）”“象限点（Q）”“交点（I）”“垂足点（P）”“最近点（N）”（即离光标最近的特征点）等。

工具点的缺省状态为屏幕点，当用户在作图时选择了其他点状态（如捕捉端点）时，工具点状态栏中显示出当前工具点捕获的状态（“端点”）。但这种点的捕获一次有效，用完后立即自动回到“屏幕点”状态。捕获时用户也可以在输入点状态的提示下，直接按相应的键盘字符（如“E”代表端点，“C”代表圆心等）进行切换。

在使用工具点捕获时，靶框的大小可用主菜单中的【工具】→【捕捉设置】，在弹出的【智能点工具设置】对话框中预先设定（详见 2.5.5 节）。当使用工具点捕获时，其他设定的捕获方式暂时被取消，即工具点捕获优先。

1.2.3 拾取对象

绘图时所用的直线、圆弧、块或图符等图形元素，在 CAXA 电子图板中称为实体。每个实体都有对应的绘图命令。CAXA 电子图板中的实体有直线、圆或圆弧、点、椭圆、块、剖面线、尺寸等类型。一个能够单独拾取的实体也称为一个对象。

拾取对象就是根据作图的需要在已经画出的图形中，选取作图所需的某个或某几个实体。已选中的对象集合，称为选择集。CAXA 电子图板中拾取对象的操作是通过鼠标来完成的，包括点选和框选两种方式。

点选方式是通过移动鼠标的十字光标，将其交叉点或拾取盒对准待选择的某个实体，然后按下鼠标左键，即可完成拾取的操作。被拾取的实体呈虚线型，以示与其他实体的区别（图 1-17）。

除了点取方式外，还可以用窗口一次选取多个实体。当从左往右拉开窗口时，只有被窗口完全包含的实体被选中；当从右往左拉开窗口时，完全被包含和部分被包含的实体都被选中。

拾取对象的操作可以在命令之前或之后进行。在命令之后时（例如执行【平移】命令），被选中的对象呈虚线型，不出现蓝色句柄；在命令之前时（即无命令状态下），被选中的对象上出现蓝色夹点。在无命令状态下，按“Ctrl＋A”键可以将当前文档中的可选对象一次性全部拾取。

使用常规命令结束操作后，被选择的对象也会自动取消选择状态。如果希望取消当前选择集中某一个或某几个对象的选择状态，可以按键盘上的“Shift”键选择需要剔除的对象。如果想手工取消当前的全部选择，可以按键盘上的“ESC”键，在无命令状态下也可以使用绘图区右键菜单中的【全部不选】功能来取消全部选择。

视图中的实体不一定都能拾取到。哪些要素可以拾取，哪些要素不能拾取，这是通过拾取设置来完成的。从主菜单选择【工具】→【拾取设置】，系统弹出如图 1-18 所示【拾取过滤设置】对话框。系统从实体、尺寸、图层、线型和颜色四个方面为拾取图形元素提供了过滤条件（相应元素或属性左边方框中打钩者，为可选取元素，否则将无法拾取到该图形要素）。

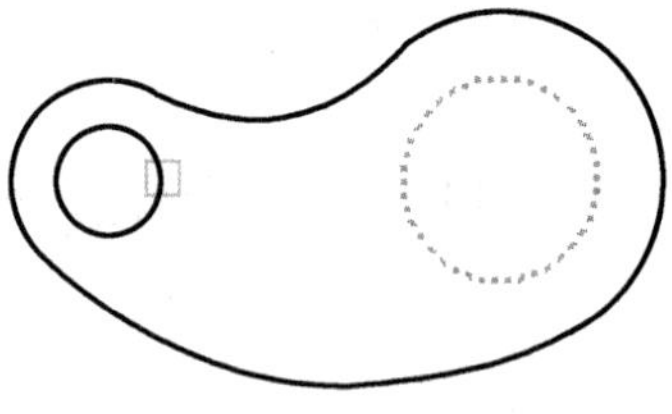

图 1-17　拾取实体

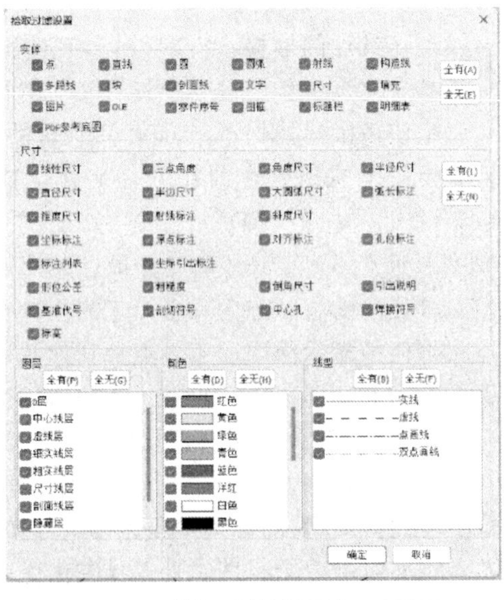

图 1-18　【拾取过滤设置】对话框

1.2.4　动态输入方式

动态输入功能适用于 ARC、CIRCLE、ELLIPSE、LINE 以及 PLINE 等绘图命令，通过在光标附近提供命令界面，使用户能够在绘图区域完成输入。启用后，工具栏提示会随着光标的移动而动态更新，提供即时的命令反馈。用户可以在工具栏提示中输入值，并使用

"Tab"键进行切换，锁定图标确保光标的输入约束。此外，动态输入还提供了指针输入功能，使得十字光标的位置可以直接在工具栏提示中显示为坐标，简化了输入过程。

在输入距离和角度时，动态输入会自动显示距离和角度值，用户可以通过"Tab"键切换并修改这些值。例如，图 1-19 所示为动态输入方式下画两点线的情景。随着光标的移动，直线长度显示为 582.440，与 X 轴的夹角为 35.499°。此时加入要画一条长度为 300，角度为 45°的直线，可以直接输入 300，然后按"Tab"键切换到角度后再输入 45 即可。

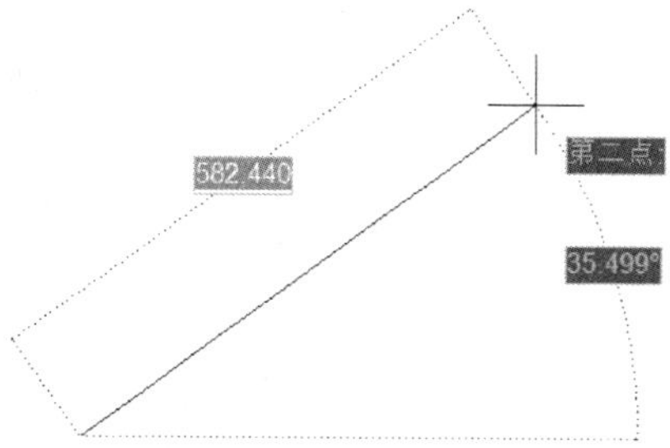

图 1-19　动态输入示例

1.3　文件操作

图形是以文件的形式把各种各样的信息数据存储在计算机中，并由计算机管理。CAXA 电子图板为用户提供了功能齐全的文件管理系统，包括文件的建立与存储、文件的打开与并入、绘图输出、数据接口和应用程序管理等。具体文件管理功能通过【文件】主菜单实现，单击相应的菜单项（图 1-20），即可实现对文件的管理操作。

1.3.1　新建图形文件

创建图形文件是通过【文件】→【新建】选项实现的。调用【新建】功能时，系统弹出如图 1-21 所示对话框，其中列出了若干个模板文件，包括国标规定的 A0～A4 的图幅、图框、标题栏模板以及一个名称为"BLANK.TPL"的空白模板文件。这里所说的模板，相当于已经印好图框和标题栏的一张空白图纸。用户调用某个模板文件相当于调用一张一定格式的空白图纸。模板的作用是减少用户的重复性操作。其中，GB 和 MECHANICAL 代表的两种模板类型幅面相同，只是边框和标题栏略有不同。虽然选择合适的模板可以省去许多重复性工作，但用户在创建新文件时也可以调用空白模板，然后定义图幅并调入图框和标题栏等（详见 2.1 节）。

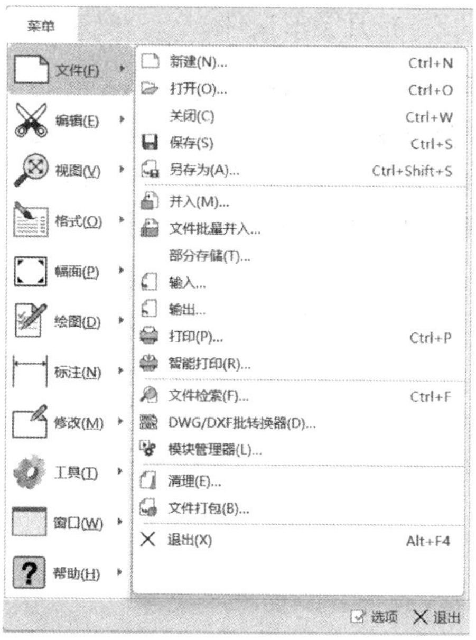

图 1-20　文件操作菜单

选取所需模板并单击"在当前窗口新建"按钮后，相应的模板文件被调出，并显示在屏幕绘图区，这样一个新文件就建立了。由于调用的是一个模板文件，在屏幕顶部显示的是一个无名文件。从这个操作及其结果可以看出，CAXA 电子图板中的新建文件，实际上是为用户调用一张有名称的绘图纸，这样就大大方便了用户，减少了不必要的操作，能够提高工作效率。如果选择模板后，单击"在新窗口中新建"，将新打开一个电子图板绘图窗口。

建立好新文件后，用户就可以应用前面介绍的图形绘制、编辑、标注等各项功能进行各种操作了。但应注意，当前的所有操作结果都记录在内存中，只有在存盘以后，用户的绘图成果才会被永久地保存下来。

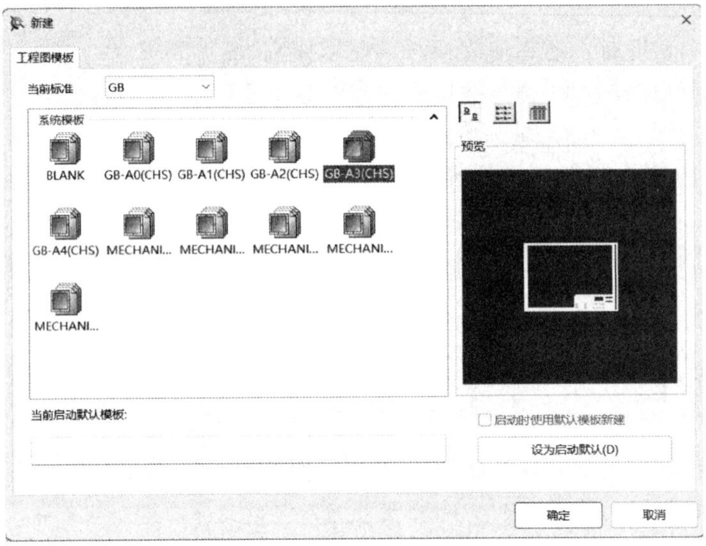

图 1-21 【新建】对话框

1.3.2 打开图形文件

【打开】用于打开一个 CAXA 电子图板的图形文件或其他绘图文件的数据。单击子菜单中的【打开】菜单项，系统弹出如图 1-22 所示【打开】对话框。该对话框包括【文件】对话框、文件类型和图形的预览。CAXA 支持直接打开的文件格式有电子图板 EXB 文件、电子图板 TPL 模板文件、DWG、DWT 和 DXF 文件等，通过类型的选择可以打开不同类型的数据文件。

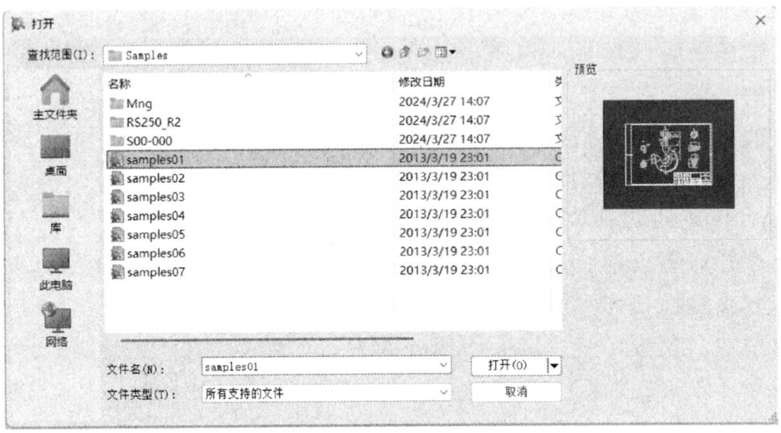

图 1-22 【打开】对话框

1.3.3 存储图形文件

存储文件的方式有【保存】、【另存为】、【部分存储】以及【并入】等方式。

【保存】按当前文件名（若尚未指定文件名，则相当于【另存为】）将图形存储到磁盘中。

【另存为】用于将当前绘制的图形以用户新指定的文件名存储到磁盘上。如图 1-23 所示，【另存文件】对话框与【打开】对话框相似。可以在“保存在”右面的下拉列表框选取将要存储的文件所在的文件夹，在“文件名”右面的编辑框内输入文件名，在“存为类型”右面的下拉列表框选取将要存储的文件类型为“电子图板 2025 文件（*.exb)”，单击“确定”按钮，系统即按所给文件名存盘。当然，此处也可以存为其他版本的文件，如“电子图板 2015 文件（*.exb)”或“AutoCAD 2000 Drawing（*.dwg)”等。

右面的“密码”按钮用以对所存储的文件设置密码，单击“密码”按钮后，根据弹出的提示（图 1-23）重复设置两次密码就可以了。注意对于有密码的文件在打开时要输入密码。

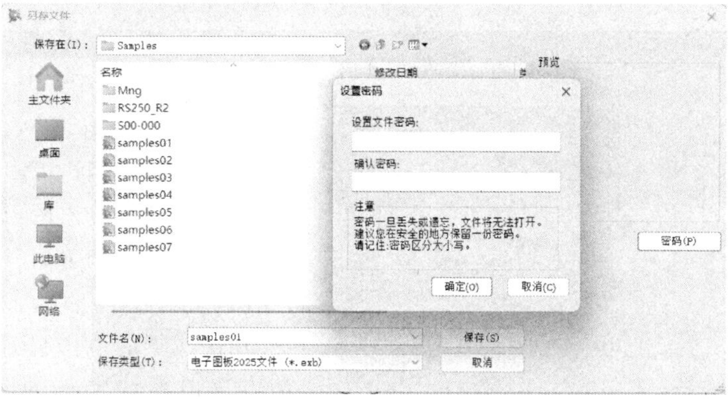

图 1-23 【另存文件】对话框

【部分存储】将图形的一部分存储为一个文件。【部分存储】和【保存】的区别在于：【部分存储】只存储了图形的实体数据而没有存储图形的属性数据（系统设置，系统配置及层、线型、颜色的定义和设置），而【保存】则将图形的实体数据和属性数据都存储到文件中。【部分存储】的操作步骤如下：

① 单击子菜单中的【部分存储】菜单项，系统提示“拾取元素”。

② 拾取要存储的元素，拾取完后用鼠标右键（或直接回车）确认。然后系统提示“请给定图形基点”。

③ 指定图形基点后，系统弹出一个【存储】对话框，输入文件名后，即将所选中的图形存入给定的文件名中。

【并入】将用户输入的文件名所代表的文件并入到当前的文件中。如果有相同的层，则并入到相同的层中；否则，全部并入当前层。【并入】的操作步骤如下：

① 单击子菜单中的【并入】菜单项，系统弹出一个与【打开】对话框类似的对话框。

② 选择要并入的文件名，单击“打开”按钮。

③ 系统弹出立即菜单，用以确定“比例”（并入图形的放大或缩小比例）等。

④ 根据系统提示输入并入文件的定位点后，系统再提示“请输入旋转角”。

⑤ 用户输入旋转角后，则系统会调入用户选择的文件，并将其在指定点以给定的角度并入到当前的文件中。此时，两个文件的内容同时显示在屏幕上。而原有的文件保留不变，并入后的内容可以用一个新文件名存盘。

注意：将几个文件并入一个文件时最好使用同一个模板，模板中定好这张图纸的参数设置，系统配置以及层、线型、颜色的定义和设置，以保证最后并入时，每张图纸的参数设置及层、线型、颜色的定义都是一致的。

1.3.4 打印图形

选择【文件】菜单中的【打印】选项，系统将弹出如图 1-24 所示对话框，包括打印机设置区（用于选择打印机并显示打印机的状态）、纸张设置区（用于设置纸张大小、方向以及来源）、图形方向设置区（用以设置图形的旋转角度，0°或 90°）、输出图形选项设置区（用以指定待输出图形的范围）以及映射关系设置区（设置屏幕上的图形与输出到图纸上的图形的比例关系）等。由于 CAXA 电子图板的绘图输出功能（由输出设备输出图形）采用了 WINDOWS 的标准输出接口，因此无须单独安装打印机，可以直接使用 WINDOWS 环境的打印机或绘图机。用户可根据当前绘图输出的需要从中选择输出图形、纸张大小、设备型号等一系列相关内容，确认后即可进行绘图输出。

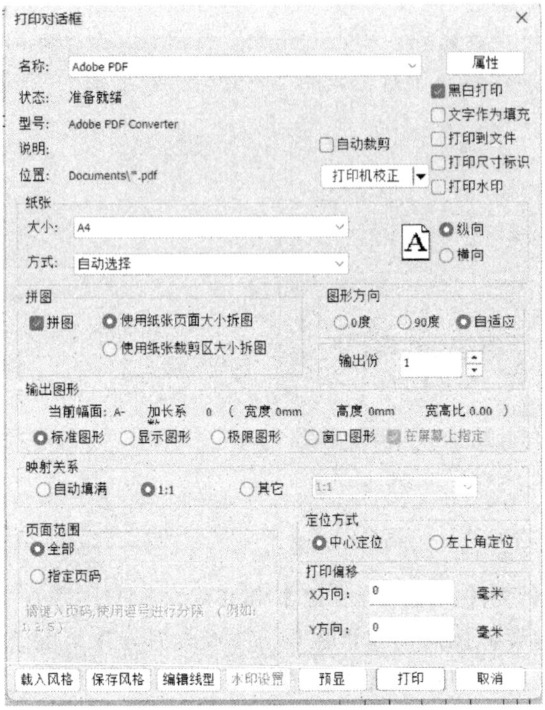

图 1-24 打印图形时的主对话框

输出图形的范围可选择“标准图纸”（输出当前系统定义的图纸幅面内的图形）、“显示图形”（输出在当前屏幕上显示的图形）、“极限图形”（输出当前系统所有可见的图形）或“窗口图形”（输出用户指定矩形区域内的图形，此时“在屏幕上指定”按钮同时激活）。如果选中“拼图”复选框，系统自动用若干张小号图纸拼出大号图形，拼图的张数根据系统当前纸张大小和所选图纸幅面的大小来决定。“拼图时 1∶1”表示在拼图时按照打印机的可打印区大小而不是按照纸张大小进行拼图。这个选项只有在选择“拼图”和“1∶1”（映射关系）后才能被选择。如果希望拼图输出的结果为 1∶1，并且所有图形均在打印机的硬裁剪区域内，可在选择拼图选项的同时选择“1∶1”和“拼图时 1∶1”两个选项。“自动填满”表示将输出的图形完全控制在图纸的可打印区内。“1∶1”表示图形将按照 1∶1 的关系进行输出（注意：由于打印机有硬裁剪区，当图纸幅面与打印纸大小相同时可能导致输出的图形不完整）。“其它”指的是输出的图形按照用户自定比例进行输出。当在映射关系选中“1∶1”或“其它”时，可以选择“中心定位”（图形原点与纸张的中心相对应）或“左上角定位”（图框的左上角与纸张的左上角相对应）两种定位方式。“打印偏移”用于平移打印时的定位点。

1.4 显示控制

在绘图过程中，为了查看图形的细节，需要经常平移或缩放当前视图窗口。为此，CAXA 电子图板为用户提供了一些控制图形显示的命令，也称为视图命令。一般来说，视图命令与绘制、编辑命令不同。它们只改变图形在屏幕上的显示方法，而不能使图形产生实质性的变化。

它们允许操作者按期望的位置、比例、范围等条件进行显示，但是，操作的结果既不改变原图形的实际尺寸，也不影响图形中原有实体之间的相对位置关系。简而言之，视图命令的作用只是改变了主观视觉效果，而不会引起图形产生客观的实际变化。图形的显示控制对绘图操作，尤其是绘制复杂视图和大型图纸时具有重要作用，在图形绘制和编辑过程中要经常使用它们。视图控制的各项命令安排在屏幕子主菜单的【视图】菜单中，包括【重生成】、【显示窗口】、【全屏显示】等选项。也可以从功能区【视图】选项卡下的【显示】面板中点选执行。

1.4.1 重生成及全部重生成

圆和圆弧等图素在显示时都是由一段段的线段组合而成的，当图形放大到一定比例时可能会出现显示失真的结果（圆弧显示为多条线段的组合）。通过使用【重生成】功能可以将显示失真的图形按当前窗口的显示状态进行重新生成。执行该命令时，系统会提示“拾取元素”，这时用户拾取失真的图形后，系统将重新生成该图形，使其显示正常。调用【全部重生成】功能则可以将绘图区内显示失真的图形立即全部重生成。

1.4.2 按窗口放大显示

【显示窗口】用于提示用户输入一个窗口的上角点和下角点，系统将两角点所包含的图形充满屏幕绘图区加以显示。在【视图】子菜单中选择【显示窗口】菜单项后，按提示要求在所需位置输入显示窗口的第一个角点，输入后十字光标立即消失。此时再移动鼠标时，出现一个由方框表示的窗口，窗口大小可随鼠标的移动而改变［图 1-25（a）］。窗口所确定的区域就是即将被放大的部分。窗口的中心将成为新的屏幕显示中心。在该方式下，不需要给定缩放系数，CAXA 电子图板将把给定窗口范围按尽可能大的原则，将选中区域内的图形按充满屏幕的方式重新显示出来［图 1-25（b）］。

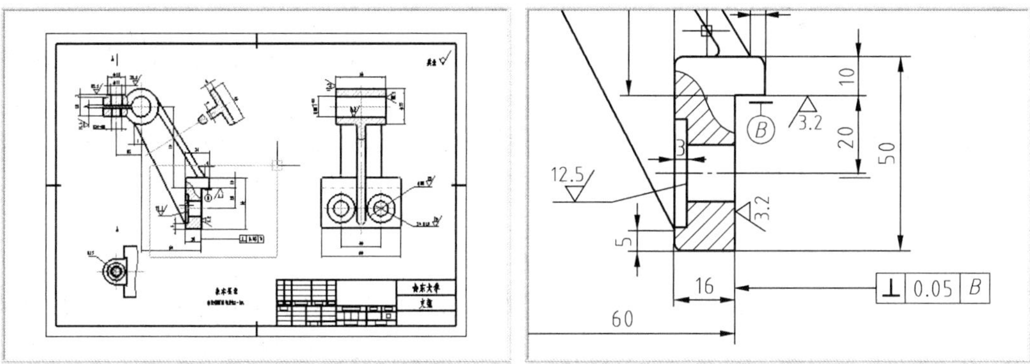

(a) 指定新的显示区域　　　　(b) 操作结果

图 1-25　显示窗口的操作效果

1.4.3 平移显示区域

执行【显示平移】功能时，系统要求指定一个新的显示中心点，在屏幕上指定一个新的中心点［图 1-26（a）］后，系统将以该点作为新的屏幕显示中心将图形重新显示出来［图 1-26（b）］。本操作不改变放缩系数，只将图形作平行移动。用户还可以使用上、下、左、右方向键使屏幕中心进行显示的平移。

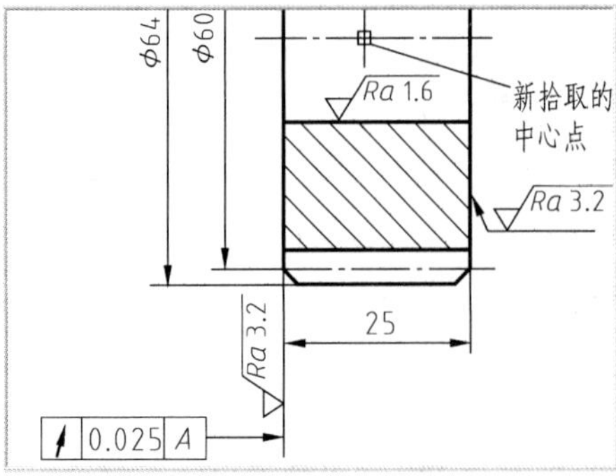

(a) 指定新的中心点

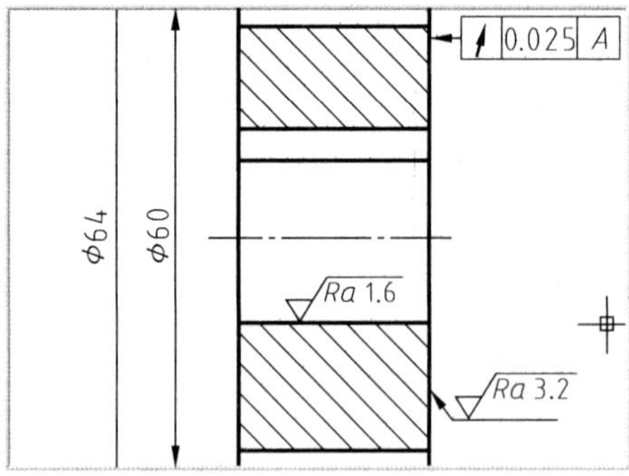

(b) 操作结果

图 1-26　显示平移的操作效果

1.4.4　其他显示控制方式

【显示全部】将当前绘制的所有图形全部显示在屏幕绘图区内，而且系统按尽可能大的原则，将图形按充满屏幕的方式重新显示出来。

【显示复原】用于恢复初始显示状态（即标准图纸状态）。用户在绘图过程中，可能对视图进行了各种显示变换。为了返回到初始状态，观看图形在标准图纸下的状态，可用鼠标光标在【视图】子菜单中单击【显示复原】菜单命令。执行该命令后，视图立即按照标准图纸范围显示。

【显示放大】和【显示缩小】用于按固定比例将绘制的图形进行放大或缩小显示。

【显示比例】可按用户输入的比例系数，将图形缩放后重新显示。放大（或缩小）比例由键盘输入，范围在（0，1000）之内。

【显示上一步】取消当前显示，返回到显示变换前的状态。

【显示下一步】返回到下一次显示的状态。可与【显示上一步】配套使用以方便灵活地观察新绘制的图形。

【动态平移】可以实现拖动图形移动。这时，光标变成动态平移图标，按住鼠标左键，移动鼠标就能平行移动图形。按 ESC 键或者单击鼠标右键可以结束动态平移操作。另外，按住鼠标中键（滚轮）可以直接进行平移，松开鼠标中键（滚轮）即可退出，这种方法更加快捷、方便。

【动态缩放】可以通过拖动鼠标放大或缩小显示图形。这时，鼠标变成动态缩放图标，按住鼠标左键，鼠标向上移动为放大，向下移动为缩小，按 ESC 键或者单击鼠标右键可以结束动态平移操作。另外，可以按住鼠标滚轮上下滚动直接进行缩放。

第2章　CAXA 工程制图基础

2.1　图幅

按照国标的规定，CAXA 电子图板在系统内部设置了 A0、A1、A2、A3、A4 共 5 种标准图幅以及相应的图框、标题栏和明细栏，并允许操作者自定义图幅和图框。用户还可以将自定义的图幅、图框制成模板文件，以备其他文件调用。

2.1.1　幅面设置

幅面设置命令（setup 或 paperset 或 pa）用于选择标准图纸幅面或自定义图纸幅面，也可变更绘图比例或选择图纸放置方向。

幅面设置命令的菜单操作方式为：【幅面】→【图幅设置】。系统弹出【图幅设置】对话框（图 2-1），其中“图纸幅面”下拉列表框中有从 A0 到 A4 标准图纸幅面和【用户自定义】选项可供选择。当所选择的幅面为标准幅面时，在“宽度”和“高度”编辑框中将显示该图纸幅面的宽度值和高度值，但不能修改。绘图比例下拉列表框中有国家规定的系列值可供选择（用户也可以激活编辑框由键盘直接输入新的比例数值）。图纸方向由“横放”和“竖放”两

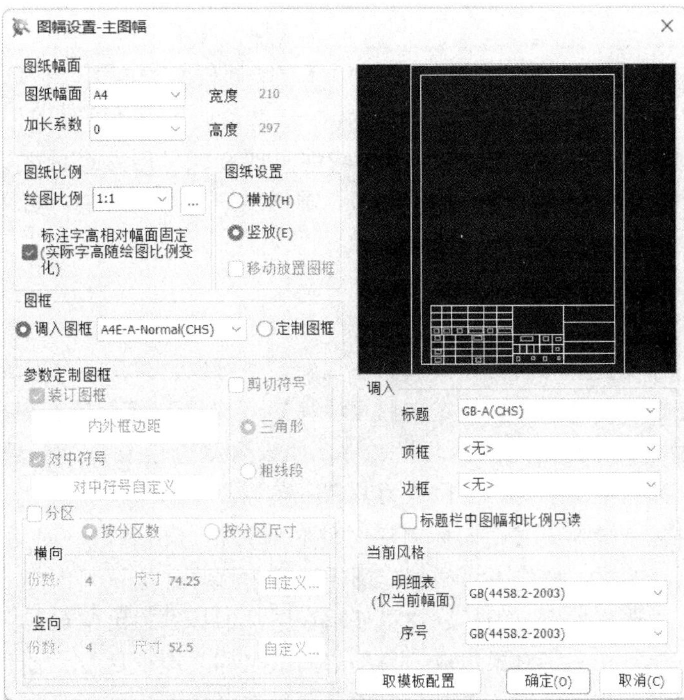

图 2-1　【图幅设置】对话框

个按钮控制，被选中者呈黑点显示状态。“标注字高相对幅面固定”用以控制字高与幅面及绘图比例的关系。如果需要标注字高相对幅面固定，即实际字高随绘图比例变化，应选中此复选框。

除幅面参数外，通过【图幅设置】对话框还可以进行图框设置、调入标题栏等操作。选中“调入图框”单选框后，单击下拉菜单，在下拉菜单列表中可看到电子图板模板路径下包含的全部图框形式。单击需要的图框后，所选图框会自动在预显框中显示出来。通过右下方的下拉菜单，可以调入和设置图样的标题栏、顶框、边框等。

2.1.2 调入图框

除了在【图幅设置】对话框中调入图框外，也可以直接调用【幅面】→【图框】下的子命令，对图框进行【调入】、【定义】、【填写】、【编辑】、【存储】等功能。电子图板的图框尺寸可随图纸幅面大小进行相应的比例调整。比例变化的原点为标题栏的插入点。一般来说，标题栏的插入点位于标题栏的右下角。

图 2-2 【调入图框文件】对话框

【调入图框】命令的作用是调入图框文件并显示图框。系统随之弹出【读入图框文件】对话框（图 2-2）。对话框中列出了符合当前图幅的标准图框或非标准图框，操作者可根据作图需要从中选择。另外，通常有一些属性信息，如描图、底图总号、签字、日期等，需要添加到图框中，但有时在默认图框里无法加入。这种情况下往往还需要一些其他操作，其中【定义图框】功能用以拾取图形对象并定义为图框以备调用；【填写图框】填写当前图形中具有属性图框的属性信息；【编辑图框】以块编辑的方式对图框进行编辑操作；【存储图框】将当前图纸中已有的图框存盘，以便调用。图框是一个特殊的块，定义图框后可以将上述属性信息以属性定义的方式加入图框中。

2.1.3 调入及填写标题栏

除了可在【图幅设置】对话框中调入标题栏外，也可以直接调用【幅面】→【标题栏】下的子命令，对标题栏进行【调入】、【定义】、【填写】、【编辑】、【存储】等功能。【调入标题栏】（headload）命令的作用是调入标题栏文件，如果屏幕上已有一个标题栏，则新标题栏将替代原标题栏，标题栏调入时的定位点为其右下角点。

调入标题栏时，系统弹出【读入标题栏文件】对话框（图 2-3）。对话框中列出了符合国标和机标的图框标题栏，操作者可根据作图需要从中选择。选取其中之一，然后单击“导入”按钮，一个由所选文件确定的标题栏将显示在图框的标题栏定位点处。

标题栏通常由线条和文字对象组成，另外如图纸名称、图纸代号、企业名称等属性信息需要附加到标题栏中，这些属性信息都可以通过属性定义的方式加入标题栏中。相关操作包括：【定义标题栏】拾取图形对象并定义为标题栏以备调用；【存储标题栏】将当前图纸中已有的标题栏存盘，以便调用；【编辑标题栏】以块编辑的方式对标题栏进行编辑操作；【填写标题栏】填写当前图形中标题栏的属性信息，如图 2-4 所示。

图 2-3 【读入标题栏文件】对话框

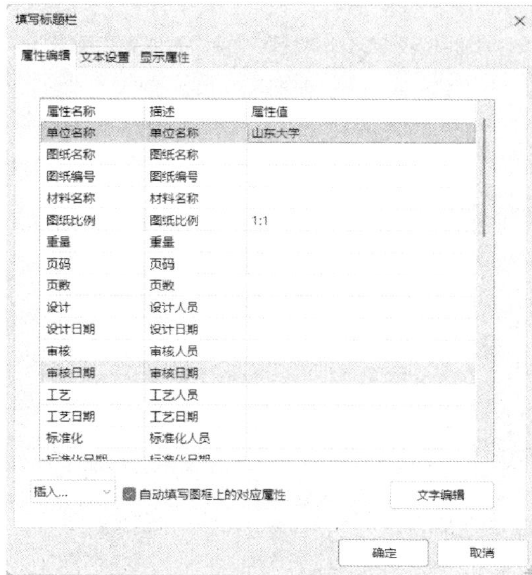

图 2-4 【填写标题栏】对话框

2.1.4 调入参数栏

除了在【图幅设置】对话框中调入参数栏外，也可以直接通过【幅面】→【参数栏】下的子命令，对参数栏进行【调入】、【定义】、【填写】、【编辑】、【存储】等功能。调入参数栏时，系统弹出如图 2-5 所示对话框。对话框中列出了已有参数栏的文件名。选取其中之一（如“Bevel_Gear（CHS)”），然后单击“导入”按钮，一个由所选文件确定的参数栏显示在图框的参数栏定位点处，如图 2-6 所示。如果屏幕上已有一个参数栏，则新参数栏将替代原

图 2-5 【读入参数栏文件】对话框

锥齿轮参数表			
齿制		GB12369—90	
大端端面模数		m_e	
齿数		Z	
齿形角		α	20°
齿顶高系数		h_a^*	1
齿顶隙系数		c^*	0.25
中点螺旋角		β	0
旋向			
切向变位系数		x_i	0
径向变位系数		x_t	0
大端齿高		h_e	
精度等级		6cB GB11365	
配对齿轮	图号		
	齿数		
Ⅰ		F_i'	
Ⅱ		f_i'	
Ⅲ	沿齿长接触率		
	沿齿高接触率		
大端分度圆弦齿厚		S	
大端分度圆弦齿高		h_{ae}	

图 2-6 参数栏示例

参数栏，参数栏调入时的定位点为其右下角点。填写参数栏时，系统弹出如图 2-7 所示对话框，在属性名称后面的属性值单元格处直接进行填写编辑即可。

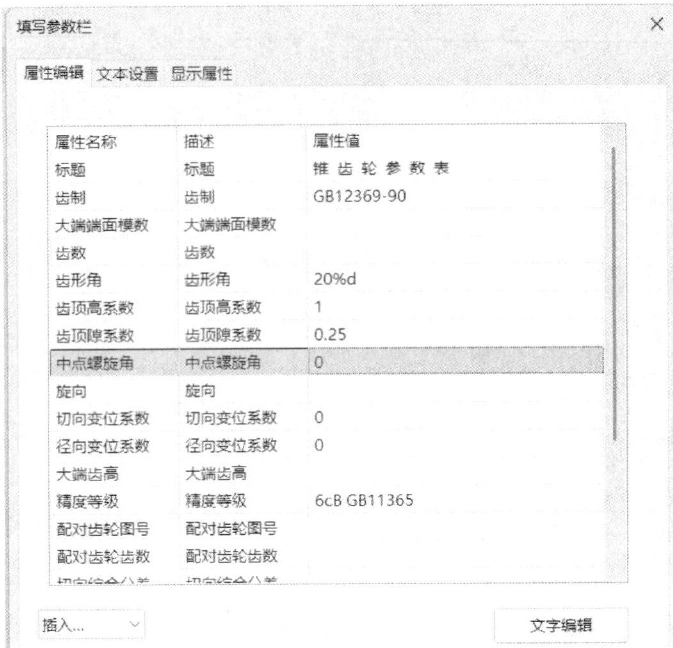

图 2-7 【填写参数栏】 对话框

2.2 图层

2.2.1 图层的概念

图层，简称层，是开展结构化设计不可缺少的软件环境。一幅工程图中包含各种各样的信息，既有零部件的几何形状、线型、颜色等属性信息，还有各种的尺寸和符号。诸多内容汇集在一张图纸上，必然会给绘图工作带来很大负担。如果能够把相关信息集中在一起，单独进行绘制和编辑，需要时又能够组合或单独提取，将会使绘图工作变得方便快捷。这正是设置图层的目的。

可以将图层想象为没有厚度的薄片，实体就画在它们的上面。各个图层具有相同的坐标系、绘图界限和显示时的缩放倍数。各图层精确地相互对齐，因此，不同图层上的图形元素也就精确地相互对齐。每个图层都有自己的名字和描述。CAXA 电子图板预设了 8 个图层，分别称为“0 层”“中心线层”“虚线层”“粗实线层”“细实线层”“尺寸线层”“剖面线层”“隐藏层”，除此之外，操作者可根据需要另外定义自己的图层，图层的名字由字母、数字和字符任意组合而成。

2.2.2 层设置

图层具有属性，包括层名、层描述、线型、颜色、打开与关闭以及是否为当前层等。用层设置命令（layer）可以进行图层的各种操作，其菜单操作方式为：【格式】→【图层】。也可以从颜色图层工具条或功能区【常用】→【特性】功能面板中单击图层图标（图 2-8）。

图 2-8　特性功能面板

执行层设置命令时系统弹出【层设置】对话框（图 2-9）。其中列出了已建立的图层，包括系统预设的 8 个层以及用户自己建立的“双点划线层”。每一个图层对应一套由系统设定的颜色和线型、线宽等属性。电子图板默认模板的初始层为“粗实线层”。利用该【层设置】对话框可以创建新的图层（如双点划线层），也可以删除或者合并已有的图层。对于每一个图层，还可以进行以下操作：打开/关闭、冻结/解冻、锁定/解锁、设置颜色、设置线型、设置线宽以及设置本层是否打印等。图层状态的打开/关闭等之间的切换较方便，只要在【图层控制】对话框中用鼠标左键双击相应层的状态符号即可实现。

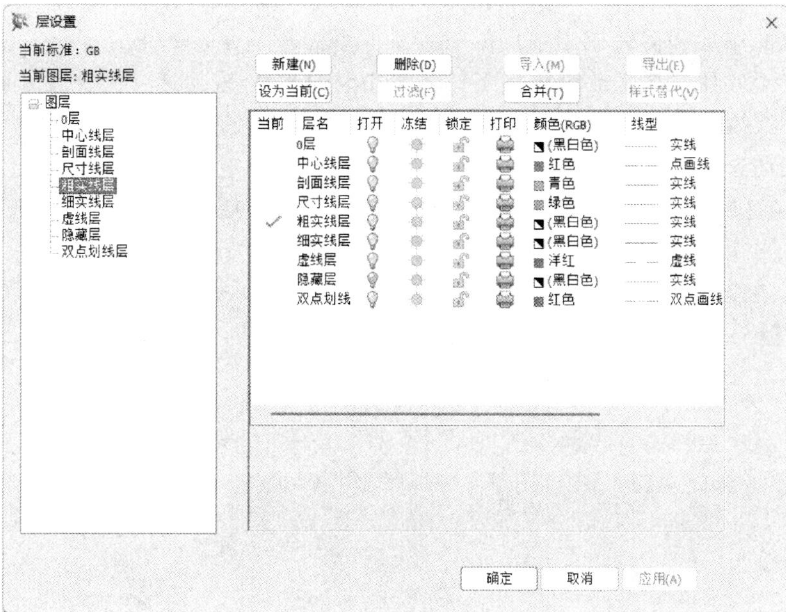

图 2-9　【层设置】对话框

图层处于打开状态时，该层的对象被显示在屏幕绘图区；处于关闭状态时，该层上对象仍然存在但不可见。打开和关闭图层功能在绘制复杂图形时非常有用，可以用关闭图层的方法把与当前作图无关的一些实体隐去，使画面清晰，便于绘图和编辑，待绘制完成后，再将关闭的图层打开，显示全部内容。例如，将尺寸线和剖面线分别放在尺寸线层和剖面线层，在修改视图时将其关闭，使视图更清晰；还可将作图的一些辅助线放入隐藏层中，作图完成后，将其关闭，隐去辅助线，而不必逐条删除。

已冻结图层上的对象不可见，并且不会遮盖其他对象。在大型图形中，冻结不需要的图层将加快显示和重生成的操作速度。解冻一个或多个图层可能会使图形重新生成。冻结和解冻图层比打开和关闭图层需要更多的时间。

锁定后的图层上，图素只能增加，可以对图素进行复制、粘贴、阵列、属性查询等操作，但不能进行删除、平移、拉伸、比例缩放、属性修改、块生成等修改性操作。系统规定，标题栏和明细表以及图框等图幅元素不受此限制。

图层也可以在打印和不打印之间切换。图层为不打印状态时，此图层的内容在打印时不输出，这对于绘图中不想打印出的辅助线层很有帮助。

除此之外，对于层名、颜色、线型、是否当前层等也都可以通过【层设置】对话框进行修改。用户对图层属性内容进行修改后，图层上所有对象的 ByLayer 属性均会更新。

2.2.3 当前层设置

当前层也称为活动层，是操作者当前正在操作的图层，绘图命令所生成的实体一般只能画在当前层上。为了对已有的某个图层中的图形进行操作，必须将该图层设置为当前层。当前层的设置方法有：

① 在没有选择任何实体的情况下，从【颜色图层】工具条或功能区【常用】→【特性】面板中用鼠标左键单击图层下拉列表框，可弹出图层列表，如图 2-10 所示。列表框中是各层的描述，在列表中左键点取所需的图层即可完成当前层的设置。值得注意的是，如果在绘图区选择了实体，那么此时图层下拉菜单中显示的将是当前被选择实体的图层属性。如果此时用图层下拉菜单进行切换图层操作，改变的将是当前选中实体的属性，而非改变当前图层。

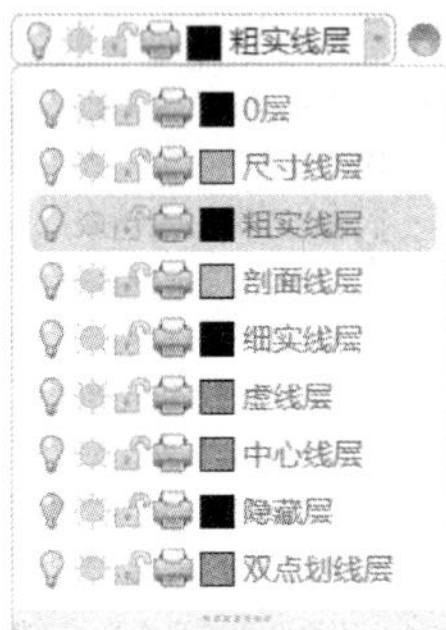

图 2-10　利用特性面板设置当前层

② 在上述【层设置】对话框中点取列表框中所需的图层（如中心线层）后，再单击上面的“设为当前”按钮，这时所选图层（中心线层）的左边出现“√”符号，最后单击“确定”按钮就完成了当前层的设置。

③ 单击【格式】→【样式管理】，在【样式管理】对话框（图 2-11）中单击要设置的图层，之后单击“设为当前”按钮即可。

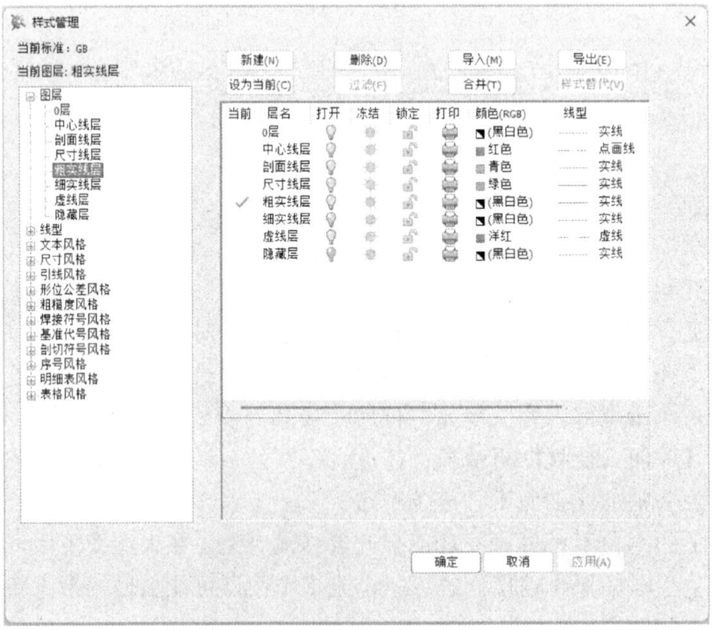

图 2-11　【样式管理】对话框

系统只有唯一的当前层，将某个图层设置为当前层，随后绘制的图形元素均放在此当前层上。另外，利用上述【层设置】对话框和【样式管理】对话框还可以很方便地“新建”图层、“删除”图层或者“合并”图层，也可以对图层名称等进行修改。此处不再赘述。

2.2.4 图层工具

为了便于操作，CAXA 电子图板提供了多个图层工具。利用这些图层工具可以方便地【移动对象到当前图层】、【移动对象到指定图层】等。这些图层工具可以从【格式】主菜单下的【图层工具】处调用，也可以从【常用】选项卡的【特性面板】中【图层】按钮处的下拉菜单（图 2-12）中调用。

图 2-12 【图层工具】下拉菜单

调用【移动对象到当前图层】功能后，可以点选或框选若干个对象。确定后被选择的对象将全部置于当前图层上。

调用【移动对象到指定图层】功能后，系统弹出如图 2-13 所示对话框，从中选择目标层名称（如中心线层），确定后点选或框选若干个对象（如图中的两条直线）。确认后被选对象（两条直线）将全部置于指定的图层（从粗实线层转到中心线层）上。

调用【对象所在层置为当前图层】功能后，可点选一个对象。点选后，该对象所在的图层被置为当前图层。

调用【图层隔离】功能后，可以点选或框选若干个对象。确定后各个对象所在的图层将保持打开状态，其余图层将全部被关闭。

调用【取消图层隔离】功能后，图层隔离前开启的图层将直接处于打开状态，而图层隔离前关闭的图层将保持现有状态不变。

调用【合并图层】功能后，将被合并图层的全部对象移动合并到图层中，并将被合并图层删除。

调用【图层全开】功能后，全部图层都将处于打开状态。

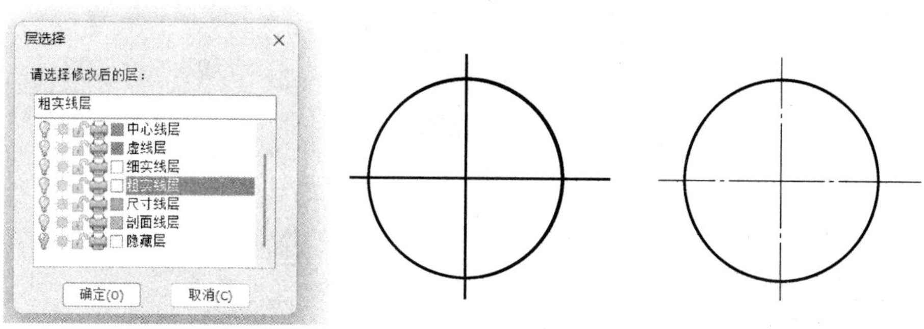

(a)【层选择】对话框　(b) 操作前　(c) 操作后

图 2-13 移动对象到指定图层

2.3 颜色

2.3.1 常用颜色的选取

颜色是电子图板对象的基本属性之一。CAXA 电子图板提供完整的 24 位 RGB 色域颜色，以便对图纸中不同属性的对象加以区别。

用鼠标左键单击【颜色图层】工具条或【常用】选项卡→【特性】面板的【颜色】下拉菜单，可弹出【颜色】下拉菜单列表，如图 2-14 所示。在列表中用鼠标左键单击所需的颜色即可完成当前颜色的选择。如果在该列表中选择“其他”，则会弹出【颜色选取】对话框供选择。

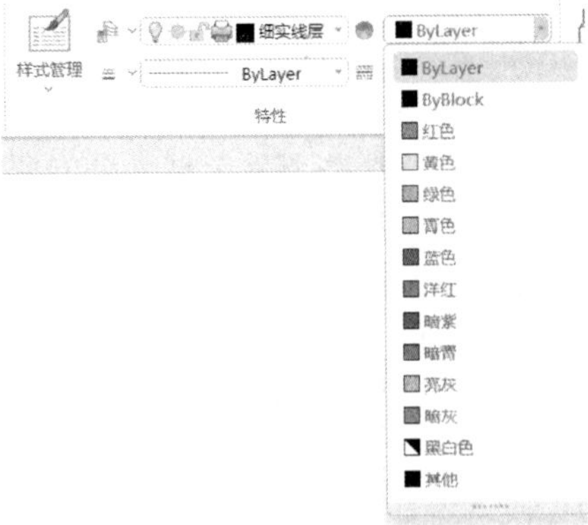

图 2-14 【颜色】下拉菜单

其中，随层（ByLayer）是指实体的显示属性与其所在的图层的默认属性相同。如前所述，图层具有属性，包括颜色、线型和线宽等。如果设置实体的这些属性为 ByLayer，那么这些实体属性将与所在图层的默认属性保持一致，并随实体所在图层的修改而改变。例如，一条位于粗实线层上的直线，其颜色、线型、线宽均为 ByLayer，那么，如果将该直线的图层属性设置为中心线层，则无须手工改变其颜色、线型、线宽，这条直线也会自动由“黑白色、实线、粗线”变为“红色、点画线、细线”。

2.3.2 颜色设置

单击【特性】面板中的颜色图标或下拉菜单中的“其他”，或者利用主菜单【格式】→【颜色】，或者直接键入“color”命令，都将会弹出如图 2-15 所示【颜色选取】对话框，从中可以选择使用标准颜色或者定制颜色。

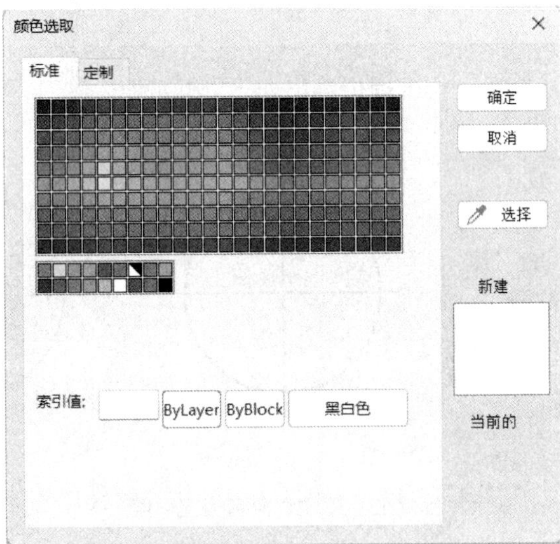

图 2-15 【颜色选取】对话框

使用【标准】选项卡设置颜色时，可以直接单击某个颜色单元格或者在编辑框中输入颜色的索引值（0～255 的整数），也可以单击旁边的按钮。其中，“ByLayer”将使用当前图层的颜色；“ByBlock”表示图形对象的颜色与它所在图块的颜色一致；“黑白色”表示图形对象为黑色或白色，即当系统背景颜色为白色时图形对象为黑色，反之为白色。如果单击“选择”按钮，在屏幕上使光标指向某种颜色时，可通过“新建”框中预览其效果，满意时单击鼠标左键可拾取到该颜色。

使用【定制】选项卡时，【颜色选取】对话框如图 2-16 所示。定制颜色的方式包括如下几种：

① 使用鼠标直接在“颜色”下方的颜色块中点取，也可拖到右侧滚动条上滑块的位置配合颜色的定制，在右下方的“新建”框中可以预览其效果。

② 使用 HSL 模式，即在色调、饱和度、亮度框中指定数值。

③ 使用 RGB 模式，即在红色、绿色、蓝色框中指定数值。

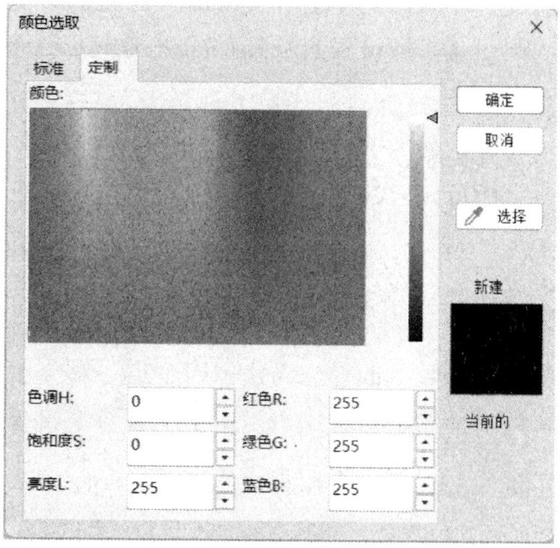

图 2-16 【颜色选取】对话框

④ 单击“选择”按钮，从屏幕上拾取一种颜色即可。

2.4 线型与线宽

2.4.1 线型操作

工程图样中的信息需要用各种线型表达出来。在 CAXA 电子图板中，除了使用当前图层线型（ByLayer）和图块线型（ByBlock）外，还可以为图形元素选择其他线型。

单击【颜色图层】工具条或【常用】选项卡→【特性】面板的【线型】下拉菜单，可弹出【线型】下拉菜单列表，如图 2-17 所示。在列表中单击所需的线型即可将该线型设置为当前线型，随后绘制的图形元素均使用此线型。除此之外，也可以在【样式管理】对话框或【线型设置】对话框中设置，方法是：选择线型后单击“设为当前”按钮即可。

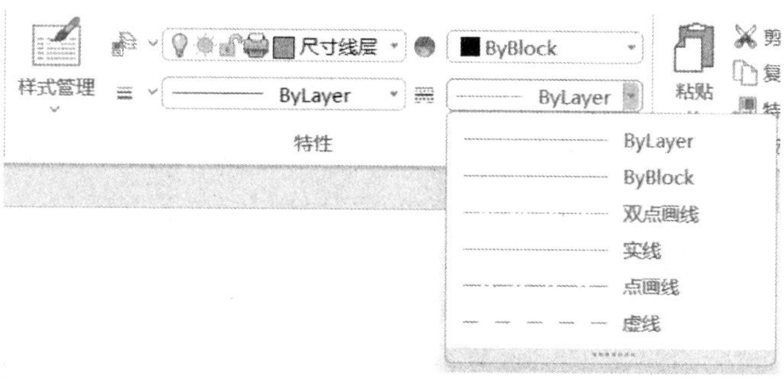

图 2-17 【线型】下拉菜单

2.4.2 线型属性设置

电子图板系统中线型的管理和设置主要是通过【线型设置】功能进行的，除了设置当前线型外，还可以新建线型、删除线型、更改线型名称或线型说明、更改全局比例因子、更改当前线型缩放比例、进行线型的自由定制以及线型的导入和导出。

调用【线型设置】功能的方式包括：①执行 ltype 命令；②利用主菜单【格式】→【线型】；③单击【颜色图层】工具条上的按钮；④单击【常用】→【特性】面板的按钮。系统将弹出如图 2-18 所示【线型设置】对话框，从中选择某种线型（ByLayer 和 ByBlock 除外）后可以对线型名称和线型说明进行更改，也可以设置线型比例因子。其中，全局比例因子是控制图形中所有线型比例因子的参数。出于可辨识及图纸美观等需要，有时会将电子图板内定制的线型中线段和间隔的显示长度同时进行一个特定比例缩放。这个缩放的倍数就是全局比例因子。全局比例因子与线型无关，也与选择的对象无关，是一个控制整个图纸文件的宏观参数。改变全局比例因子后，整个图纸的线型比例都将随之缩放。当前对象缩放比例，即当前线型缩放比例，用于设置所编辑线型的比例因子。

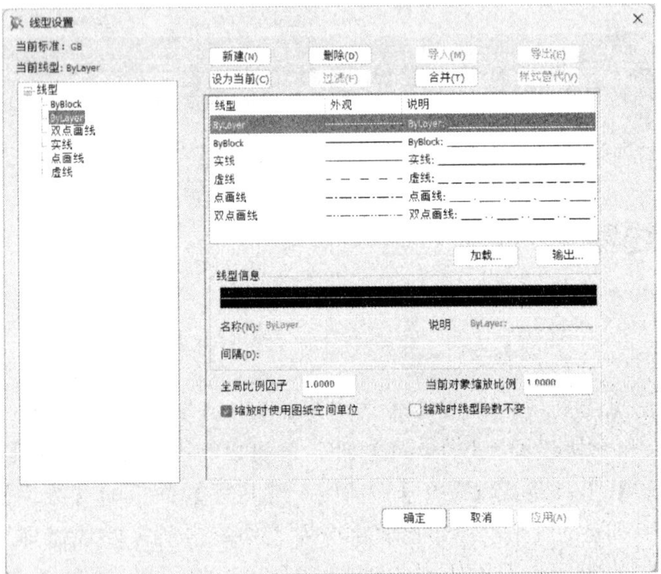

图 2-18 【线型设置】对话框（一）

2.4.3 定制线型

CAXA 电子图板中的线型是用一串以“,”分割的数字（即线型代码）来表示的。线型代码数字个数必须是偶数，最多由 16 个数字组成，每个数字代表笔画或间隔长度的像素值。奇数位数字代表笔画长度，偶数位数字代表间隔长度，笔画和间隔用逗号分开。例如，在【线型设置】对话框中选择“双点画线”时，间隔显示为“12，2，2，2，2，2”，表示依次为长划（12）、间隔（2）、短划（2）、间隔（2）、短划（2）、间隔（2）。如果需要定制一种新的线型（如三点画线），可以按如下步骤操作：

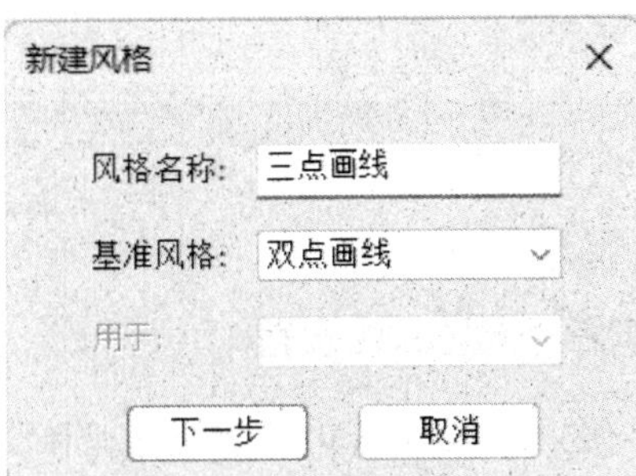

图 2-19 【新建风格】对话框

① 从【线型设置】对话框中单击“新建”按钮，在系统弹出的【新建风格】对话框（图 2-19）中选择“基准风格”为“双点画线”，单击“下一步”按钮。

② 从系统弹出的【线型设置】对话框（图 2-20）

中将“三点画线”的间隔数字改为“12，2，2，2，2，2，2，2”，然后单击“确定”按钮即可。随后，当再单击【特性】面板的【线型】下拉菜单时就会发现【线型】下拉菜单列表中包含了“三点画线”线型。

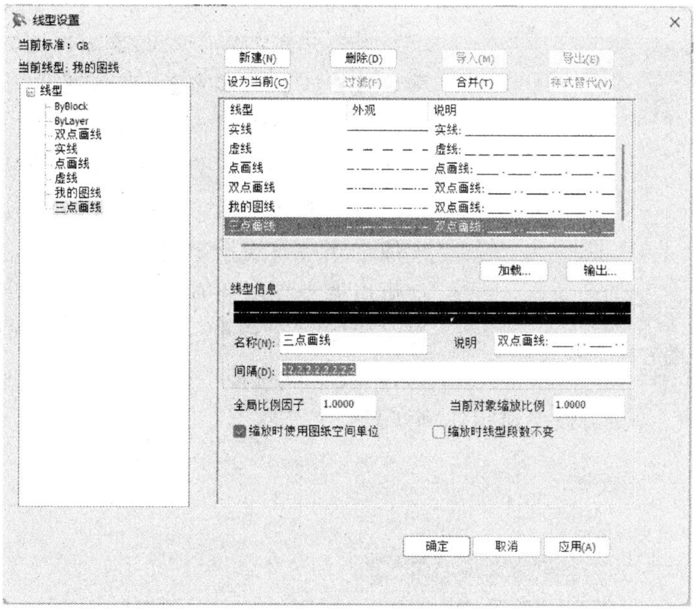

图 2-20 【线型设置】对话框（二）

除了定制线型，也可以从已有文件（＊.lin）中导入线型，方法是从【样式管理】对话框或【线型设置】对话框中单击“加载”按钮，则系统弹出【加载线型】对话框，如图 2-21 所示。单击“文件”按钮，在下方选择要加载的线型文件并单击“确定”按钮即可。

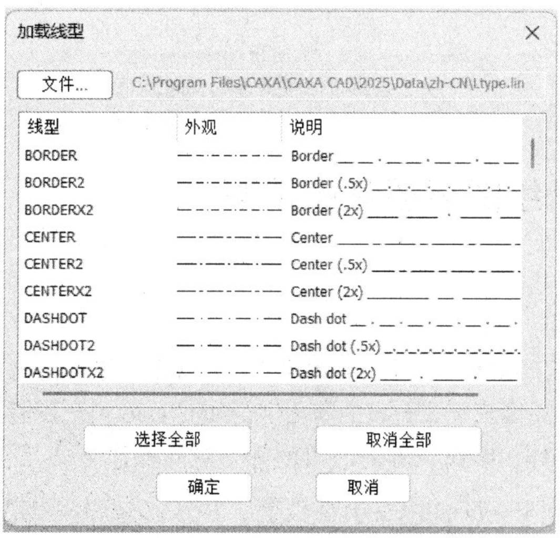

图 2-21 【加载线型】对话框

2.4.4 线宽设置

用鼠标左键单击【颜色图层】工具条或【常用】选项卡→【特性】面板的【线宽】下拉

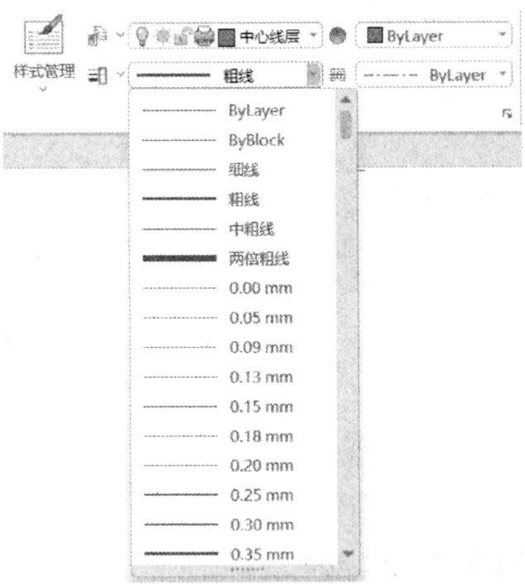

图 2-22 【线宽】 下拉菜单

菜单，可弹出【线宽】下拉菜单列表，如图 2-22 所示。在列表中单击所需的线宽即可完成当前线宽的设置。随后绘制的图形元素均使用此线宽。

另外，也可以利用【线宽设置】对话框（图 2-23）设置系统的线宽及其显示比例。调用时可通过主菜单【格式】→【线宽】，或者【常用】→【特性】面板的按钮，或者键入“lweight”命令。【线宽设置】对话框中各项参数的含义和使用方法如下：选择“细线”或“粗线”后，可以在右侧“实际数值”处为系统的细线或粗线指定线宽；拖动“显示比例”处的手柄可以调整系统所有线宽的显示比例，向右拖动手柄提高线宽显示比例，向左拖动手柄降低线宽显示比例；“设为默认值”按钮可以将当前设定设为默认状态；“恢复默认值”按钮可以将显示比例恢复到默认状态。

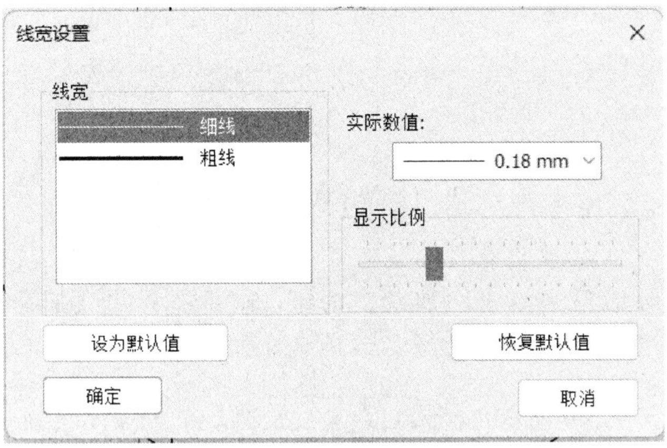

图 2-23 【线宽设置】 对话框

2.5 标注风格及绘图环境参数设置

2.5.1 文本样式设置

国标规定，书写汉字、数字、字母必须做到“字体端正、笔画清楚、间隔均匀、排列整齐”。汉字应写成长仿宋体，采用国家正式公布的简化字。在 CAXA 电子图板中，可以利用【文本风格设置】功能控制文字的字体、字高、方向、角度等参数。操作方式是调用主菜单【格式】→【文字】，或者从【标注】选项卡→【标注样式】面板上单击按钮，或者键入“textpara”命令。

如图 2-24 所示，【文本风格设置】对话框中“文本风格”下列出了当前文件中所使用的文字风格。CAXA 电子图板按照国标预先定义了“标准”“机械”两种样式，但用户也可以根据需要自行设置文本风格。利用对话框中的“新建”“删除”“设为当前”“合并”等按钮可以建立新的风格或对现有风格进行管理操作。选中一个文字风格后，在对话框中可以设置字体、宽度系数、字符间距、倾斜角、字高等参数，并可以在对话框中预览。

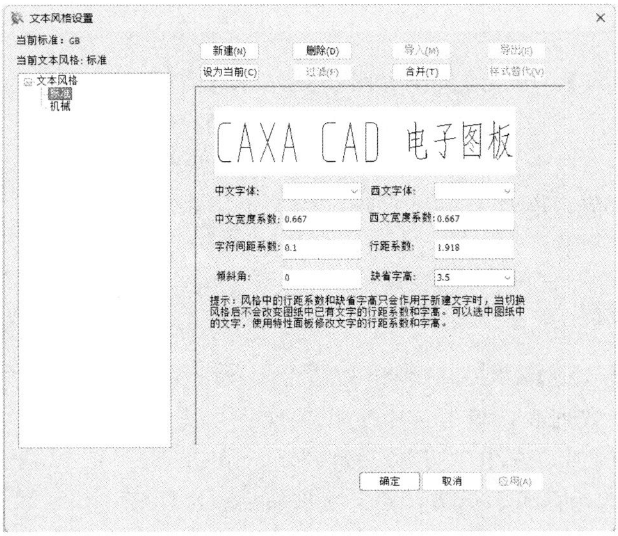

图 2-24 【文本风格设置】对话框

2.5.2 标注风格设置

调用主菜单【格式】→【尺寸】，或者从【标注】选项卡→【标注样式】面板上单击按钮，或者执行“dimpara”命令，系统弹出【标注风格设置】对话框，如图 2-25 所示。通过该对话框，可以新建标注风格、删除标注风格、设置当前风格，或者合并标注风格。对于任意风格，在该对话框中可以对“直线和箭头”“文本”“调整”“单位”“换算单位”“公差”“尺寸形式”等选项下的参数进行设置，从而控制尺寸标注的样式、箭头形式、文本位置、尺寸公差、对齐方式等。

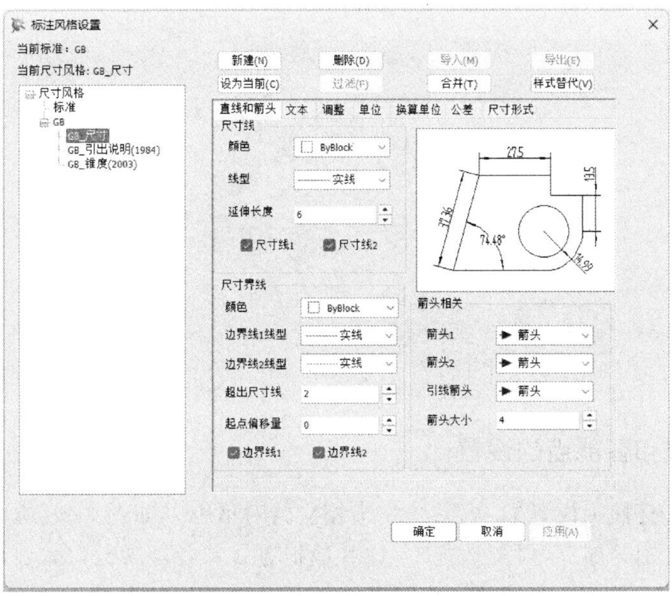

图 2-25 【标注风格设置】对话框

2.5.3 点样式设置

调用【格式】→【点】，则系统弹出如图 2-26 所示【点样式】对话框。点样式设置包括样式与大小两部分。其中，“点样式”提供了 20 种不同的样式，以适应用户的需求；“点大小”分为像素大小与绝对大小两种，像素大小即像素值，绝对大小即实际点的大小，其单位为毫米。

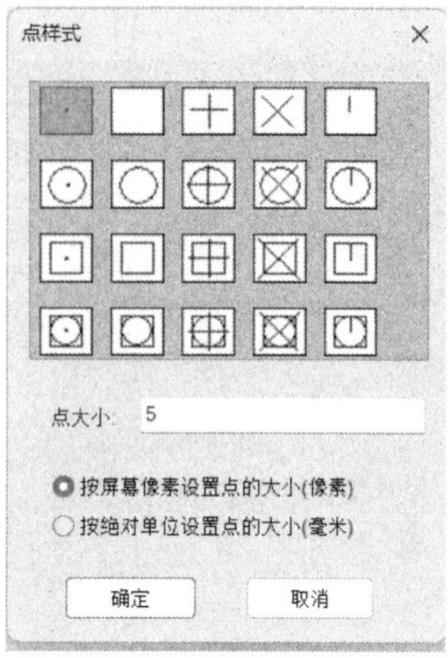

图 2-26 【点样式】对话框

2.5.4 系统选项设置

调用【工具】→【选项】，则系统弹出如图 2-27 所示对话框。对话框左侧为参数列表，单击选中每项参数后可以在右侧区域进行设置。例如，选中“显示”列表后，从右面将“模型背景”由黑色改为白色，单击“确定”按钮后，绘图区的背景颜色自动改为白色。其余按钮的使用方法如下：单击“恢复缺省设置”按钮可以撤销参数修改，恢复为默认的设置；单击“从文件导入”按钮可以加载已保存的参数配置文件，载入保存的参数设置；单击“导出到文件”按钮可以将当前的系统设置参数保存到一个参数文件中。

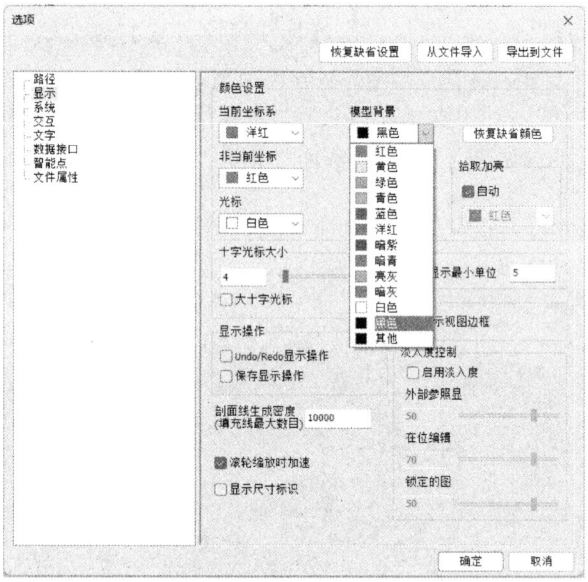

图 2-27 【系统设置】对话框

2.5.5 捕捉模式和智能点的设置

调用【工具】→【捕捉设置】，则系统弹出相应的对话框。如图 2-28 所示，捕捉方式包括“捕捉和栅格”“极轴导航”“对象捕捉”。这些捕捉方式和各项参数可以灵活设置，并组合为多个捕捉模式。其中，系统为屏幕点提供了如下几种默认的捕捉模式：

① 自由模式：关闭了所有捕捉方式，点的输入完全由当前光标的实际定位来确定。

② 智能模式：只打开对象捕捉，所以鼠标能自动捕捉一些特征点，如圆心、切点、垂足、中点、端点等。

③ 栅格模式：只打开捕捉和栅格，鼠标能够捕捉栅格点（栅格点可设置为可见与不可见）。

④ 导航模式：同时打开极轴导航和对象捕捉。系统可通过光标对若干种特征点进行导航，如孤立点、线段端点、线段中点、圆心或圆弧象限点等，在使用导航的同时也可以进行智能点的捕捉。

系统默认捕捉方式为智能点捕捉，但用户可以随时利用 F6 键切换捕捉方式或在状态条的列表框中进行切换。通过该对话框，用户还可以新建、删除或重命名捕捉模式。

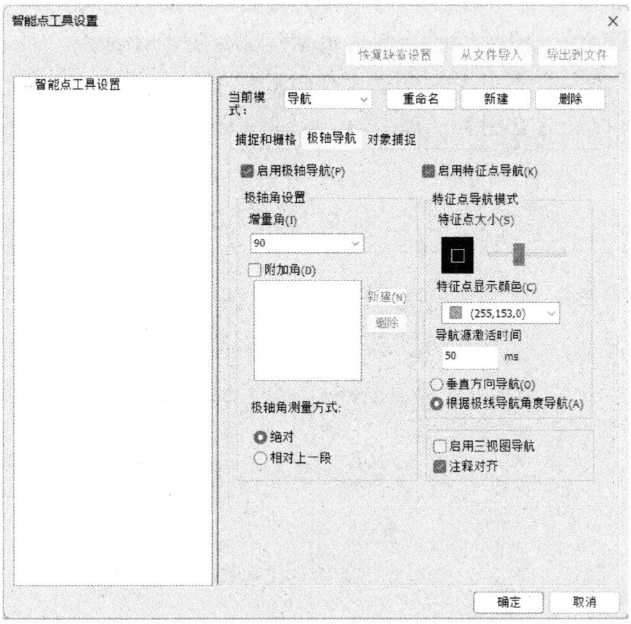

图 2-28 【智能点工具设置】 对话框

第3章　平面图形绘制

3.1　绘图命令概览

图形绘制是 CAD 绘图软件的基础。CAXA 电子图板提供了功能齐全的绘图命令，包括基本曲线、高级曲线、块、图片等的绘制。灵活运用这些绘图命令，可以绘制各种各样复杂的工程图样。这些绘图命令集中在主菜单【绘图】项中，对应的工具条包括“绘图工具”和“绘图工具Ⅱ”，也可以在【常用】选项卡（新界面）下找到这些绘图命令，如图 3-1 所示。

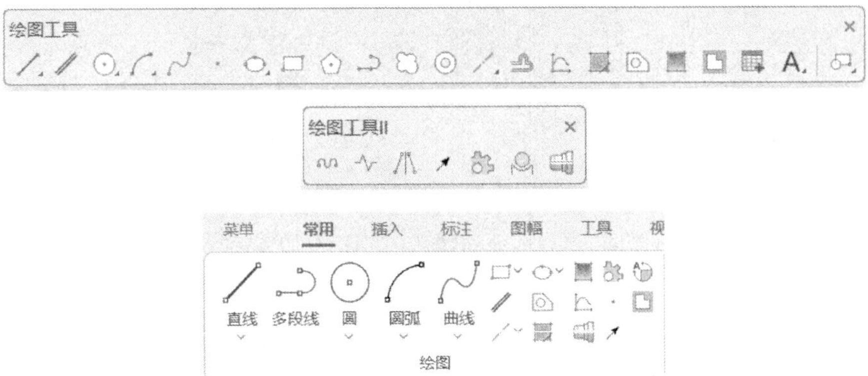

图 3-1　包含绘图命令的工具条和功能面板

调用绘图命令的方式有多种，包括（以直线命令为例）：①单击【绘图】主菜单直线按钮或选项，下文记作【绘图】→【直线】；②单击绘图工具条中的按钮；③单击【常用】选项卡中【绘图】面板的按钮；④执行“line”命令等。

考虑到所有绘图命令的调用方法类似，简便起见，下文在介绍具体绘图操作时以菜单方式为主，其余方式不再一一列举。

3.2　基本曲线

3.2.1　直线

调用直线命令（line）时，系统在屏幕的左下角弹出直线命令的立即菜单，如图 3-2 所示。单击立即菜单的第一项，其中有 7 种绘制直线的方式供选择：两点线、角度线、角等分线、切线/法线、等分线、射线、构造线，其中最常用的为“两点线”方式。

（1）两点线

两点线是根据用户输入的两个端点绘制一条直线段或连续绘制一条由多段直线段组成的

折线。执行“直线”命令时，如果从立即菜单的第一项中选取“两点线”，此时系统将提示“第一点（切点，垂足点）:”，要求用户输入一个点（即直线的一个端点）。点的输入方法有三种：键盘输入、鼠标输入和工具点捕捉（见 1.2.2 节和 2.5.5 节），用户可以根据需要任选。

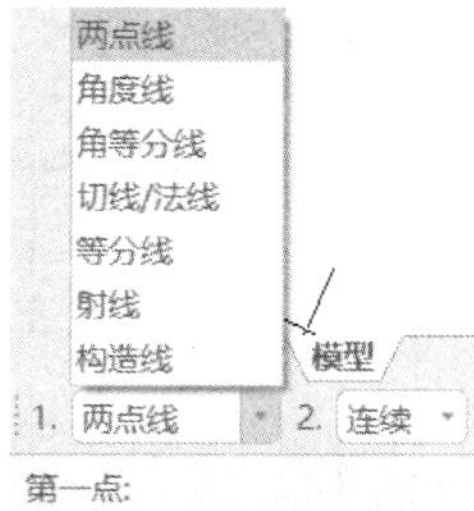

图 3-2　直线命令的立即菜单

立即菜单的第二项为“连续”或“单个”，其中“连续”表示每段直线段相互连接，前一段直线段的终点为下一段直线段的起点，而“单个”是指每次绘制的直线段相互独立，互不相关。“连续”方式下，如果想结束，可以按 ESC 键、Enter 键或者单击鼠标右键，从弹出的右键菜单中选择“确定”即可。用户输入第一个点后，系统提示“第二点:”，这时用户既可以输入点也可以从键盘输入直线的长度值。如果此时状态栏中的“正交”按钮为打开状态，只能绘制与坐标轴平行的直线段；否则可绘制任意直线段。

例 3-1：绘制如图 3-3 所示边长为 20 的五角星。

分析：该五角星可以从一个角点按 1-2-3-4-5-1 的顺序连续画出。给出第一点后，第二点相对于第一点的距离为 20，与 X 轴的正向成－108°，因此适合用相对极坐标给出，即“@20<－108”。第三点相对于第二点的距离为 20，与 X 轴的正向成 36°，即“@20<36”。以此类推。

绘图步骤：选择【绘图】→【直线】，将立即菜单设置成“两点线”“连续”，任意给出第一点如“0，0”，提示输入第二点时输入“@20<－108”，然后，依次输入“@20<36”“@20<180”“@20<－36”，最后既可输入“@20<108”“0，0”，也可以“智能”捕捉点 1（图 3-4）。

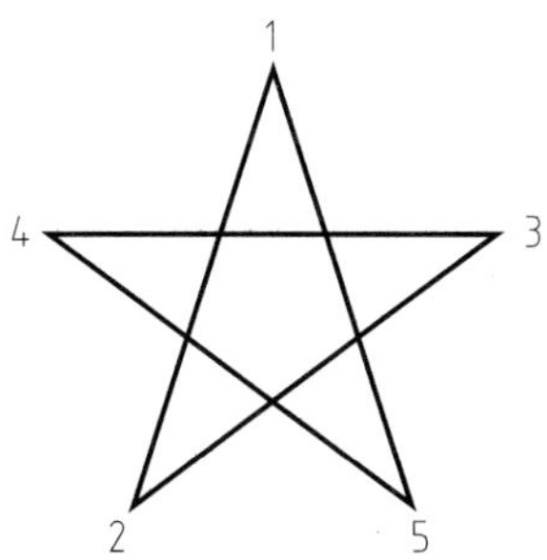

图 3-3　五角星

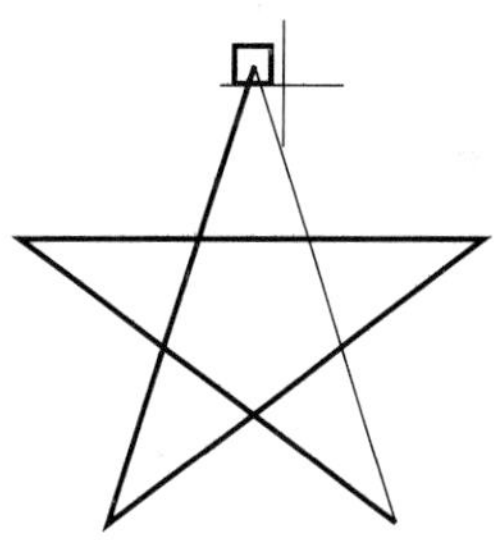
图 3-4　五角星画图过程

例 3-2：绘制如图 3-5 所示图形，不标注尺寸。

分析：本例显然也可以采用输入点坐标的方法绘制，但因为所有图线都是平行于坐标轴的，因此，可利用“正交”模式，输入长度更简便一些。

绘图步骤：执行“直线”命令，将立即菜单设置成“两点线”“连续”，将状态栏中的“正交”开关打开，首先给出一个角点（如左上角点，可以在绘图区任取一点），这时若向下移动鼠标，则屏幕上将出现一条动态的铅垂线，如图 3-6 所示。当出现铅垂线时，键盘输入“100”，按回车键。这时系统将生成一条长为 100 的铅垂线。然后向右移动鼠标，从键盘输入“180”，则系统又画出图形的底边。用同样的方法依次画出其他线段。

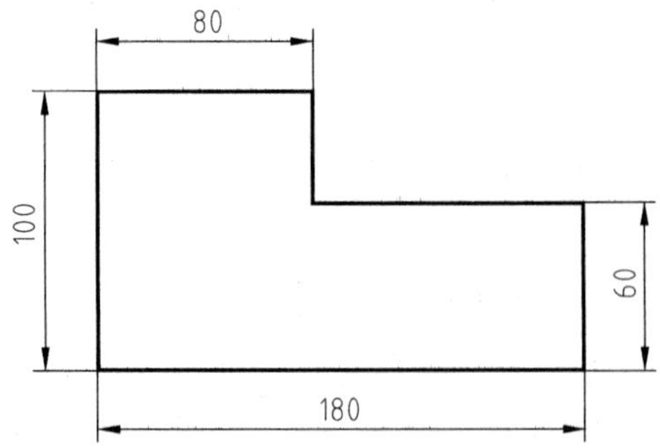

图 3-5 直线命令练习

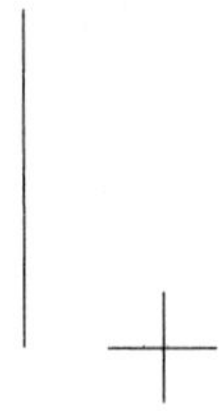

图 3-6 正交模式下画直线

例 3-3：画已知两圆的公切线。

分析：要画圆的公切线，必须准确地找出切点，可以利用电子图板提供的“工具点捕捉”功能。

绘图步骤：首先画出两个已知圆，发出直线命令，将立即菜单设置成“两点线”“单根”，在系统提示“第一点：”时，按空格键弹出工具点捕捉菜单（图 3-7），选择切点，或直接按“T”键，此时在第一个圆的切点附近点取第一点，提示“第二点：”时，再按“T”键，在第二个圆的切点附近点取第二点（图 3-8）。

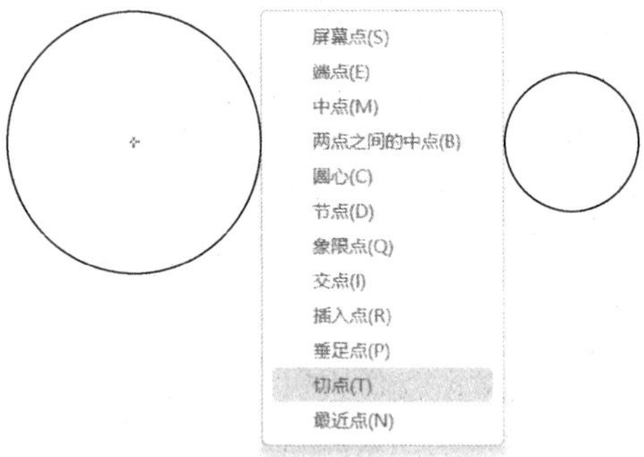

图 3-7 两圆及捕捉菜单

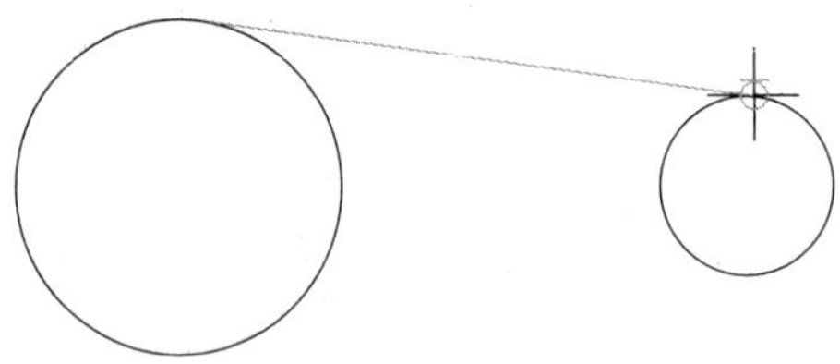

图 3-8 捕捉切点画公切线

注意：捕捉菜单是经典交互模式下常用的方式。如前所述，当交互风格为兼容模式时，可以通过【菜单】→【修改】→【选项】对话框修改。

（2）角度线

角度线功能用以绘制一条与已知直线或与 Y 轴、X 轴成一定角度、一定长度的直线段。从直线立即菜单的第一项中选取“角度线”，则会弹出绘制角度线的立即菜单，如图 3-9 所示。其中各项含义如下：

图 3-9 画角度线立即菜单

“2. X 轴夹角”，表示待画角度线的倾斜角度（相对于 X 轴），此项还有“Y 轴夹角”“直线夹角”共三项。“直线夹角”选项可以画出与指定直线成一定夹角的直线。

“3. 到点”，表示由鼠标取点确定的直线的长度。此项是切换开关，另一选项为“到线上”，此时系统不提示输入第二点，而是直线要画到所选定的直线上。

“4. 度 45”，表示待画直线与已知直线或轴线的夹角。当点取该项时，在坐标显示位置提示“输入实数”，角度值范围为（－360，360）。

如果不改变立即菜单的设置（图 3-9），输入第一点，然后操作提示变为“第二点或长度”，操作者可以输入第二点或一个角度线的长度值，如“50”，按回车键后，一条与 X 轴成 45°角，长度为 50 的直线段就被绘制出来了。

（3）角等分线

角等分线功能用以按给定等分份数、给定长度画条直线段将一个角等分。在“角等分线”方式下，立即菜单如图 3-10 所示。其中，“2. 份数”表示等分的份数，“3. 长度”为等分线长度值，单击后可修改。用户应根据提示拾取两条相交直线。

（4）切线/法线

切线/法线功能用以绘制一条已知直线的平行线或垂直线，或绘制已知圆弧的切线或法线。“角度线”方式下，立即菜单如图 3-11 所示。其中各项含义如下：

图 3-10　画角等分线立即菜单

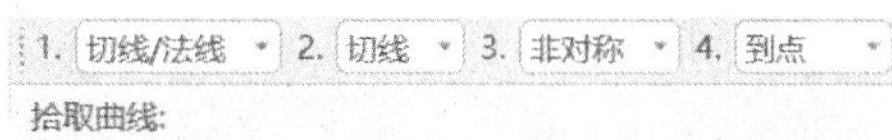

图 3-11　切线 / 法线的立即菜单

“2. 切线”为“切线”与“法线”的切换开关。

“3. 非对称”为“非对称”与“对称”的切换开关，其含义为画一条以选择点为基准的对称或不对称直线。

“4. 到点”为“到点”和“到线”切换开关，用于确定待画线的长度。

操作者应根据提示选取一条直线或曲线。选中者改变为红色显示，此时，操作提示转变为“第一点”，操作者可以移动鼠标确定待画直线段的位置，并按下左键，而后操作提示变为“第二点或长度”，并出现一条随光标位置变化的切线或法线［图 3-12（a）］。操作者应输入第二个点或输入一个长度数值，以确定待画线的长度，输入完毕后，一条切线或法线以对称或不对称形式被绘制出来［图 3-12（b）］。

(a) 曲线和点的拾取　(b) 操作结果

图 3-12　画法线示例

（5）等分线

等分线功能用以在两条线间生成一系列的线，将两条线之间的部分等分成若干份。“等分线”方式下，立即菜单如图 3-13 所示。根据提示拾取两条直线段，即可在两条线间生成一系列的线。其中，“等分量”表示等分的份数。图 3-14 所示分别为拾取的直线及绘制的等分线（等分量为 3）。

图 3-13　等分线立即菜单

(a) 拾取两条直线　　(b) 操作结果

图 3-14　画等分线示例

除此之外，利用直线命令还可以绘制“射线”和“构造线”。前者表示从一点开始向某个方向无限延伸的直线；后者则是没有起点和终点的无限长的直线，通常作为辅助绘图线使用。

3.2.2　平行线

平行线命令（ll）绘制与已知直线平行且长度相等的平行线，菜单操作方式为：【绘图】→【平行线】。执行“平行线”命令时，系统弹出如图 3-15 所示立即菜单。

图 3-15　平行线立即菜单

菜单的第一项是“偏移方式”和“两点方式”的切换开关。在“偏移方式”下，菜单的第二项为“单向”时，表示在直线的一侧画一条长度相等的平行线；如果用鼠标点取“单向”，则该项变为“双向”，即可在两侧绘制平行线。当在单向模式下，用键盘输入距离时，系统首先根据十字光标在所选线段的哪一侧来判断绘制线段的位置。在“两点方式”下，立即菜单的第二项可以实现“点方式”和“距离方式”的切换，根据系统提示即可绘制相应的线段。

立即菜单下方的第一个操作提示为“拾取直线”，即提示操作者用鼠标拾取一条已知的直线，以便画出该直线的平行线，当拾取之后，被拾取的直线变为虚线，此时又出现了第二个操作提示“输入距离或指定点（切点）”：操作者可以按照这一要求由键盘输入一个平行线间的距离数值，也可以移动鼠标确定距离，待选定该点后，按下鼠标左键，一条（或两条）平行线就被绘制出来了。单向平行线由键盘输入距离数值时，平行线画在鼠标十字光标所在的一侧。图 3-16 所示为绘制单向、双向平行线的操作示例。

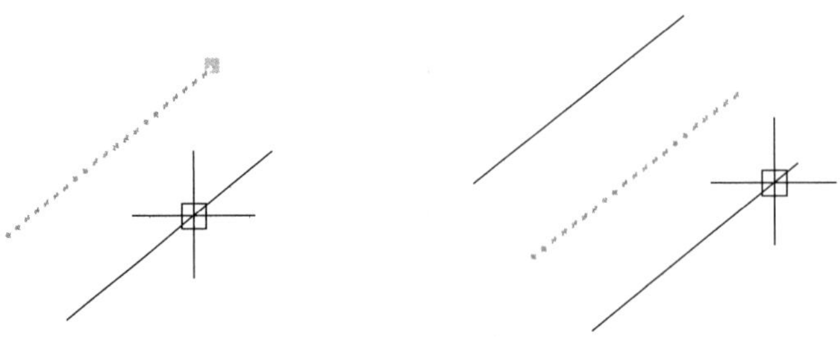

(a) 单向偏移　　(b) 双向偏移

图 3-16　画平行线

3.2.3 圆

圆命令（circle）用以按照各种给定参数绘制圆，其菜单操作方式为【绘图】→【圆】。输入命令后，系统在屏幕的左下角弹出如图 3-17 所示立即菜单。单击立即菜单的第一项，出现 4 种画圆的方式选项菜单，有圆心 _ 半径、两点、三点、两点_半径。

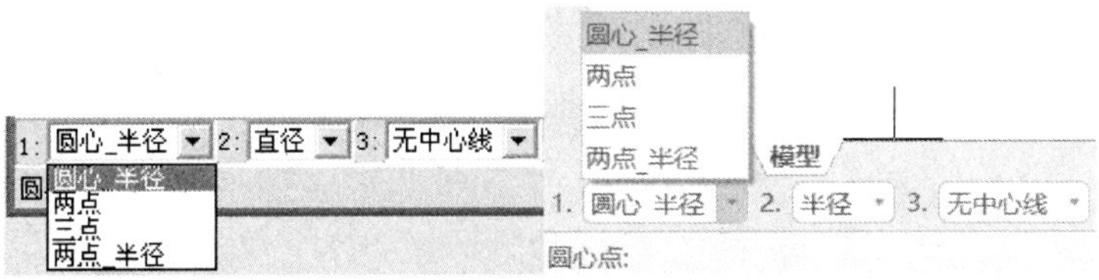

图 3-17　圆立即菜单

（1）圆心_半径

圆心_半径功能用以根据圆心和半径画圆。从立即菜单的第一项中选取“圆心_半径”时，立即菜单的第二项为“半径”和“直径”转换开关，分别表示将依据半径和直径画圆。第三项用于选择是否画出圆的中心线，系统默认为“无中心线”。

在系统提示“圆心点”时，可以用鼠标或键盘输入圆心点，然后操作提示变为“输入半径或圆上一点”，此时操作者可以用键盘输入半径值，也可以移动鼠标输入圆上的一点，在输入过程中，一个绿色的圆已经显示出来，且被鼠标拖动着，当按下鼠标左键后，圆即被画出。但应注意，此时的画圆命令并没有结束，操作者还可以在该命令下画出一系列同心圆，直至按回车键或按下鼠标右键，方可结束画圆的命令（命令区恢复“命令：”状态）。

如果将第二项转换为“直径”，即切换为圆心和直径方式画圆（由键盘输入的数值被当作圆的直径）。

（2）两点

两点功能用以通过两个已知点画圆，这两个已知点之间的距离为直径。将立即菜单第一项切换为“两点”方式，在提示“第一点”时输入第一个点，然后根据提示再输入第二点，则圆被画出。可根据需要选择是否画出圆的中心线，用鼠标右键可以结束此命令。

（3）三点

三点功能用以过已知三点画圆。将立即菜单第一项切换为“三点”方式，按提示顺序依次输入第一、二、三点，则过三点的圆被画出。利用三点画圆的功能并捕捉交点、切点等（利用智能点捕捉和工具点捕捉等工具），可以较容易地画出图 3-18 所示的三角形的外接圆和内切圆。

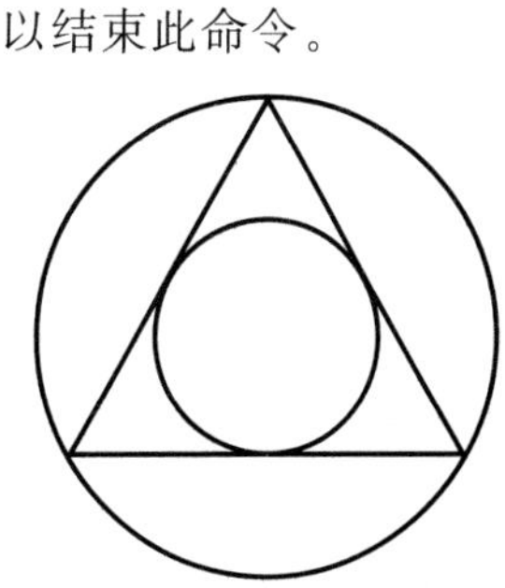

图 3-18　三角形的外接圆和内切圆

（4）两点_半径

此两点_半径功能用以过两个已知点和给定半径画圆。将立即菜单中第一项切换为“两点_半径”方式，按提示要求输入第一点和第二点，此时提示改为“第三点或半径”。操作者可以由键盘输入半径值，也可以用鼠标输入第三点，则圆被画出。利用此功能以及点的捕捉方法，可以准确作出指定大小并与其他实体相切的圆。

3.2.4 圆弧

圆弧命令（arc）用以按照各种给定参数绘制圆弧。单击【绘图】→【圆弧】，系统在屏幕的左下角弹出立即菜单，其中包括 6 种绘制圆弧的方法（图 3-19）：三点圆弧、圆心_起点_圆心角、两点_半径、圆心_半径_起终角、起点_终点_圆心角、起点_半径_起终角。下面介绍“三点圆弧”“圆心_起点_圆心角”及“两点_半径”画圆弧三种。其余方法类似，通过立即菜单选择圆生成方式及参数即可。除了三点圆弧方式以外，其余方式下按住 Ctrl 键可切换弧线方向。

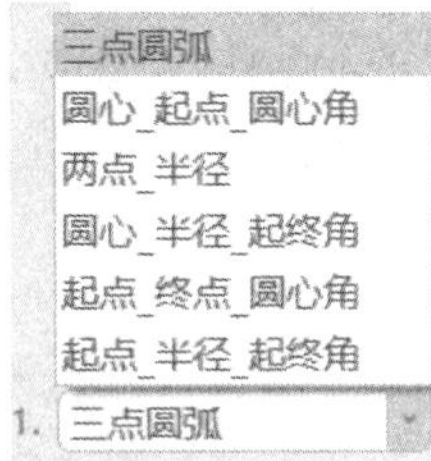

图 3-19 圆弧的立即菜单

（1）三点圆弧

三点圆弧功能用以过给定的三个点画一段圆弧，其中，第一点和第三点为圆弧的起点和终点，第二点决定圆弧的位置和方向。

过三点画圆弧时立即菜单只有一项内容，即“1. 三点圆弧”。立即菜单下方的操作提示为“第一点”，操作者可以用鼠标输入第一点；然后操作提示变为“第二点”，第二点输入后，一条绿色的圆弧已显示在用户的面前，并且随着第三点的位置不同，圆弧的大小和方向在动态地进行变化，一旦确定了第三点的位置，并按下鼠标左键，则一段圆弧被绘制出来，同时命令自动终止。圆弧上的三个点既可以用键盘或鼠标输入，也可以利用捕捉菜单以达到准确定位的目的。

（2）圆心_起点_圆心角

圆心_起点_圆心角功能用以根据圆心、起点及圆心角或终点画圆弧。

这时的立即菜单只有一项内容，如图 3-20 所示。系统首先提示“圆心点”，输入圆心坐标后，提示变为“起点”。此时输入圆弧的起点，操作提示又变为“圆心角或终点”，这时可以输入圆心角的数值，也可以输入一个终点（键盘输入或用鼠标拖动选取均可），圆弧即被绘出。

（3）两点_半径

两点_半径功能用以根据两点及半径画圆弧，经常用于连接圆弧或过渡圆弧的绘制。

“两点_半径”方式下的立即菜单如图 3-21 所示，要求输入圆弧的两个端点以及半径值。也可以输入第三点，从而间接地确定半径。

图 3-20 圆心_起点_圆心角方式下的立即菜单

图 3-21 两点_半径方式下的立即菜单

选取圆弧立即菜单中的“两点_半径”选项，进入该项的操作环境，根据提示连续输入两个点后，系统提示“第三点或半径”。这时可以输入半径数值，也可以输入第三点。

使用两点_半径画圆弧，得到的圆弧方向由下列原则确定：如果输入第二点后，再输入第三点，则第三点在哪一侧，圆弧即弯向哪一侧；如果输入第二点后输入一个半径的数值，那么圆弧弯向将取决于当时的光标位置［图 3-22（a）］。完成图 3-22（b）所示图形的大致步骤为：

① 提示为“第一点（切点）：”时，按下空格键弹出捕捉菜单，并选取“切点”。移动鼠

标，并拾取已知圆。

② 提示为“第二点（切点）：”时，按下空格键弹出捕捉菜单，并选取“切点”。移动鼠标，并拾取另一个已知圆。

③ 输入半径，则与两圆相切的一段圆弧被绘制出来。

④ 重复①、②、③步骤画出另一段圆弧。

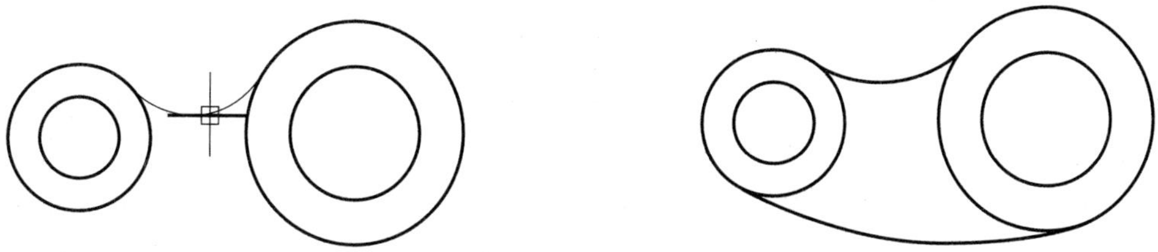

(a) 圆弧弯向　　(b) 圆弧示例

图 3-22　两点_半径画圆弧

3.2.5　矩形

矩形命令（rec）用以按给定的两个角点或矩形的长和宽画矩形。菜单操作方式为【绘图】→【矩形】。发出命令后，绘图区左下方弹出如图 3-23 所示的立即菜单。画矩形时有“长度和宽度”和“两角点”两种方法。

图 3-23　矩形命令的立即菜单

按“长度和宽度”画矩形，可对立即菜单中的各选项加以灵活选择，并输入数值，如角度、长度、宽度等，从而画出不同方向、不同大小的矩形。例如，按图 3-23 中所示设置立即菜单可画出如图 3-24 所示矩形。

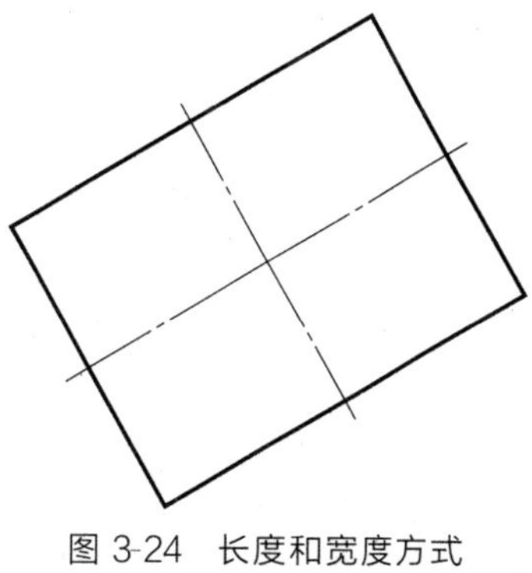

图 3-24　长度和宽度方式画矩形示例

图 3-23 中，“2. 中心定位”表示了画矩形的方式，中心定位方式是系统以矩形的中心来定位画出矩形。用鼠标点取该项，其内容变为“2. 顶边中点”，表示以矩形的顶边中点来定位点画出矩形。无论哪种定位方式，只要给出定位点就画出一个一定长度、宽度的矩形，最后用鼠标右键结束命令。

如果用鼠标点取“1. 长度和宽度”选项，则立即菜单变为“1. 两角点”。此时，只需按提示要求输入第一个角点，然后输入第二个角点，矩形即可画出。该方法只能画出平放（与 X 轴正向成 0°倾角）矩形。

3.2.6　中心线

中心线命令（center1）用以在没有中心线的圆、圆弧、椭圆上画出一对正交的中心线；在两条平行或对称的直线间生成一条中心线。菜单操作方式为：【绘图】→【中心线】。发出命令后，系统在屏幕的左下角弹出立即菜单，如图 3-25 所示。其中第一项可切换到“自由”。“指定延长线长度”表示超过轮廓线的长度按照“延伸长度”编辑框中数字表示的长度显示，数值可通过键盘修改；“自由”表示手动移动鼠标指定超过轮廓线的长度。

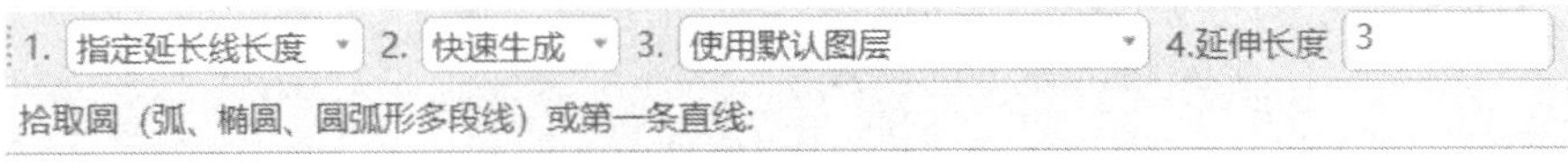

图 3-25 绘制中心线的立即菜单

操作时，若拾取的第一条曲线是一个圆或一段圆弧，则在被拾取的圆或圆弧上画出一对互相垂直且超出其轮廓线一定长度的中心线。如果用鼠标拾取的不是圆或圆弧，而是一条直线，则系统提示“拾取另一条直线”。当拾取完后，如果两直线不平行，则在被拾取的两条直线之间直接画出一条中心线；如果平行，则系统提示“左键切换，右键确认”。这时，如果单击右键，则画出中心线；如果单击左键，则中心线切换到垂直位置。图 3-26 所示为画中心线时的几种情况。

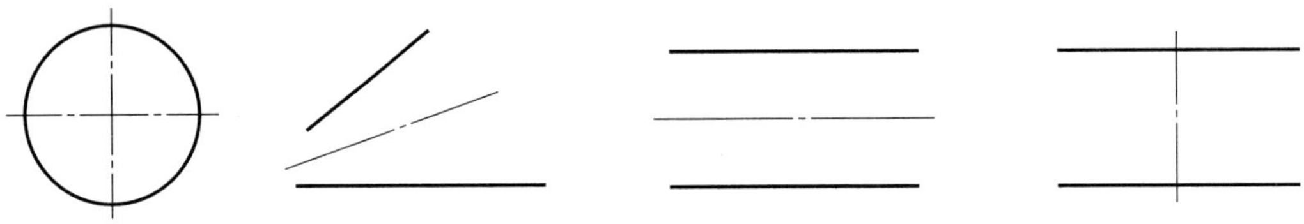

图 3-26 绘制中心线的示例

3.2.7 多线段

多线段命令（pline）可以创建直线段、弧线段或两者的组合线段。主菜单操作方式为【绘图】→【多线段】，其立即菜单如图 3-27 所示。用户可以直接通过鼠标在绘图区域单击或坐标输入的方式绘制，也可以通过第一项切换为“1. 读入数据”，然后通过剪贴板或数据文件（. txt 格式）获取坐标数据。

图 3-27 多线段立即菜单

直接作图时，根据提示指定直线的第一点和第二点，即可生成一段直线，也可以连续指定下一点绘制连续的组合线段。通过立即菜单中的第三项，可以设置多义线是否封闭。通过第 4、5 项可以指定多义线的起始宽度和终止宽度。通过第二项可以切换到圆弧状态，此时按提示指定第一点和第二点即可生成一段圆弧。如果连续指定下一点即绘制连续的组合圆弧线段。

注意：直线和圆弧线段可以连续组合生成，通过立即菜单进行切换即可。在绘制直线和圆弧时可以使用动态输入以及智能点工具进行精确输入，从而使绘图准确，而且绘制效率提高。

3.2.8 等距线

等距线命令（offset）绘制给定曲线（包括直线、圆弧、圆、椭圆、多段线、样条曲线）的等距线。它能把首尾相连的图形元素作为一个整体进行等距，从而提高操作效率。菜单操作方式为【绘图】→【等距线】，其立即菜单如图 3-28 所示。

图 3-28 等距线立即菜单

通过立即菜单第一项可选择“单个拾取”或“链拾取”。若选前者，则只拾取一个元素；若选后者，则拾取首尾相连的元素。

在立即菜单第二项中可选择“指定距离”或者“过点方式”。前者是指通过选择箭头方向确定等距方向（在第二项为“单向”的情况下），按给定数值来确定等距线的位置，如图 3-29 所示；过点方式是指过已知点绘制等距线。

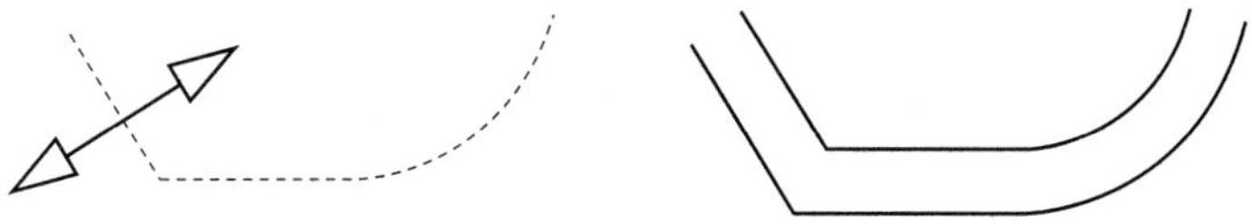

(a) 拾取对象及选择方向　　(b) 操作结果

图 3-29 按指定距离方式绘制等距线

在立即菜单第三项中可选取“单向”或“双向”，前者指只在一侧绘制等距线，后者在直线两侧均绘制等距线。在第四项中可选择“空心”或“实心”，前者是指在原曲线与等距线之间进行填充，而后者只画等距线，不进行填充。在第五项中可输入等距线与原直线的距离，编辑框中的数值为系统默认值。在第六项中可输入所需等距线的份数。在第七项中选择“保留源对象”或“删除源对象”。在第八项中选择“使用源对象属性”或“使用当前属性”。

3.3 高级曲线

3.3.1 点

点命令（point）用以在屏幕上绘制点，可以是孤立点，也可以是曲线上的等分点。注意：点的样式可通过【格式】→【点】进行设置。

点命令的菜单操作方式为【绘图】→【点】，立即菜单如图 3-30 所示，其中第一项可在 3 种方式之间切换，即“孤立点”“等分点”“等距点”。

若选“孤立点”，则可用鼠标拾取或用键盘直接输入点，利用工具点菜单，则可画出端点、中点、圆心点等特征点。同时还可以选【从文件读入】，来读取坐标数据直接生成孤立点。

若选“等分点”，输入等分数，然后拾取要等分的曲线，则可绘制出曲线的等分点。如图 3-31 所示，当输入等分数为 3 时，拾取图中的圆弧，则结果将出现 4 个等分点（点的样

图 3-30 画点立即菜单

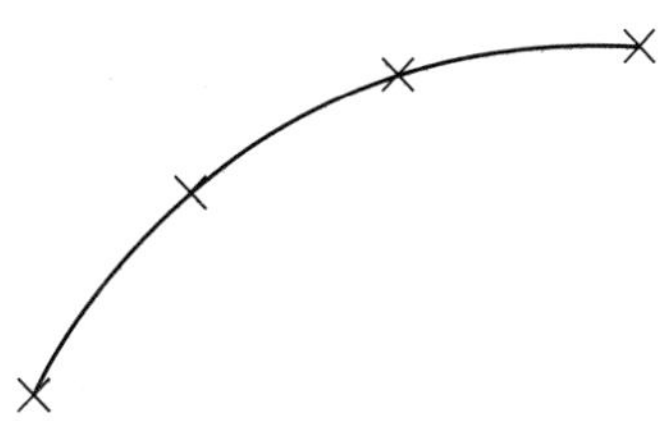

图 3-31 画等分点举例

式可以通过【格式】→【点】进行设置)。注意：这里只是做出等分点，而不会将曲线打断。

若选“等距点”，则将圆弧按指定的弧长划分，其立即菜单变为如图 3-32 所示的内容。拾取曲线后，系统将提示“拾取起始点”和“选取等弧长点”(用以确定单位弧长)，如果菜单为“2. 指定弧长”方式，则在“弧长”栏中指定每段弧的长度，在其“等分数”中输入等分份数，然后根据提示拾取要等分的曲线，拾取起始点，选取等分的方向，则可绘制出曲线的等弧长点；如果菜单切换为“2. 两点确定弧长”，则在“等分数”栏中输入等分数，然后根据提示拾取要等分的曲线，拾取起始点，在圆弧上选取等弧长点（弧长），则可绘制出曲线的等弧长点。

图 3-32　等距点方式下的立即菜单

3.3.2　样条曲线

样条曲线命令（spline）用以绘制一条过给定顶点（样条插值点）的样条曲线。点的输入可由鼠标输入或键盘输入，也可由外部的样条数据文件中直接读取样条。

菜单操作方式为【绘图】→【样条】。用鼠标点取应用于菜单中的“样条”菜单，则弹出如图 3-33 所示的立即菜单。这时，按提示要求，输入一系列顶点，则一条光滑的样条曲线被绘制出来，如图 3-34 所示。

图 3-33　画样条曲线立即菜单

图 3-34　样条曲线的绘制

如果用鼠标点取第一项“直接作图”，则其内容改为“从文件读入”，屏幕上弹出【打开样条数据文件】的对话框。从中可以选择数据文件，再单击“确认”按钮，系统即可根据文件中的数据绘制出样条曲线。绘制样条曲线时，可通过将第三项进行“开曲线”和“闭曲线”间的切换。

3.3.3　正多边形

正多边形命令（polygon）用以绘制等边闭合的多边形，菜单操作方式为【绘图】→【正多边形】。发出命令后，绘图区左下方弹出如图 3-35 所示的立即菜单。画正多边形时有“中心定位”和“底边定位”两种方法。

图 3-35　正多边形立即菜单（一）

（1）中心定位

在给定中心点后，按给定半径或边长定一个圆，画该圆的外切或内接正多边形。立即菜单中的各项内容含义如下：

“2. 给定半径”在正多边形定位以后，应输入给定的半径或圆上一点，用鼠标可以切换为“2. 给定边长”。

“3. 内接于圆”表示画一个给定圆的内接正多边形。可以切换为“3. 外切于圆”，表示画一个给定圆的外切正多边形。

“4. 边数”表示输入正多边形的边数。

“5. 旋转角 0”表示正多边形的旋转角度，其缺省值为 0，点取该项可输入新值。

设定立即菜单后，按操作提示要求，指定出正多边形的中心点，然后输入一个半径值或输入圆上一个点，则由立即菜单所决定的内接正多边形被绘制出来。点与半径的输入可用鼠标或键盘来完成。

(2) 底边定位

用两点方式给定正多边形的一个底边，按逆时针方向画出正多边形。单击立即菜单第一项“中心定位”切换为“底边定位”，如图 3-36 所示。按提示“第一点:”输入底边的一点后，提示“第二点或边长:”，此时输入底边的第二点或边长后，按给定边数和旋转角逆时针方向画出正多边形。注：第一点为正多边形的顶点，第二点可以不在正多边形的顶点上，把第二点与给定底边的垂足作为正多边形的顶点。

图 3-36 正多边形立即菜单（二）

3.3.4 椭圆

椭圆命令（ellipse）用以在给定位置画一个给定长、短轴半径，且任意方向的椭圆或椭圆弧。菜单操作方式为【绘图】→【椭圆】。画椭圆的方式有三种：根据长短轴画椭圆；根据轴上两点画椭圆；根据中心点和起点画椭圆。

给定长短轴画椭圆时的立即菜单如图 3-37 所示，当前参数设置表示：以操作者指定的点为中心，画一个长半轴为 100，短半轴为 50，旋转角为 0°，起始角为 0°，终止角为 360°的椭圆。其中，旋转角是指椭圆长轴与 X 轴的夹角，用来控制椭圆的方向；起始角与终止角用来控制画椭圆或椭圆弧的圆心角。

图 3-37 椭圆立即菜单

如果单击立即菜单中的“2. 长半轴”“3. 短半轴”“4. 旋转角”“5. 起始角”或“6. 终止角”，则可修改椭圆的参数。

如果在立即菜单第一项中选择“轴上两点”方式，则系统提示用户输入一个轴的两端点，然后输入另一个轴的长度。如果选择“中心点_起点”方式，则用户应输入椭圆的中心点和一个轴的端点（即起点），然后输入另一个轴的长度，这两种方式都可用鼠标拖动来决定椭圆的形状。

3.3.5 箭头

箭头命令（arrow）用以在直线、圆弧、样条或某一点处，按指定的正方向或反方向绘制一个实心箭头。调用【绘图】→【箭头】，则系统弹出立即菜单，如图 3-38 所示。立即菜单第一项可进行“正向”和“反向”的切换；第二项中可定义剪头的大小。用户根据提示拾取直线、圆弧、样条或者给定一点并确定箭头位置后，将自动绘制一个正向或反向的箭头。系统对箭头的方向按以下方式定义：对于直线，当箭头指向与 X 正半轴的夹角大于等于 0°、小于 180°时为正向，大于等于 180°、小于 360°时为反向；对于圆弧，逆时针方向为箭头的正方向，顺时针方向为箭头的反方向；对于样条，逆时针方向为箭头的正方向，顺时针方向为箭头的反方向；如果指定点，则箭头无正、反方向之分，它总是指向该点。

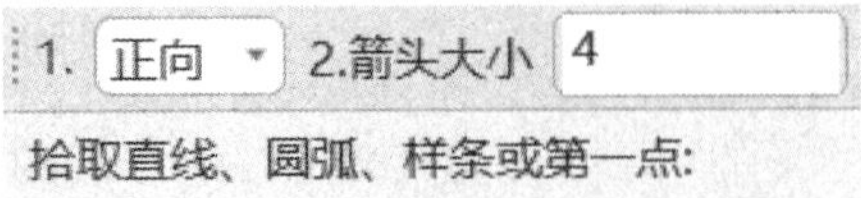

图 3-38 画箭头立即菜单

3.3.6 波浪线

波浪线命令（wavel）用以按给定方式生成波浪曲线，改变波峰高度可以调整波浪曲线各曲线段的曲率和方向。调用【绘图】→【波浪线】，则系统弹出如图 3-39 所示立即菜单。其中第一项用于输入数值以确定浪峰的高度，第二项确定波浪线一次性生成的段数。根据菜单提示，用户可以在画面上连续指定点，一条波浪线随即显示出来。每两点之间将会绘制出一个波峰和一个波谷，所以如果连续指定多个点，则可以画出具有多个波峰、波谷的波浪线，单击鼠标右键结束。

图 3-39 波浪线立即菜单

3.3.7 双折线

双折线（condup）命令用以绘制一条双折线，也可将一条已有直线变为双折线。在工程图的绘制中，对有些由于图幅限制不能全部画出的图形，可以采用折断画法，本功能为绘制这类图形提供了条件。用户可通过直接输入两点画出双折线，也可拾取现有的一条直线将其改为双折线。

菜单操作方式为【绘图】→【双折线】。系统弹出如图 3-40 所示立即菜单，提示“拾取直线或第一点”。这时如果选取一条直线，那么该直线将变为双折线。如输入第一点，则操作提示改变为“第二点”，此时继续输入第二点后，即在输入的两点之间画出一条双折线。

立即菜单的第一项为“折点个数”和“折点距离”的切换开关，选择其一之后可通过第二项输入具体的个数或距离。

图 3-40 双折线命令的立即菜单

3.3.8 公式曲线

公式曲线命令（fomul）用以根据数学公式（或参数表达式）绘制出相应的数学曲线，公式的给出既可以是直角坐标形式的，也可以是极坐标形式的。公式曲线为用户提供一种更方便、更精确的作图手段，以适应某些精确型腔、轨迹线形的作图设计。

选择【绘图】→【公式曲线】，系统弹出如图 3-41 所示【公式曲线】对话框。用户一般应首先选择坐标系类别（在直角坐标系下还是在极坐标下输入公式）。接下来是填写需要给定的参数，并选择变量的单位。在编辑框中输入公式名、公式及精度，单击“预显”按钮，可以看到左上角预览框中的曲线。单击“确定”按钮，按照系统提示输入定位点后，系统将在指定位置绘制出公式曲线。

另外，用户还可以储存当前的公式曲线，或者从左侧的公式曲线列表中提取已存在的公式曲线。

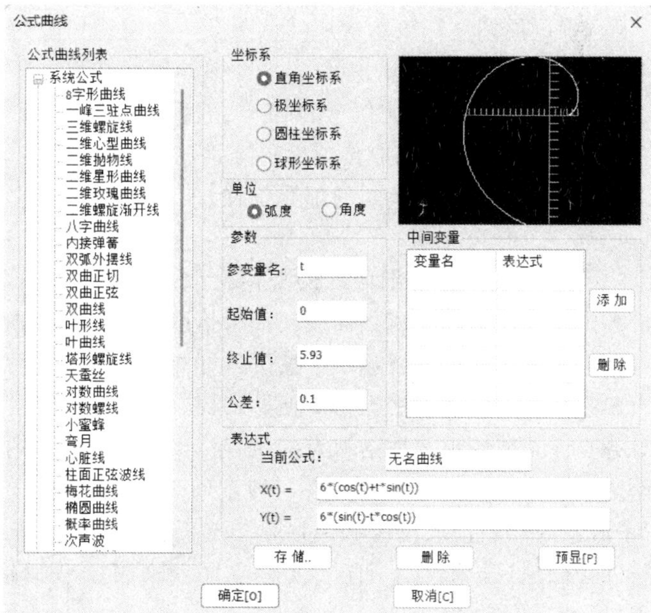

图 3-41 【公式曲线】对话框

3.4 特殊曲线

3.4.1 剖面线

剖面线命令（hatch）用以在封闭区域（或封闭环）内绘制剖面线或用户选定的剖面图案。菜单操作方式为【绘图】→【剖面线】，系统则弹出如图 3-42 所示立即菜单。这时，如果在图 3-43（a）中的交叉区域内拾取一点，则该区域高亮显示（用户可以继续拾取其他区

图 3-42 剖面线命令的立即菜单

域），确定后，系统自动画出剖面线［图 3-43（b）］。

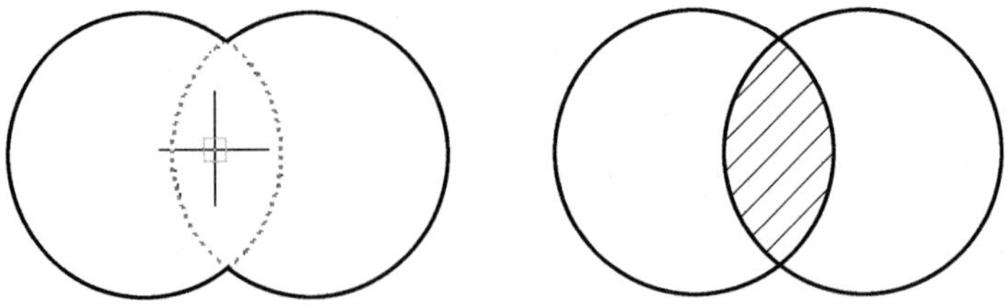

(a) 选择封闭区域　　(b) 操作结果

图 3-43　画剖面线示例

立即菜单中的“1. 拾取点”表示了选择剖面区域的方式。CAXA 电子图板绘制剖面线可以使用“拾取点”和“拾取边界”两种方式，两者可以用鼠标进行切换，切换时立即菜单的其余项不变。“2. 不选择剖面图案”表示使用默认图案，也可以切换为“选择剖面图案”。“3. 非独立”表示将用户拾取的多个填充区域作为一个整体，而“独立”则表示每个区域的剖面线可单独处理。立即菜单中的“4. 比例”和“5. 角度”决定了剖面线的密集程度和倾角（与 X 轴夹角），如需要修改，单击相应位置后由键盘输入新值即可。“6. 间距错开”中设置一定的数值可以调节剖面图案重复单元的填充位置。

（1）拾取点

在“拾取点”方式下，可以在待画剖面线的环内拾取一个点。系统将根据拾取点的位置，从右向左搜索最小内环，根据环生成剖面线。如果拾取点在环外，则操作无效；如果拾取的点在封闭环内，则该封闭环变成虚线显示。按下鼠标右键进行确认后，一组与立即菜单要求相符的剖面线出现在环内。此种方法操作简便、快捷，适合于各种复杂的封闭区域。但应注意：画剖面线时务必注意正确地选取拾取点的位置。当操作者在环内拾取一个点后，系统首先从拾取点开始，从右向左搜索最小封闭环。搜索到环后，系统提示“成功拾取到环，拾取环内一点”。对于嵌套的环，拾取位置和顺序对填充结果有一定影响，如图 3-44 所示。其中，图（a）和图（b）分别只拾取点 1 和点 2 处；在图（c）中，先后拾取点 1 和点 2；图（d）的拾取顺序为点 1、点 3、点 2。

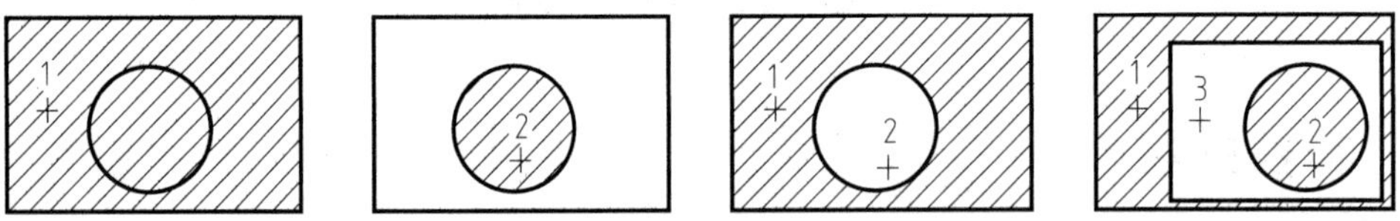

(a)　(b)　(c)　(d)

图 3-44　拾取点与剖面线的关系

（2）拾取边界

通过立即菜单第一项可切换为“拾取边界”方式。在这种方式下，系统将根据拾取的边界搜索环而生成剖面线。如果拾取到的边界不能构成互不相交的封闭环，则操作无效。拾取边界的数量是不受数量限制的，被拾取的边界呈虚线叠加显示。拾取结束后，按下鼠标右键确认。不被确认的拾取操作不能画出剖面线，被确认后，被拾取的边界恢复原色，并在封闭环内画出剖面线。拾取边界时，可以用窗口拾取，也可以单个拾取每一条曲线。

拾取边界的具体操作方法如下：根据操作提示“拾取曲线”的要求，依次拾取构成封闭环的各条曲线，被拾取的曲线虚线显示。拾取完毕，按下鼠标右键加以确认。如果边界正常，则立即画出剖面线，否则操作无效。

（3）设置剖面图案

如果将立即菜单第二项切换为“选择剖面图案”，系统在选定区域后将弹出如图 3-45 所示的对话框。其中提供了可供选择的剖面图案类型，以适应工程图中不同情况和不同行业中的特殊需要。

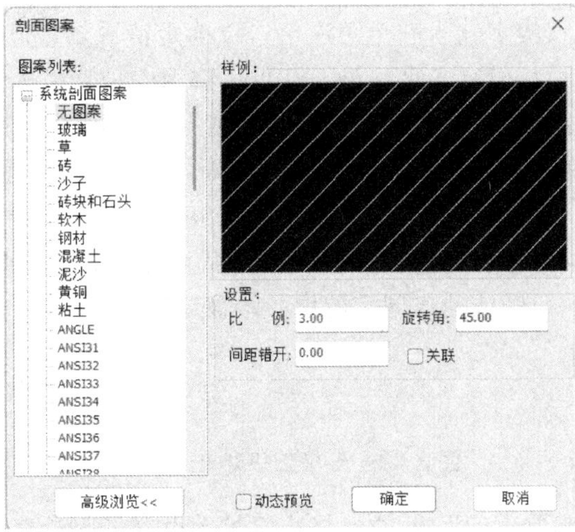

图 3-45 【剖面图案】对话框

设置剖面图案时，可滚动左侧“图案列表”的滚动条，从中选择剖面图案（注：选择“无图案”时，系统恢复缺省剖面图案），则系统将在右边的预显框中显示该剖面图案。用户可预览其效果并检查比例、旋转角等设置。

3.4.2 填充

填充命令（solid）用以对封闭区域的内部进行实心填充，对于某些制件剖面需要涂黑时可用此功能。调用【绘图】→【填充】时，系统弹出如图 3-46 所示立即菜单。立即菜单中的第一项为“非独立”或“独立”。其中，“独立”表示将填充区域看作彼此独立的，这样对已填充的区域可以分别进行编辑；“非独立”则表示将多个区域看作彼此关联的整体。根据提示，用鼠标左键拾取要填充的封闭区域内任意一点，即可完成填充操作。

图 3-46 填充立即菜单

3.4.3 孔/轴

孔/轴命令（hoax 或者 ha）用以在给定位置画出带有中心线的轴和孔或画出带有中心线的圆锥孔或圆锥轴。菜单操作方式为【绘图】→【孔/轴】。系统弹出如图 3-47 所示立即菜单。

单击立即菜单第一项，可进行“轴”和“孔”的切换。轴与孔的区别只是在于在画孔时省略两端的端面线（图 3-48），其余操作方法完全相同。

图 3-47 孔/轴立即菜单（一）

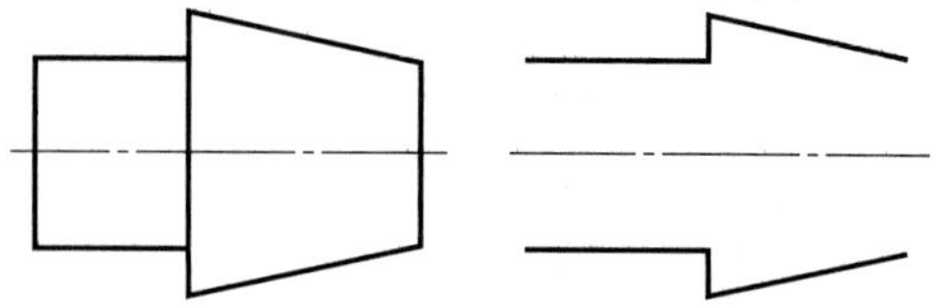

图 3-48 画轴与画孔的区别

立即菜单的另外两项决定轴线倾角（默认状态为轴线水平）。单击立即菜单中的“3. 中心线角度”，则用户可以按提示输入一个角度值，以确定待画轴或孔的倾斜角度，角度的范围是（－360，360）。除直接给出角度以外，还可以将第二项切换为“两点确定角度”。

按提示要求用鼠标在绘图区输入一个点作为轴或孔的插入点，这时系统又弹出一个如图 3-49 所示的新的立即菜单，其中列出了待画轴的已知条件，提示下面要进行的操作。此时，如果移动鼠标会发现，一个直径为 100 的轴被显示出来，该轴以插入点为起点，其长度由用户给出。操作者可移动鼠标确定轴的长度，然后按下鼠标左键，或直接由键盘输入轴或孔的长度值，按回车键，一段轴或孔连同它的中心线被绘制出来。

图 3-49 孔/轴立即菜单（二）

立即菜单中的“2. 起始直径”和“3. 终止直径”设置了起始直径和终止直径的初始值，操作者可以根据实际需要修改。如果起始直径和终止直径设置了不同的数值，则画出的图形为圆锥轴/孔。“4. 有中心线”为一个切换开关。缺省值为有中心线，可切换为“无中心线”。

该命令可以连续执行，用户可以直接修改立即菜单，并连续画出不同直径的轴段（台阶轴），如图 3-50 所示。

图 3-50 孔/轴命令的应用示例

3.4.4 局部放大图

局部放大图命令（enlarge）可以用一个圆形窗口或矩形窗口将已知图形中的任意一个局部进行放大。其菜单操作方式为【绘图】→【局部放大图】。系统弹出如图 3-51 所示立即菜单，其中第一项为选择开关，包括两种局部放大形式：圆形边界和矩形边界。

（1）圆形边界

“圆形边界”方式下，立即菜单中各选项含义如下：

放大倍数：它与局部放大图形上方所标注的放大倍数不同，是指与当前图纸上的线性要素之间的放大倍数，而不是与实际物体线性要素之间的放大倍数。

符号：指该局部视图的名称，用户可选择或改变所需要的名称。

操作时，一般应先设置立即菜单中的各项参数，然后根据提示依次给出放大部位的中心点和半径，接下来在提示“符号插入点”时给出标注符号的位置，但如果不需要标注，此时可按鼠标右键。接着在提示“实体插入点”，给出局部放大图的位置和角度，最后在提示“符号插入点”时在局部放大图上方进行标注，结束命令。图 3-52 所示为用圆形边界放大图的示例。

图 3-51　局部放大立即菜单

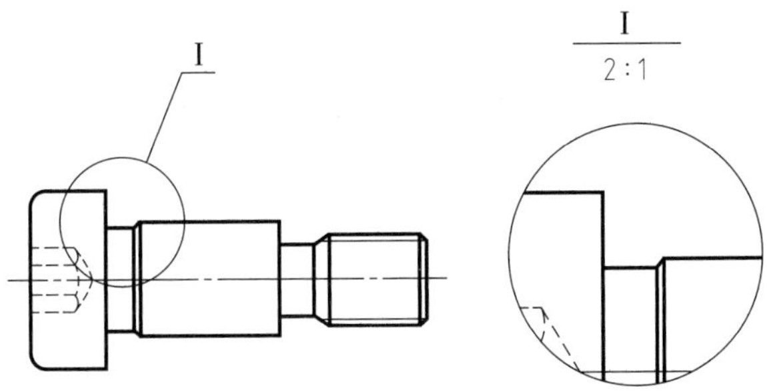

图 3-52　局部放大命令的应用示例

（2）矩形边界

用鼠标点取立即菜单中“1. 圆形边界”转换为“矩形边界”方式后，立即菜单将如图 3-53 所示。其中第二项决定矩形框是否显示出来，可以选择“边框可见”或“边框不可见”，其余各项与“圆形边界”方式下基本相同，不再赘述。

图 3-53　矩形边界立即菜单

3.4.5　齿轮齿形

齿轮齿形命令（gear）用以按给定的参数生成给定参数和个数的齿形。选择【绘图】→【齿形】，系统弹出如图 3-54 所示【齿轮参数】对话框。在对话框中可设置齿轮的齿数、模数、压力角、变位系数等，用户还可改变齿轮的齿顶高系数和齿顶隙系数来改变齿轮的齿顶圆半径和齿根圆半径，也可直接指定齿轮的齿顶圆直径和齿根圆直径。

确定完齿轮的参数后，单击“下一步”按钮，弹出齿轮预显框，如图 3-55 所示，从中设置齿形的参数后可单击“预显”按钮观察生成的齿形。如果输入的有效齿形等于齿轮的实际齿数，则生成整个齿轮（图 3-56，其余参数为默认值）。单击“完成”按钮将生成齿形或单击“上一步”按钮回到前一对话框。

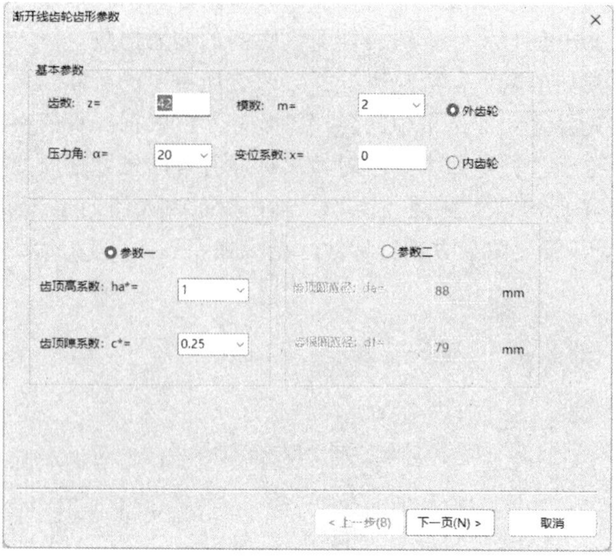

图 3-54 【齿轮参数】对话框

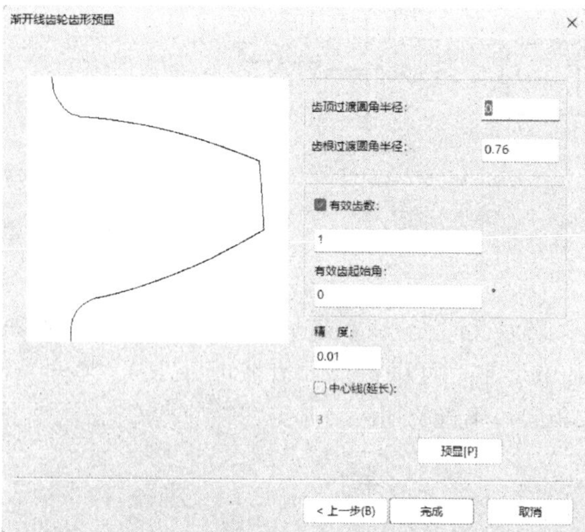

图 3-55 齿轮预显框

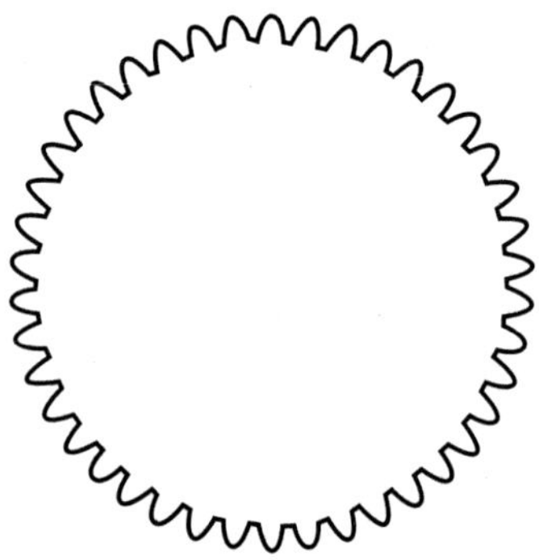

图 3-56 生成齿轮示例

3.5 CAXA 绘图练习示例

例 3-4：按图中所标尺寸 1∶1，在 A4 图纸上绘制如图 3-57 所示的图形。目的是通过图线和简单图样的练习掌握最基本的工程绘图方法和步骤。

（1）图形分析

图形顶部是 5 条相互平行的直线，可用直线命令画出第一条，然后用平行线命令在相应图层上（也可以画出后再改变图层特性）画出其余 4 条。

平行线下面的两个五角星可以先确定上顶点，然后以上顶点为基准，根据各顶点间的相对关系依次画出各条边。

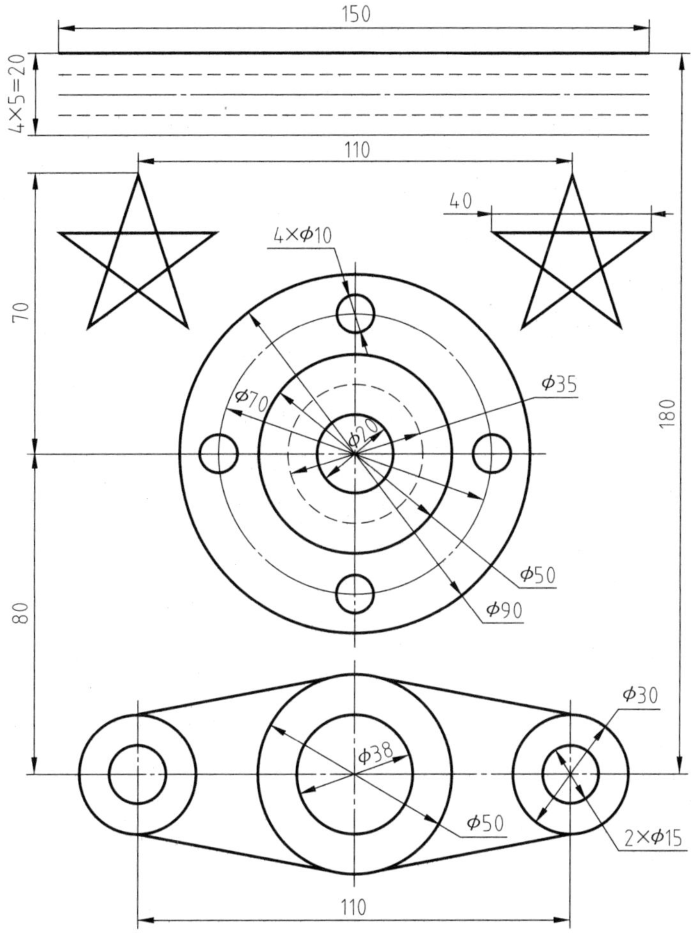

图 3-57　图线练习

图形中央是由若干圆组成的图形，以 ϕ90 圆心为基准，在粗实线层上用画圆命令（圆心-半径方式）连续画出 ϕ90、ϕ50 和 ϕ20 圆，然后切换到中心线层（可“透明”地执行），画出 ϕ70 圆，切换到虚线层画出 ϕ35 圆。当然，也可以在粗实线层上用画圆命令连续画出 ϕ90、ϕ70、ϕ50、ϕ35、ϕ20 圆，然后用属性修改将 ϕ70 圆改变到点划线层，将 ϕ20 圆改变到虚线层。

用中心线命令可画出 ϕ90 圆的中心线，然后捕捉 ϕ70 圆与中心线交点得到 4 个 ϕ10 圆的圆心，画出各圆。

图形下部图形可先画出各圆后再画切线完成全图。

（2）设定图幅

执行【幅面】→【图幅设置】，从【图幅设置】对话框中将图纸幅面设为 A4，绘图比例选择 1∶1，图纸方向选择“竖放”。同时，从该对话框的“调入图框”列表框中选择“A4E-E-Bound（CHS）”；从“调入标题栏”列表框中选择“Mechanical-A（CHS）”，然后单击“确定”按钮。

执行【幅面】→【标题栏】→【填写】，在弹出的对话框中填写标题栏内容，其中单位名称为“山东大学”，图纸名称为“线型练习”，比例为“1∶1”。确认后得到图 3-58。

（3）布置图面

所画图形一般要尽量均匀布置在幅面上，根据这个要求，把图中 ϕ90 圆的圆心坐标定为“10，30”，由此计算出图形几个主要部分的基准坐标。例如，上面 5 条线中第一条线的始点坐标为“－65，130”，五角星上顶点坐标为“－45，100”，下部 ϕ50 圆的圆心坐标定为“10，－50”。

（4）绘制图形

设置当前层为粗实线层，执行【绘图】→【直线】，从立即菜单中设置“两点线”“正交”，输入第一点坐标“－65，130”，向右拖动光标并键入线段长度“150”，画出第一条线。

执行【绘图】→【平行线】，采用“偏移方式”“单向”方式，将当前层切换到虚线层，键入距离“5”，画出第二条线。以此类推，画出五条直线。

切换当前层为粗实线层，执行【绘图】→【直线】，将立即菜单设置成“两点线”“连续”“非正交”，键入第一点坐标“－45，100”，第二点“@40<－108”，……。参照例 3-1 的方法画出两个五角星。

执行【绘图】→【圆】，设置立即菜单各项为“圆心_半径”“直径”“无中心线”，确认当前层为粗实线层，输入圆心“10，30”，画出 ϕ90、ϕ50、ϕ20 三个圆。切换到中心线层（无须中断画圆命令），画出 ϕ70 圆，切换到虚线层画出 ϕ35 圆。

执行【绘图】→【中心线】，拾取 ϕ90 圆，系统自动画出十字形中心线，得到图 3-59。

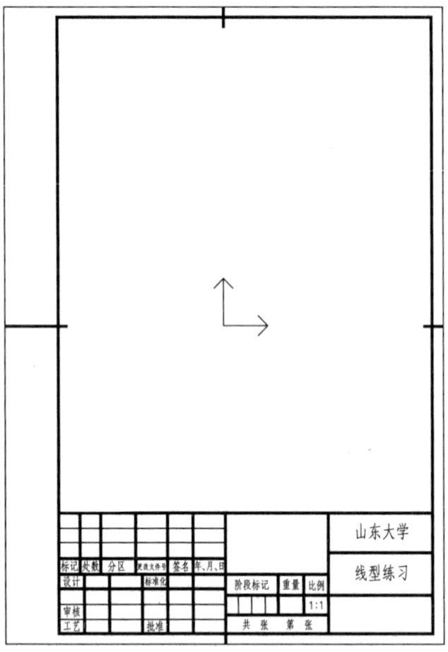

图 3-58 设定图幅

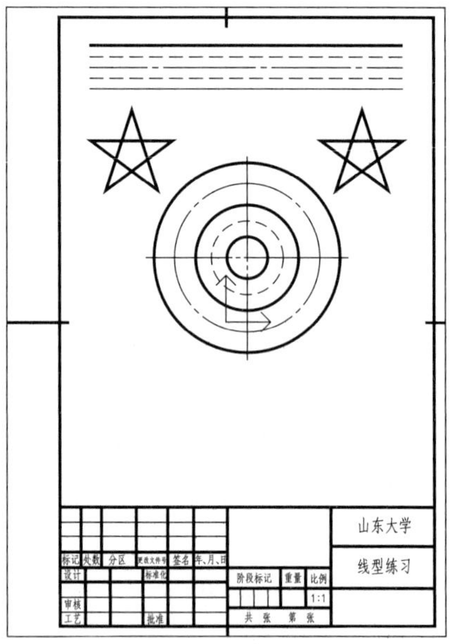

图 3-59 中间结果

切换当前层为粗实线层，执行【绘图】→【圆】，在提示“圆心点：”时，按空格键弹出工具点菜单，选择交点，或直接按“I”，捕捉 ϕ70 圆（中心线圆）与中心线的交点作为圆心，输入直径 10，画出一个 ϕ10 圆。用同样方法画出其余三个圆。注：在提示“圆心点：”时，也可以将屏幕点的捕捉方式切换为“智能”（位于状态栏的最右侧），然后直接捕捉 ϕ70 圆与中心线的交点。当图形太小时可以利用显示控制命令进行放大（详见 1.4 节）。

执行【绘图】→【圆】，在粗实线层画出图下部的各个圆，圆心坐标分别为“10，－50”“－45，－50”“65，－50”，然后通过捕捉切点画出切线。

最后画上中心线，完成全图（图 3-60）。注：画中心线时，可以采用【绘图】→【中心线】画出 ϕ50 和 2×ϕ30 圆的中心线，然后删除（【修改】→【删除】）其水平中心线，另用直线命令画出一条贯穿左右的中心线［从（－63，－50）到（83，－50）］。另外，为了清晰，可以关闭坐标系符号，方法是：执行【视图】→【坐标系显示】，利用弹出的对话框取消坐标系的显示。

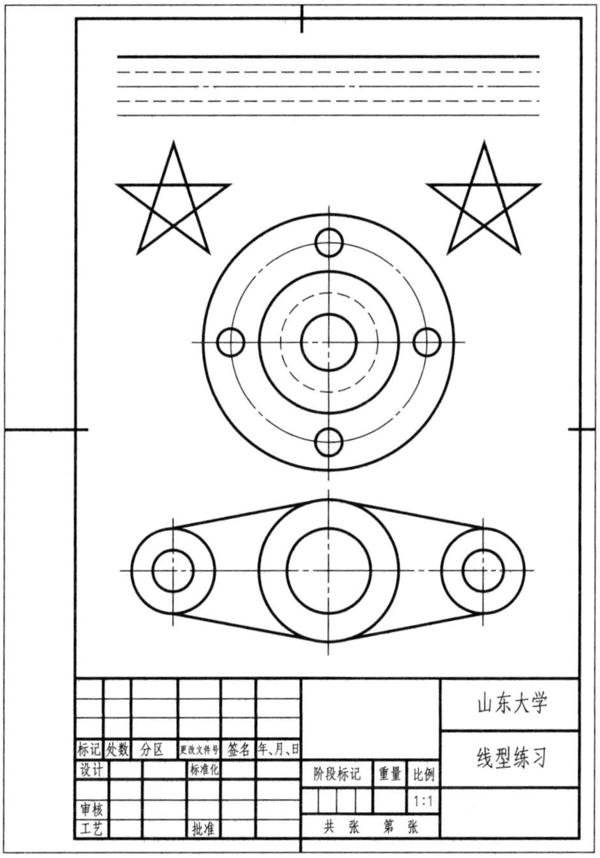

图 3-60 完成全图

第4章　图形的编辑与修改

对当前图形进行编辑修改，是交互式绘图软件不可缺少的基本功能。电子图板的编辑修改功能包括基本编辑、图形编辑和属性编辑三个方面。基本编辑主要是一些常用的编辑功能；图形编辑是对各种图形对象进行平移、裁剪、旋转等操作；属性编辑是对各种图形对象进行图层、线型、颜色等属性的修改。

4.1　基本编辑

基本编辑包括删除、撤销、恢复、复制等，一般可以从【编辑】主菜单中调用（图 4-1），也可以使用快捷键或直接键入命令。

图 4-1　基本编辑菜单

4.1.1　删除

删除命令（erase 或 del）用以删除拾取到的实体。单击【编辑】→【删除】或单击【修改】→【删除】，或从功能区单击【常用】→【修改】功能面板（图 4-2）中的相应按钮，系统提示“拾取添加”。按操作提示要求拾取想要删除的若干个实体，拾取到的实体呈红色显示状态。待拾取结束后，按下鼠标右键加以确认，被确认后的实体从当前屏幕中被删除掉。如果想中断本命令，可按下“ESC”键退出。

图 4-2　修改功能面板工具栏

除此之外，类似的命令还有删除所有（eraseall）和删除重线（deloverl 或 eraseline），一般从【修改】菜单或者【常用】→【修改】功能面板调用。删除所有是将所有已打开图层上的符合拾取过滤条件的实体全部删除。删除重线则从拾取的图形中删除重复对象。注意：只有当一条曲线上全部点是另外一条曲线上点的子集时，该功能才会将前者作为重线删除。

4.1.2 撤销和恢复

撤销命令（undo）用于取消最后一次发生的绘图或编辑操作；恢复命令（redo）是取消操作的逆过程，只有与撤销操作相配合使用才有效。

从主菜单单击【编辑】→【撤销】，用于取消当前状态下最近一次发生的编辑动作或一次误操作，例如，绘制图形、编辑图形、删除实体等，错误地删除了一个图形，即可使用本命令撤销删除操作。恢复命令用来取消最近一次的撤销操作，即把撤销操作恢复。其主菜单操作方式为【编辑】→【恢复】。撤销和恢复都具有多级回退功能。

4.1.3 剪切、复制和粘贴

剪切（cutclip）、复制（copyclip）和粘贴（pasteclip）是一组相互关联的命令。其中，复制是将选中的图形存储到剪贴板中，以供图形粘贴时使用；剪切是从图形中删除选定对象并将它们存储到剪贴板中，以供图形粘贴时使用；粘贴是将剪贴板中的内容粘贴到指定位置。

另外，为了满足用户的不同要求，CAXA 电子图板中还提供了特殊命令。其中，带基点复制（copywb 或 copybase）命令将含有基点信息对象存储到剪贴板中，以供图形粘贴时使用。选择性粘贴（pastesepc 或 specialpaste）可以选择不同的粘贴方式，如 Windows 图元格式。粘贴为块（pasteblock）功能在执行时可以在立即菜单内选择是否将粘贴出的块消隐，其余操作与粘贴功能相同，成功粘贴后，剪贴板中的对象将以块的形式存在于指定的位置上。

4.2 属性编辑

CAXA 电子图板生成的图形对象大多数具有图层、颜色、线型、线宽、线型比例等基本属性。这些属性都可以如前所述通过图层赋予对象，也可以直接单独指定给对象。一般情况下，可直接通过特性功能面板或颜色图层工具条编辑对象的图层、颜色、线型、线宽这几个属性。拾取对象后，直接选择工具条或者功能区面板上对应属性即可，具体方法可参考第 2 章相关内容。除此之外，还可以通过特性工具选项板或者特性匹配工具快速编辑对象属性。

4.2.1 特性工具选项板

利用特性工具选项板（properties）可以方便、快捷地编辑对象的属性，包括基本属性（图层、颜色、线型等）和对象本身的特有属性（例如圆的特有属性包括圆心、半径、圆直径等）。

执行【工具】→【特性】，或者键入“properties”命令后，属性选项板被打开。此时拾取要编辑的对象，然后在选项板中修改即可。也可以先拾取要编辑的对象，再执行属性命令，基本操作如下：

在无命令状态下，如果用鼠标左键拾取绘图区的若干图形元素，随后单击鼠标右键，则弹出一个右键快捷工具菜单，从中选取“特性”选项，或者在选取图形元素后直接点击工具选项板中的“特性”选项，则弹出如图 4-3 所示【特性】对话框，从中可修改被拾取图形元素的属性，如层、线型、颜色等。

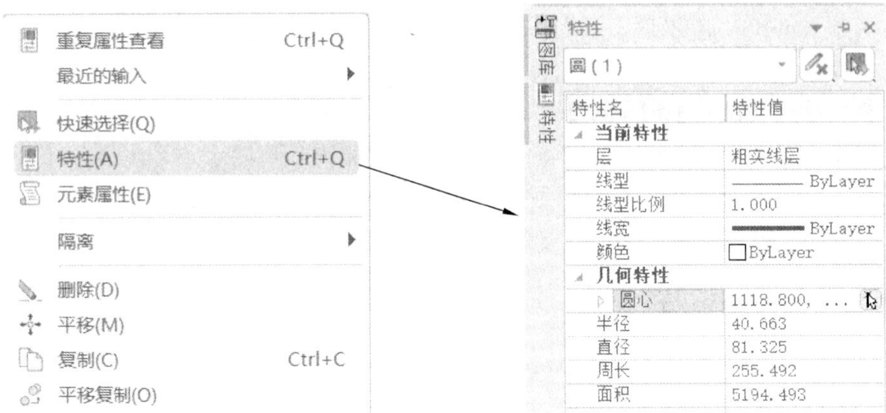

图 4-3 【特性】对话框

4.2.2 特性匹配

特性匹配（match）功能可以将一个对象的某些或所有特性复制到其他对象。执行【修改】→【特性匹配】，或者键入“match”命令后，系统弹出如图 4-4 所示立即菜单。通过第一项可以选择“匹配所有对象”或者“匹配同类对象”；通过第二项可以选择“默认”或“设置”。选择“设置”系统弹出如图 4-5 所示【特性设置】对话框。从中可以看出，特性匹配功能除了可以修改图层、颜色、线型、线宽等基本属性外，也可以修改标注、文字和图案填充等对象的特有属性。

图 4-4 特性匹配立即菜单

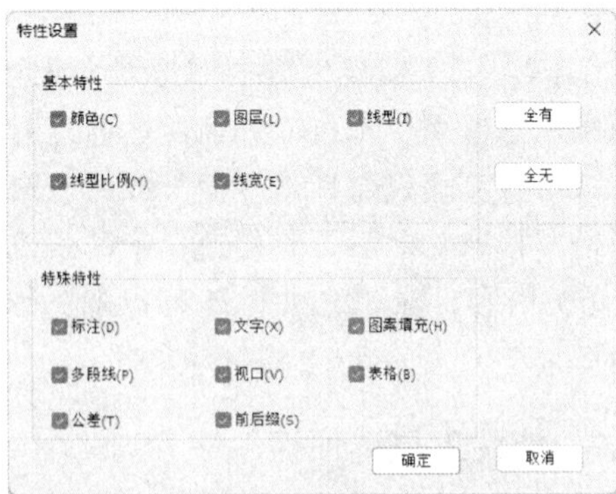

图 4-5 【特性设置】对话框

调用【特性匹配】功能后，系统会提示选择“拾取源对象”，选取后系统提示“拾取目标对象”。选择目标对象后即可使用鼠标右键结束格式刷的命令，效果如图 4-6 所示。

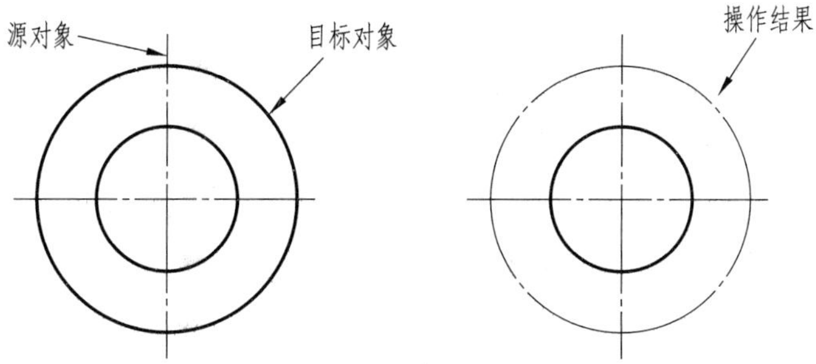

图 4-6　属性修改示例

4.3　图形编辑

图形编辑主要是对图形对象（如曲线、块、文字、标注等）进行编辑操作。这些功能主要包括：夹点编辑、平移、拷贝、裁剪、齐边、过渡、旋转、镜像、比例缩放、阵列、打断、拉伸、打散等。图形编辑的每个功能都可以通过以下任意方式来执行：执行对应命令或快捷键，单击【修改】主菜单对应按钮，单击常用功能区选项卡对应按钮，单击工具条（图 4-7）上对应按钮。

图 4-7　编辑工具条

4.3.1　裁剪

裁剪命令（trim）用以对当前的若干图形元素进行裁剪操作。执行【修改】→【裁剪】，系统弹出相应的立即菜单，如图 4-8 所示，立即菜单第一项为选择开关，有“快速裁剪”“拾取边界裁剪”“批量裁剪”三种方式。

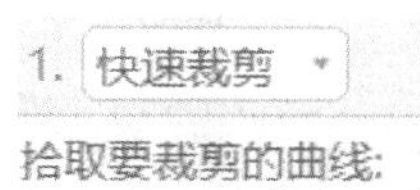

图 4-8　裁剪立即菜单

（1）快速裁剪

用鼠标直接拾取被裁剪的曲线，系统自动判断边界并做出裁剪响应，快速裁剪掉被鼠标拾取的一段曲线。

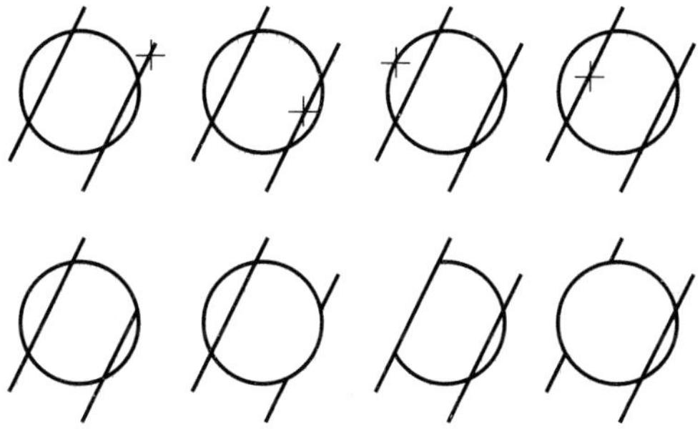

图 4-9　快速裁剪中的拾取位置

快速裁剪时，允许用户在各交叉曲线中进行任意裁剪的操作。其操作方法是直接用光标拾取要被裁剪掉的线段，与该线段相交的曲线均作为裁剪边界，待按下鼠标左键后，将被点取的线段裁剪掉。快速裁剪在相交较为简单的边界情况下可发挥巨大的优势，具有很强的灵活性。但应注意，被裁剪掉的曲线一定要与其他曲线相交，否则将无法实施裁剪。

图 4-9 中的几个示例说明快速裁剪操作的

结果与拾取位置的关系，其中上面图形中的十字表示拾取位置，下面的图形表示对应的裁剪结果。

例 4-1： 画出如图 4-10（a）所示五角星。

绘图步骤：

① 选择【绘图】→【直线】，利用两点线方式画出图 4-10（b）所示五角星。

② 选择【修改】→【裁剪】，在"快速裁剪"方式下依次拾取图 4-10（c）中所示位置。

(a) 绘图目标　　(b) 中间结果　　(c) 快速裁剪

图 4-10　快速裁剪直线示例

图 4-11 为对圆和圆弧快速裁剪的示例，请读者自己完成。

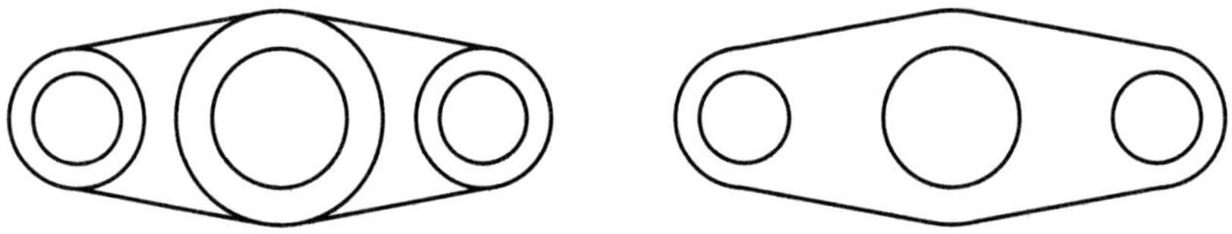

图 4-11　快速裁剪圆和圆弧

（2）拾取边界裁剪

这种方式适用于边界情况比较复杂的裁剪，方法是：拾取一条或多条曲线作为剪刀线，构成裁剪边界，系统将裁剪掉所拾取到的曲线端，保留在剪刀线另一端的曲线端。剪刀线本身也可以被裁剪。

进入边界裁剪方式后，按提示要求，用鼠标拾取一条或多条曲线作为剪刀线，然后按下鼠标右键，以示确认。此时，操作提示变为"拾取要裁剪的曲线"。用鼠标点取要裁剪的曲线，系统将根据用户选定的边界做出反应，裁剪掉前面点取的曲线端至边界部分，保留边界另一侧的部分。

拾取边界裁剪方式可以在选定边界的情况下对一系列的曲线进行精确的裁剪。此外，拾取边界裁剪与快速裁剪相比，省略了计算边界的时间，因此执行速度比较快，这一点在边界复杂的情况下比较明显。

图 4-12 所示为边界裁剪的一个示例，左边表示边界的选择和拾取位置，右边为操作结

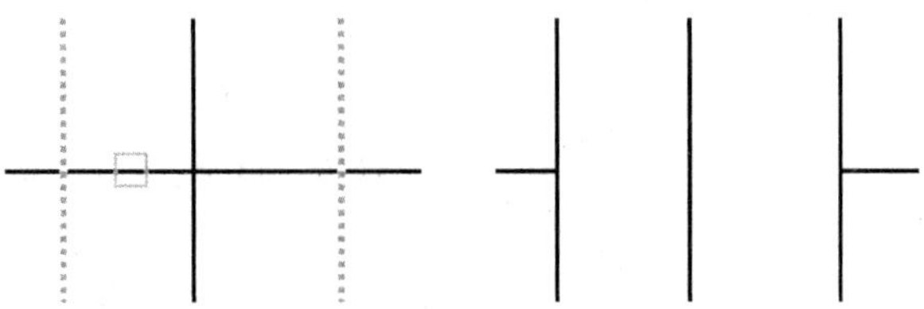

图 4-12　边界裁剪示例

果，从中可看出与“快速裁剪”的区别。

（3）批量裁剪

当曲线较多时，可对曲线进行批量裁剪。

执行裁剪命令并通过立即菜单选择“批量裁剪”后，系统提示“拾取剪刀链”。按提示要求拾取剪刀链（可以是一条曲线，也可以是首尾相连的多条曲线）并确认，然后根据提示用窗口拾取要裁剪的曲线，单击鼠标右键确认。最后根据提示，选择要裁剪的方向后，裁剪完成。

4.3.2 延伸

延伸命令（edge或extend）以一条曲线为边界对一系列曲线进行裁剪或延伸。执行【修改】→【延伸】，出现一个选择项的立即菜单。如果选择“1. 齐边”，则系统提示“拾取剪刀线”，按操作提示要求用鼠标选取一条曲线作为边界，则提示改为“拾取要编辑的曲线”，这时，根据作图需要可以选取一系列曲线进行编辑修改。

如果选取的曲线与边界有交点，则系统按“裁剪”命令进行操作，即系统将所拾取的曲线裁剪至边界位置。如果被拾取的曲线与边界曲线没有交点，系统将把曲线按其自身的趋势（如直线的方向、圆弧的圆心和半径均不发生变化）延伸至边界（图4-13，拾取竖直线为剪刀线）。但应注意，圆和圆弧可能会有例外，因为它们无法向无穷远处延伸，它们的延伸范围是以半径为限的，而且圆弧只能以拾取的一端开始延伸，不能两端同时延伸。

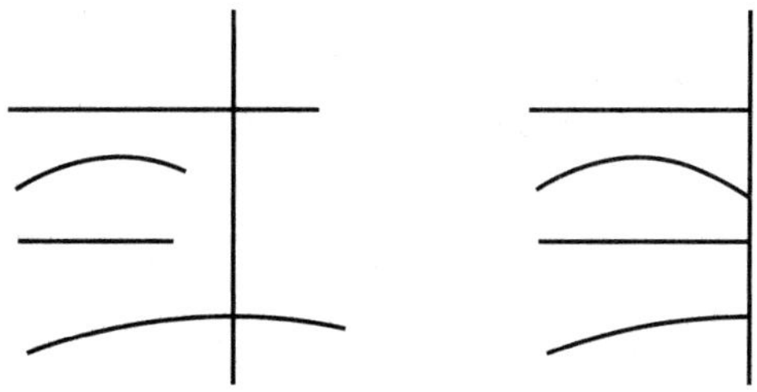

(a) 齐边前　　(b) 齐边后

图4-13　齐边示例

如果从立即菜单中选择“1. 延伸”，则系统提示“选择对象或〈全部选择〉”。此时可以选择若干曲线作为边界线后按回车键，也可以直接按回车键（表示把所有图线作为边界线）。接下来系统提示“选择要延伸的对象，或按住Shift键选择要裁剪的对象”。此时，根据提示，拾取对象即可完成曲线的延伸或裁剪。

4.3.3 过渡

过渡命令（corner）用以修改对象，使其以圆角、倒角等方式连接。所谓过渡，就是在直线与直线、直线与圆弧、圆弧与圆弧之间进行圆角过渡、倒角过渡或尖角过渡。

执行【修改】→【过渡】→【过渡】，系统弹出立即菜单及操作提示，如图4-14所示。其中有7种过渡方式：圆角、多圆角、倒角、外倒角、内倒角、多倒角、尖角。

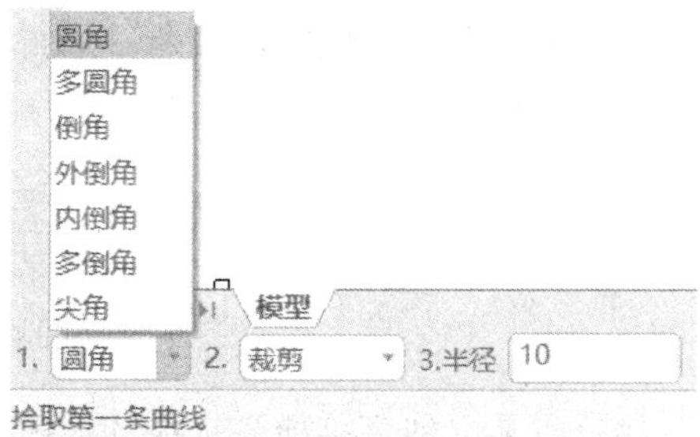

图4-14　过渡选项菜单

（1）圆角过渡

选择“圆角”时，将在两圆弧（或直线）之间用圆角进行光滑过渡。立即菜单的“2. 裁剪”也可以切换为“裁剪始边”和“不裁剪”，含义分别如下：

裁剪：裁剪掉过渡后所有边的多余部分，如原线段长度不够则自动延长。

裁剪始边：只改变起始边的长度，起始边也就是用户拾取的第一条曲线。

不裁剪：执行过渡操作后，原线段长度保持不变。

图 4-15 中，(a) 为原始图形，(b)、(c)、(d) 分别表示“裁剪”“裁剪始边”“不裁剪”的操作结果。注：本例中铅垂线作为始边，“拾取第二条曲线”（水平线）时点取右半段。

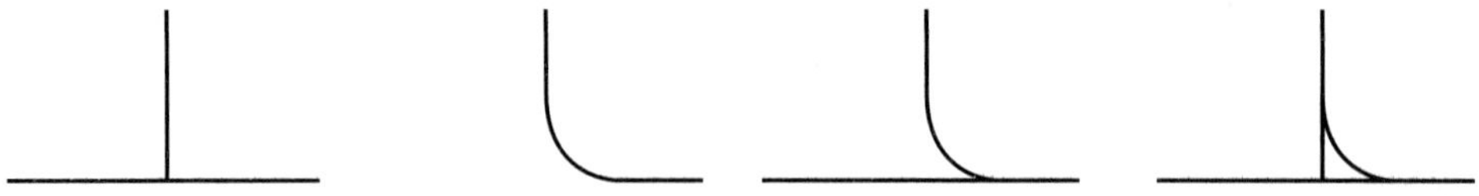

(a) 过渡前　(b) 裁剪　(c) 裁剪始边　(d) 不裁剪

图 4-15　圆角过渡的裁剪方式

用户选择立即菜单“3. 半径”后，可改变过渡圆角的半径值。

按当前立即菜单的条件及操作提示要求，用鼠标拾取待过渡的第一条曲线，被拾到的曲线呈虚线显示，接着操作提示为“拾取第二条曲线”，再用鼠标点取第二条曲线，则在两条曲线之间形成圆弧光滑过渡，但请用户注意，用鼠标点取的曲线位置不同，会得到不同的结果，而且过渡圆弧半径的大小不合适时操作无效。

(2) 多圆角过渡

“多圆角过渡”可以用给定半径过渡一系列首尾相接的直线段。多圆角过渡时，从立即菜单选择“多圆角”，选取立即菜单中的“3. 半径”，按操作提示可从键盘输入一个实数，重新确定过渡圆角的半径。

立即菜单第二项可选择“链拾取”或“框选拾取”。“链拾取”时，用鼠标单击一条直线可以拾取待过渡的一系列首尾相接的直线（封闭或不封闭均可）。“框选拾取”时则可以一次拾取多组直线。图 4-16 所示为多圆角过渡的一个示例（拾取矩形上任一点）。

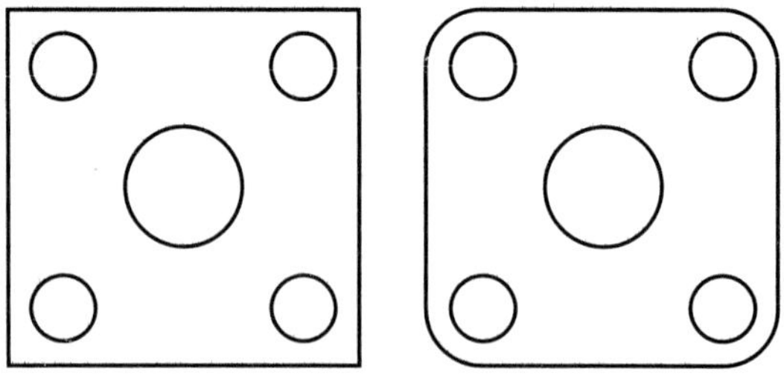

(a) 操作前　(b) 操作后

图 4-16　多圆角过渡

(3) 倒角过渡

在两直线间进行倒角过渡时，直线可被裁剪或向角的方向延伸（若两直线已有交点，则拾取两直线后，立即作出一个由给定长度、给定角度确定的倒角；若尚不存在交点，系统会自动计算出交点的位置，并将直线延伸，然后作出倒角）。

在立即菜单中用鼠标切换到“倒角”选择项，系统弹出相应的立即菜单及操作提示，如图 4-17 所示。

图 4-17　倒角立即菜单

用户可从立即菜单项第二项选择裁剪的方式（“长度和角度方式”/“长度和宽度方式”）；可从第三项选择裁剪的方式（“裁剪”/“裁剪始边”/“不裁剪”），含义同圆角过渡。

立即菜单中的“4. 长度”和“5. 倒角”两项内容表示倒角的轴向长度及倒角的角度。根据系统提示，从键盘输入新值可改变倒角的长度及角度。其中，轴向长度是指从两直线的交点开始，沿所拾取的第一条直线方向的长度。“角度”是指倒角线与所拾取第一条直线的角度，其范围是（0，180），定义如图 4-18（a）所示。由于轴向长度和角度的定义均与第一条直线的拾取有关，所以两条直线的拾取顺序不同，做出的倒角也不同。图 4-18（b）和（c）表示不同拾取顺序下的结果（长度=3，角度=60）。根据前面的定义，读者不难推断其拾取顺序。

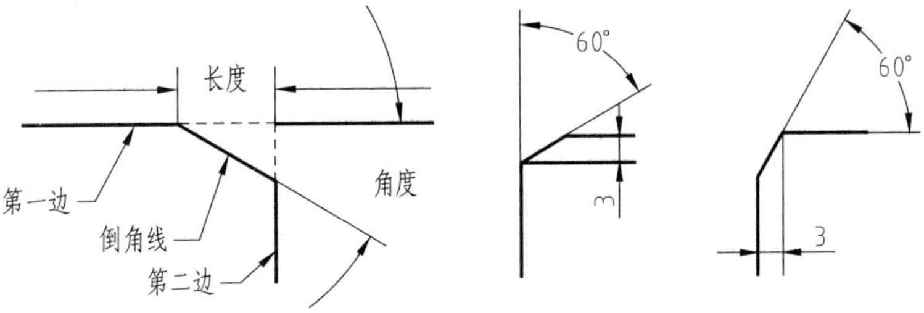

(a) 长度和角度定义　(b) 结果(一)　(c) 结果(二)

图 4-18　倒角示例

（4）外倒角过渡

切换立即菜单第一项为“外倒角”，立即菜单中的其余两项分别表示倒角的轴向长度和倒角的角度。用户可按照系统提示，从键盘输入新值，改变倒角的长度与角度。

根据系统提示，选择三条直线，这三条直线的关系是：有两条直线同时垂直于第三条直线，并且在第三条直线的同侧，系统自动生成倒角和倒角线。图 4-19 所示为外倒角示例（拾取细轴的两条转向轮廓线以及左端面）。

注：倒角的结果与三条直线拾取的顺序无关，只取决于三条直线的相互垂直关系。

（5）内倒角过渡

切换立即菜单第一项为“内倒角”，则进入内倒角过渡方式，接下来的操作与外倒角相同。图 4-20 所示为“内倒角”示例。注：这里所谓内倒角并非指孔的倒角。

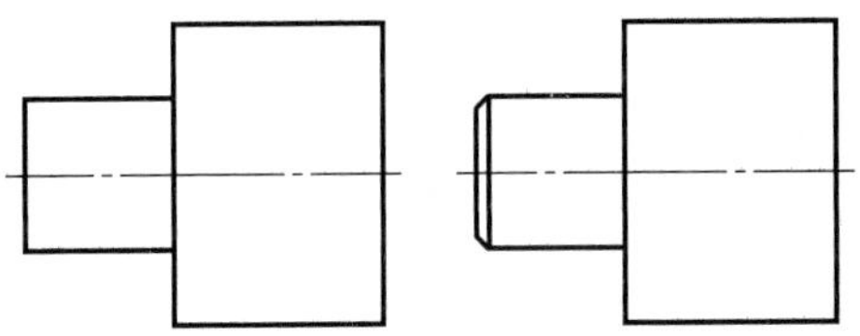

图 4-19　外倒角示例

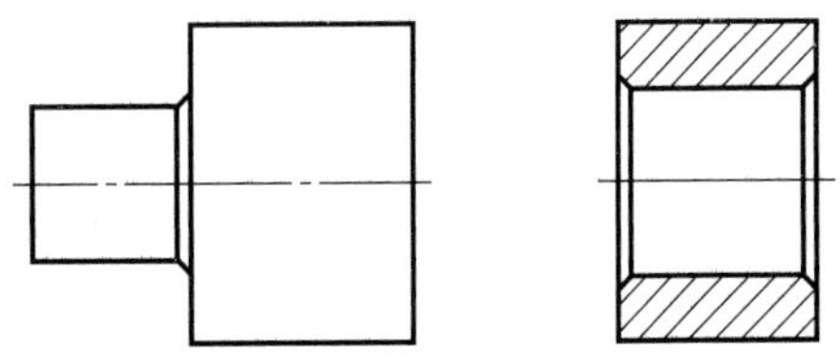

图 4-20　内倒角示例

（6）多倒角过渡

切换立即菜单第一项为“内倒角”，则进入内倒角过渡方式，接下来的操作可参考倒角过渡和多圆角过渡中的说明。

（7）尖角过渡

切换立即菜单第一项为“尖角”，根据系统提示连续拾取到两条曲线（直线、圆弧、圆等）后，可以在两条曲线的交点处形成尖角过渡。两曲线若有交点，则以交点为界，多余部分被裁剪掉；两曲线若无交点，则系统首先计算出两曲线的交点，再将两曲线延伸至交点处。

注意：拾取曲线时，鼠标拾取的位置不同，将产生不同的结果。尖角过渡的效果一般也可以通过裁剪或齐边命令实现。

4.3.4 打断

打断命令（break）将一条指定曲线在指定点处打断成两条曲线，以便于其他操作。按提示拾取曲线要求用鼠标选取一条待打断的曲线。选中后，该曲线变成红色。这时，提示改变为“选取打断点”。根据当前作图需要，移动鼠标仔细地选取打断点，选中后，按下鼠标左键，曲线恢复原色。曲线被打断后，在屏幕上所显示的与打断前并没有什么两样。但实际上，原来的曲线已经变成了两条互不相干的曲线，即各自成了独立的实体。

为了方便操作者更灵活地使用此功能，电子图板也允许操作者把点设在曲线外，使用规则是：若欲打断线为直线，则系统从操作者选定点向直线作垂线，设定垂足为打断点；若欲打断线为圆弧或圆，则从圆心向操作者设定点作直线，该直线与圆弧交点被设定为打断点。

注意：打断点最好选在需要打断的曲线上，为作图准确，可充分利用智能点、栅格点、导航点以及工具点菜单。

4.3.5 平移

平移命令（move）用以将拾取到的实体进行平移。执行【修改】→【平移】，命令发出后，弹出如图 4-21 所示的立即菜单及操作提示。立即菜单第一项为选择开关，有“给定偏移”和“给定两点”两种平移方式。

图 4-21　平移立即菜单

给定偏移方式：所谓给定偏移，就是允许用户用给定偏移量的方式进行平移。用户拾取实体后，按下鼠标右键确认。系统自动给出一个基准点，同时操作提示变为“X 和 Y 方向偏移量或位置点”，系统要求以基准点为基准，输入 X 和 Y 方向偏移量或由鼠标给出一个位置点。

给定两点方式：在这种条件下，系统不再给出基准点，允许用指定两点的方式作为拷贝或平移的位置依据，用户可以在任意位置输入两点，系统用两点的相对位置和方向来定位偏移量的大小和方向，再进行拷贝或平移操作。在这种状态下，当提示为“第一点”时，指定一点（用鼠标点取或用键盘输入坐标值），提示变为“第二点”，指定第二点（用鼠标点取或用键盘输入坐标值），实体平移或拷贝的距离和方向由第一点到第二点的位移矢量决定。

将图形移动到一个指定位置上时，可根据需要在立即菜单第二项中选择“保持原态”和“平移为块”。

旋转角：图形在拷贝或平移时，允许实体伴随旋转变换。可由键盘在平移前输入新值。

比例：图形在平移之前，允许实体伴随缩放变换。

4.3.6 平移复制

平移复制命令（copy）以指定的角度和方向创建图形对象的副本。与基本编辑中的复制功能不同，平移复制是在同一个电子图板文件内对图形对象创建副本，所拾取对象并不存入 Windows 剪贴板。

执行【修改】→【平移复制】，弹出如图 4-22 所示的立即菜单及操作提示。复制与平移虽然功能不同，但操作方法非常相似。复制命令的立即菜单中多出“份数”一项，表示可以复制若干份。其余各项含义与平移命令类似。

图 4-22　复制立即菜单

4.3.7 旋转

旋转命令（rotate）用以将拾取到的实体进行旋转或旋转复制。执行【修改】→【旋转】，系统弹出相应的立即菜单，如图 4-23 所示。按提示要求拾取所要旋转的实体，用鼠标右键结束拾取。操作提示变为“基点”，即旋转的中心点。选取旋转基点后提示变为“旋转角”，用鼠标移动确定旋转角或用键盘直接输入旋转角。按下鼠标左键，旋转操作结束。

用鼠标点取立即菜单的“2. 旋转”，则可以实现“旋转”与“拷贝”之间的转换。在按照提示进行操作后，选取的实体在旋转的同时原图不消失。图 4-24 中将轴断面旋转了－90°放置，是一个只旋转、不复制的例子。它是在“旋转”方式下将有键槽的轴旋转 90°放置。图 4-25 所示为利用旋转命令在“拷贝”方式下绘制复杂图形的一个示例，其大致作图步骤为：①用圆、直线等命令画出如图 4-25（a）所示图形；②执行旋转命令，从立即菜单中切换为“拷贝”模式，得到图 4-25（b）；③利用过渡命令进行修剪，最终得到图 4-25（c）。

图 4-23　旋转立即菜单

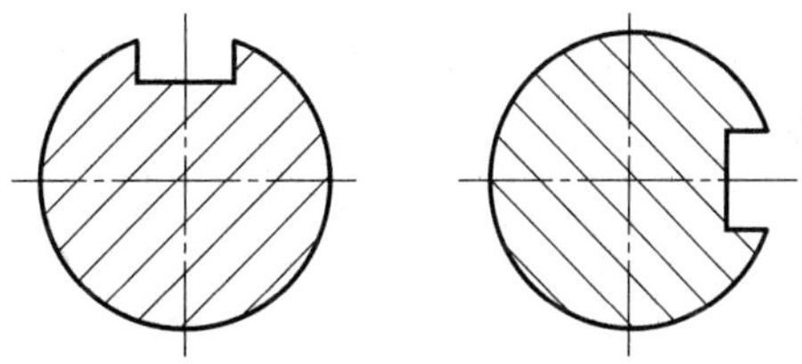

图 4-24　旋转操作示例（一）

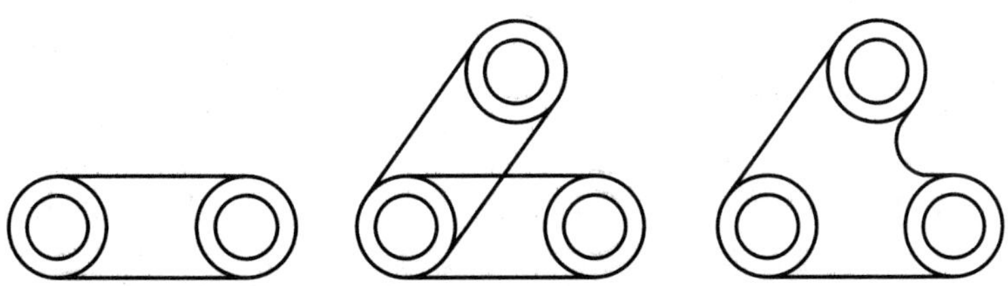

(a) 原始图形　(b) 旋转后　(c) 圆角过渡后

图 4-25　旋转操作示例（二）

4.3.8 比例缩放

比例缩放命令（scale）用以将拾取到的实体进行比例放大和缩小。执行【修改】→【缩放】，在立即菜单显示“1. 平移”情况下，按操作提示选择实体，然后用鼠标选择一个比例变换的基点，则系统又提示“比例系数”。这时如果移动鼠标，系统自动根据基点和当前光标点的位置来计算比例系数，且动态地在屏幕上显示变换的结果。当用户认为光标位置合适时，单击鼠标左键，系统会自动根据基点和当前光标点的位置来计算比例系数，一个变换后的图形立即显示在屏幕上。用户也可通过键盘直接输入放缩的比例系数。如果将立即菜单第一项切换为“拷贝”，表示在进行比例缩放操作时，除了图素生成缩放比例目标图形，还会保留原图形。

4.3.9 镜像

图 4-26 镜像立即菜单

镜像命令（mirror）用以将拾取到的实体以某一条直线为对称轴，进行对称镜像或对称复制。执行【修改】→【镜像】，系统弹出如图 4-26 所示的立即菜单，按系统提示拾取要镜像的实体，可单个拾取也可窗口拾取，拾取到的实体虚线显示，拾取完单击鼠标右键确认。这时系统提示变为“选取轴线”，用鼠标选取一条直线作为镜像操作的对称轴线，一个以该轴线为对称轴的新图形显示出来，同时原来的实体即刻消失，如图 4-27 所示。

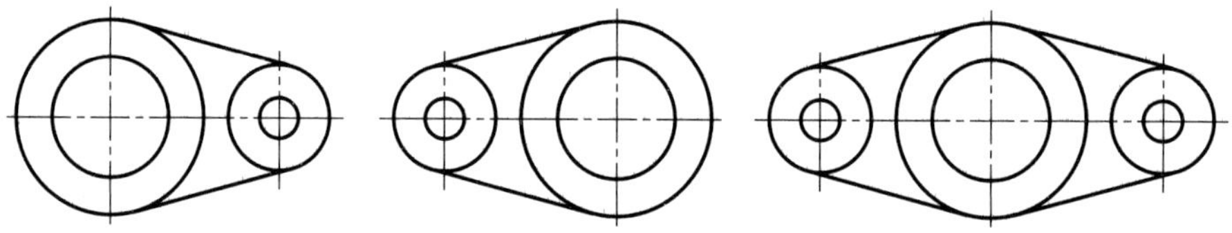

(a) 原始图形　　(b) 镜像　　(c) 镜像加拷贝

图 4-27 镜向操作

如果用鼠标点取立即菜单“1. 选择轴线”，则该项内容变为“给定两点”。允许用指定两点，两点连线作为镜像的对称轴线，其他操作同前。如果用鼠标点取立即菜单“2. 镜像”，该项内容变为“拷贝”，此时镜像后原图不消失，图 4-27（c）所示为“拷贝”模式下的镜像示例。

4.3.10 阵列

阵列命令（array）可通过一次操作同时生成若干个相同的图形，提高作图效率。阵列有圆形阵列、矩形阵列和曲线阵列方式。

（1）圆形阵列

圆形阵列功能以给定点为圆心对拾取到的实体进行圆形阵列复制。执行【修改】→【阵列】，系统弹出阵列立即菜单，如图 4-28 所示。保持立即菜单第一项为“圆形阵列”，其余各选项的含义如下：“旋转”表示被拾取的实体在阵列时要进行旋转，如果切换为“不旋转”则阵列时没有角度变化，只能平移。“均布”表示被阵列的实体按给定待阵列实体的份数在整个圆周均匀分布。“份数”在第四项中可以改变。

图 4-28 圆形阵列立即菜单（一）

按操作提示，用鼠标拾取待阵列的对象（如图 4-29 中的小圆），拾取后按鼠标右键确认，被拾取的实体呈虚线显示。提示要求拾取中心点，即旋转中心或称圆形阵列的中心。拾取中心点（大圆的中心）后按鼠标左键即完成操作，结果如图 4-29（c）所示。

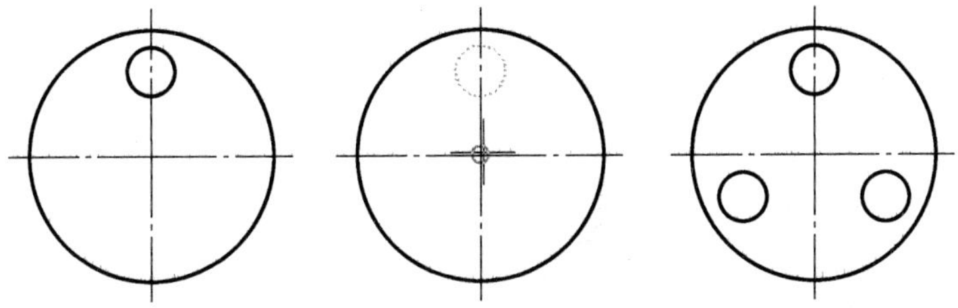

(a) 操作前　　(b) 拾取对象及中心点　　(c) 阵列结果

图 4-29　圆形阵列示例

如果用户不希望用“均匀”方式阵列，则可用鼠标点取“3. 均布”，立即菜单变为如图 4-30 所示，此时系统转为以“给定夹角”方式阵列。在给定“5. 阵列填角”的一段圆弧上以“4. 相邻阵角”为间隔进行阵列。图 4-30 所示立即菜单的各选项含义为：

图 4-30　圆形阵列立即菜单（二）

相邻夹角：各相邻实体之间的夹角，数值范围为（0.0001，360）。

阵列填角：从拾取的实体所在位置起，绕中心点逆时针方向转过的夹角，数值范围为（－360，360）。

（2）矩形阵列

矩形阵列功能将拾取到的实体按矩形阵列的方式进行阵列拷贝。阵列方式可以通过立即菜单第一项进行切换，切换后如图 4-31 所示。

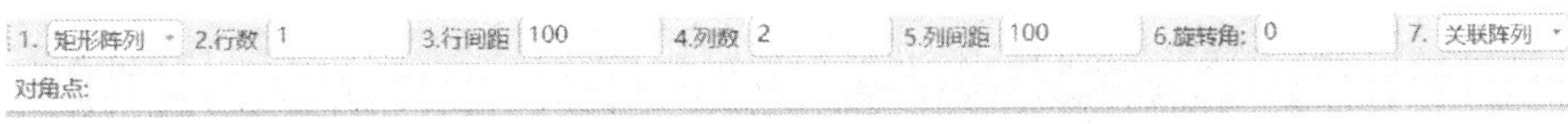

图 4-31　矩形阵列立即菜单

当前立即菜单中规定了矩形阵列的行数、行间距、列数、列间距以及旋转角度的缺省值，这些值均可以通过键盘进行修改。其中，行、列间距指阵列后各元素基点之间的间距大小，旋转角指与 X 轴正向的夹角。图 4-32 所示是矩形阵列的一个示例，其中行数为 3，列数为 4，旋转角为 20°。

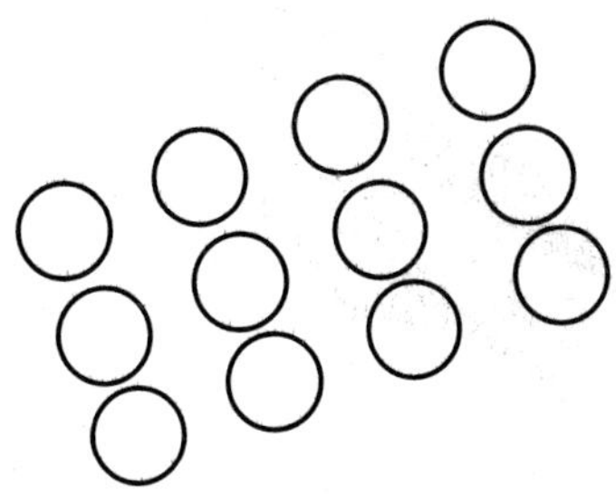

图 4-32　矩形阵列示例

（3）曲线阵列

在一条或多条首尾相连的曲线上生成均布的图形阵列。每一处图形结构相同，位置不同，姿态取决于“旋转/不旋转”选项。通过立即菜单第一项进行切换，切换为“曲线阵列”，切换后立即菜单如图 4-33 所示。

立即菜单第二项指定母线拾取方式，可以单个拾取也可链拾取。单个拾取时仅拾取单根

图 4-33　曲线阵列立即菜单

母线；链拾取时可拾取多根首尾相连的母线集，也可只拾取单根母线。单根拾取母线时，阵列从母线的端点开始；链拾取母线时，阵列从鼠标单击到的那根曲线的端点开始。

操作时根据提示先拾取选择集［如图 4-34（a）中箭头］，接着确定基点（箭头底端），然后选择母线（样条曲线），最后确定生成方向（选择曲线上方），于是在母线上生成了均布的结构相同但姿态与位置不同的多个拷贝图形，如图 4-34（b）所示。

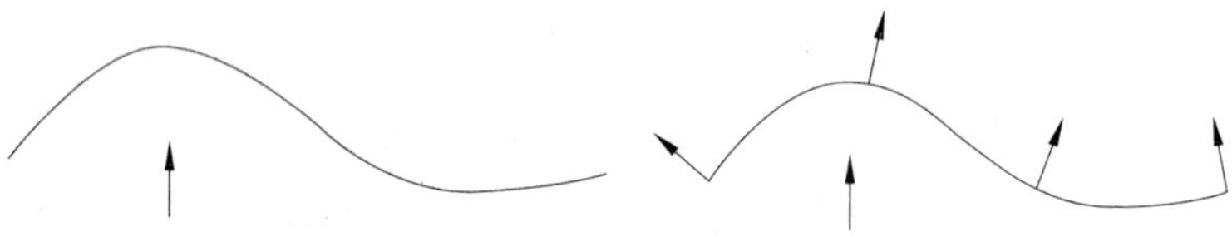

(a) 选择集和母线　　(b) 阵列结果

图 4-34　曲线阵列示例

4.3.11　拉伸

拉伸命令（stretch）在保持曲线原有趋势不变的前提下，对曲线或曲线组进行拉伸或缩短处理。执行【修改】→【拉伸】，系统弹出相应的立即菜单如图 4-35 所示。立即菜单第一项为选择开关，有“单个拾取”和“窗口拾取”两种拉伸方式。

（1）单个拾取

按提示用鼠标拾取直线或圆弧时，该线段高亮显示。再次移动鼠标时，一条被拉伸的线段由光标拖动着伸长或缩短。当拖动至指定位置，单击鼠标左键后，一条长度变化了的线段显示出来。单条曲线拉伸时，除了可以直接用鼠标拖动外，还可以通过键盘输入数值。

单个拾取时，系统将根据拾取对象的种类弹出不同的立即菜单。如果拾取的是直线，立即菜单如图 4-35 所示。通过立即菜单第二项可选择“轴向拉伸”或“任意拉伸”，其中前者表示只能伸长或缩短；后者表示可往任意方向拉伸。如果拾取的是圆弧，可选择“弧长拉伸”“角度拉伸”“半径拉伸”或“自由拉伸”。弧长拉伸和角度拉伸时圆心和半径不变，圆心角改变，用户可以用键盘输入新的圆心角；半径拉伸时圆心和圆心角不变，半径改变，用户可以输入新的半径值；自由拉伸时圆心、半径和圆心角都可以改变。

（2）窗口拾取

“窗口拾取”用来伸展图形中的指定部分，可使之加长、缩短以及改变形状等，并保持与原来未动部分的连接。

单击立即菜单第一项切换为“窗口拾取”方式时，立即菜单变为如图 4-36 所示。

图 4-35　单个拾取直线时的拉伸立即菜单

图 4-36　窗口拾取的拉伸立即菜单

按照提示，从右向左给出窗口的两个角点，拾取需要编辑的曲线组（注意：应保证需要平移的实体完全在窗口内，而需要拉伸或缩短的物体与窗口交叉）。被选中的实体以虚线显示，这时无论采用“给定偏移”还是“给定两点”方式（通过立即菜单第二项选择）给定拉伸的长度和方向，均可实现曲线组的拉伸。图 4-37 所示为窗口拾取时的拉伸示例。

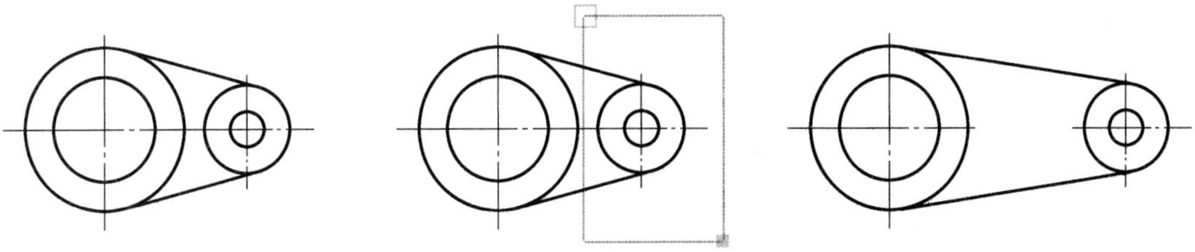

(a) 原图　　(b) 窗口拾取　　(c) 操作结果

图 4-37　窗口拾取时的拉伸示例

4.3.12　夹点编辑功能

在无命令执行的状态下，用鼠标左键或窗口拾取实体，被选中的实体将虚线显示，而且上面出现若干蓝色的夹点，如图 4-38 所示。此时如果按下鼠标右键，则有相应的命令菜单弹出。用户可以利用该菜单对选中的实体进行操作。

除此之外，对于圆、直线等基本曲线还可以通过拖动夹点对图形对象进行移动、拉伸、旋转、缩放等编辑操作，如图 4-38 所示。但应注意，不同图形对象的不同夹点具有不同的含义。

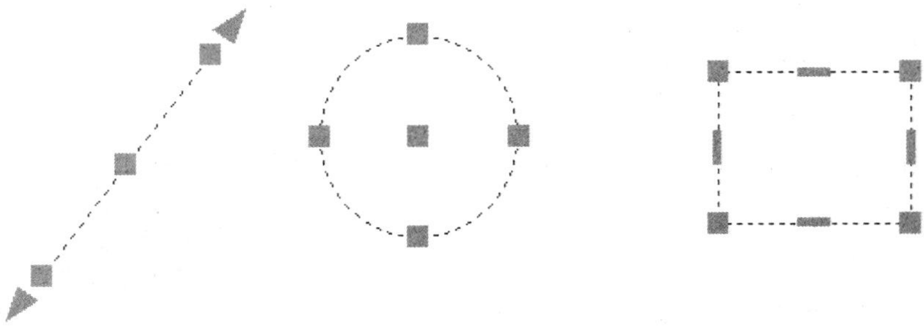

图 4-38　右键直接操作示例

方形夹点可用于移动对象和拉伸封闭曲线的特征尺寸。例如，左键单击直线的中点夹点、圆的圆心夹点、圆弧的圆心夹点、椭圆的圆心夹点时，被选中的夹点会变为红色。其后拾取新位置即可将当前对象置于新位置上。如果左键单击圆的象限夹点或椭圆的象限夹点并拾取新位置，即可改变圆的半径或者椭圆的轴长。如果左键单击直线端点方形夹点，其效果与“单个拾取”模式下的“任意拉伸”功能类似。

三角形夹点可用于沿现有对象轨迹延伸非封闭的曲线，其效果与“单个拾取”模式下的拉伸功能类似。例如，左键单击直线的端点三角形夹点，可以拖动改变直线长度。

长方形夹点通常是某一边的中心点，拖动长方形夹点可以整体拖动这条边，但与该边连接的其他边依然保持连接状态，在此前提下改变曲线形状。

图 4-39 所示为利用夹点改变曲线的示例。

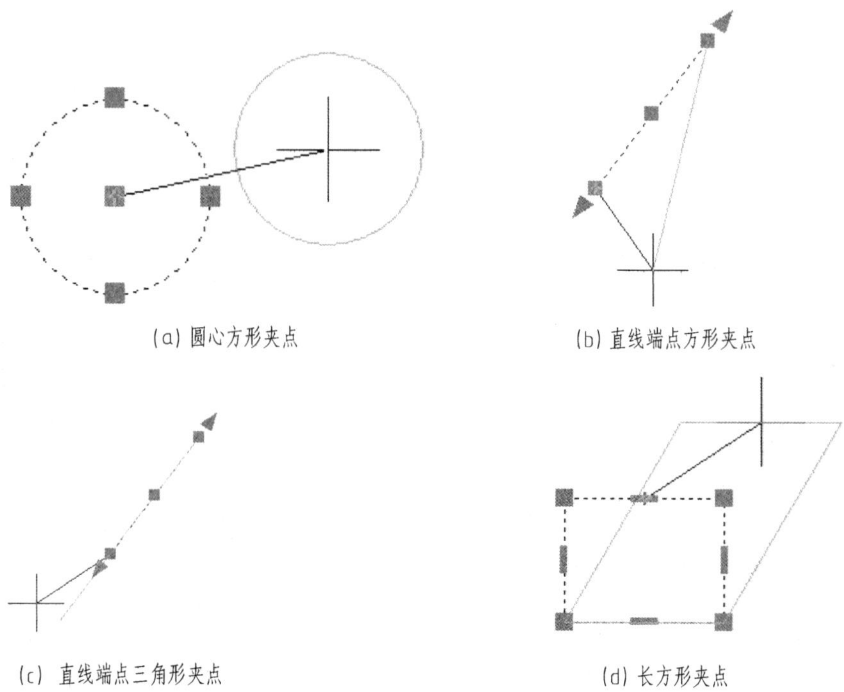

图 4-39　利用夹点改变曲线示例

4.4　绘制平面图形示例

4.4.1　绘制吊钩视图

例 4-2：绘制如图 4-40 所示平面图形（吊钩），不标尺寸。本练习的重点是平面图形的线段分析、连接线段的绘制以及图形编辑方法的综合运用。

（1）图形分析

对平面图形的分析，主要是对图形中的尺寸及线段性质进行分析，从图 4-40 中可以看出，如果以尺寸 $\phi24$ 的圆心为基准，则尺寸 $\phi24$、$\phi45$、$\phi90$ 以及尺寸 10 所代表的线段均为已知线段，可以采用圆、直线命令直接画出。而尺寸 $R18$、$R45$ 的圆弧则需先画出 $R72$ 定位圆，利用捕捉交点得到圆心，且先画成完整的圆，待连接弧画出后才能确定弧的长度。图中，$R8$、$R58$、$R48$ 圆弧只知道半径，不知道圆心，所以为连接线段，如果要画出这些圆弧可使用圆弧命令中“两点_半径”方式画出。如 $R8$ 圆弧，应先画出与其相连的 $R46$、$R90$ 后，使用圆弧命令“两点_半径”方式画出，输入起点、终点时需捕捉切点。$R58$、$R48$ 的圆弧画法也是如此。

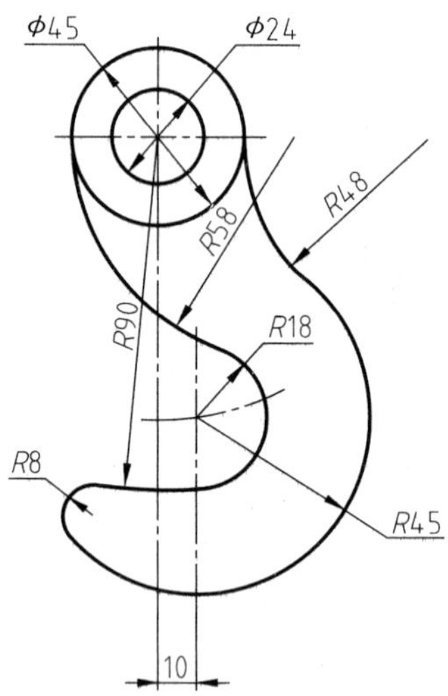

图 4-40　吊钩

（2）设定图幅并布置图面

根据图形大小，从幅面下拉菜单中调入标准图幅、图框和标题栏，填写标题栏，同时为新图定义一个文件名。调入图幅时各项参数为：图幅 A4；比例 1∶1；方向：竖放（根据需要自行选择带边或不带边）。

图形一般要尽量均匀布置在幅面上，因此，可先把作为基准的 $\phi 24$ 的圆心坐标确定下来为（－10，70），由此可绘出圆 $\phi 24$、$\phi 45$ 及其中心线，即可确定图形其他部分。

（3）画已知线段

① 确定粗实线层为当前层，以（－10，70）为圆心画 $\phi 24$、$\phi 45$ 的圆，圆弧 $R90$ 也画成圆。

② 切换当前层为中心线层，用中心线命令画 $\phi 45$ 的中心线，垂直的一条中心线再拉伸至需要的长度。

③ 用直线命令中的“平行线”方式，作右边另一条垂直中心线，距离为 10，单向。用半径 $R72$（90－18）作 $R90$ 的同心圆，该圆与右边一条垂直中心线的交点为 $R18$ 和 $R45$ 的圆心，如图 4-41 所示。

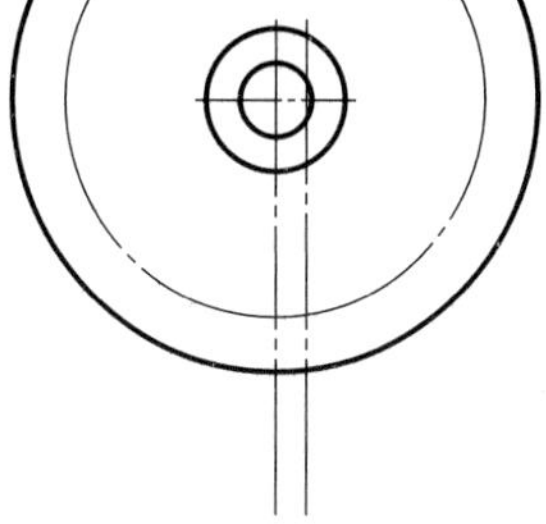

图 4-41　画已知线段

（4）画中间线段

切换粗实线层为当前层，用圆命令中的“圆心_半径”方式将 $R18$、$R45$ 圆弧画成圆，具体操作时，将立即菜单第一项选择为“圆心_半径”，在“圆心”提示下选工具点菜单“交点”，点取 $R72$ 圆与垂直中心线的交点，在“半径”提示下输入 18，结束命令。$R45$ 用同样的步骤画出。然后将 $R90$、$R72$ 的圆上半部分裁剪，得到如图 4-42 所示图形。

（5）画连接圆弧

用圆弧命令中的“两点_半径”方式画连接圆弧 $R8$、$R58$、$R49$。以 $R8$ 为例，具体操作为：将立即菜单第一项选择为“两点_半径”，在“第一点”提示下选工具点菜单“切点”，点取 $R90$ 圆弧，在“第二点”提示下同样选工具点菜单“切点”，点取 $R45$ 圆，在“半径”提示下输入 8，则 $R8$ 的连接圆弧就画好了。$R58$、$R48$ 用同样的步骤画出。得到如图 4-43 所示图形。

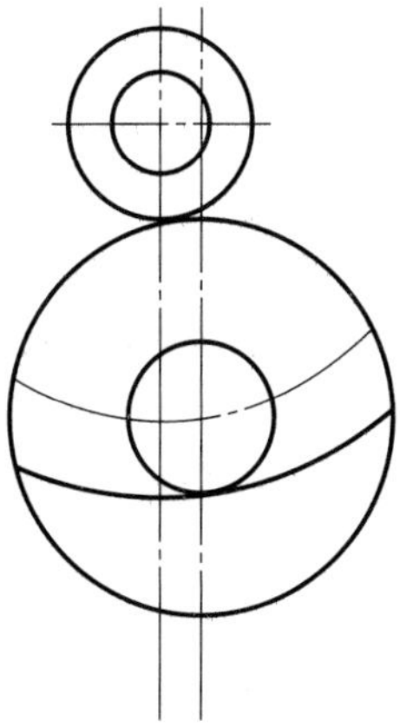

图 4-42　画 R18 和 R45 圆

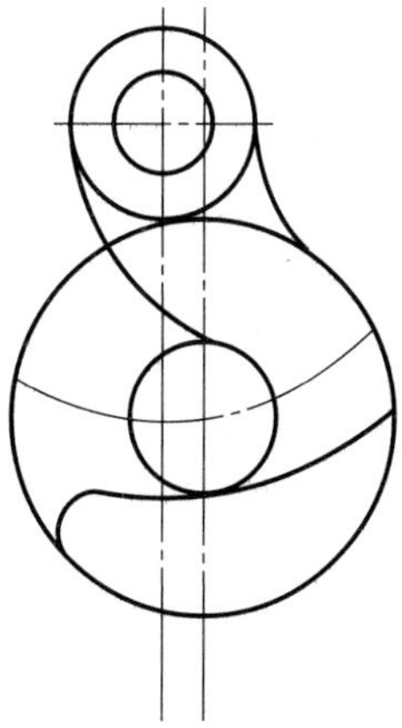

图 4-43　画连接圆弧

（6）完成全图

用裁剪、删除命令去除多余线条，将中心线拉伸成需要的长度，完成全图，如图 4-44 所示。

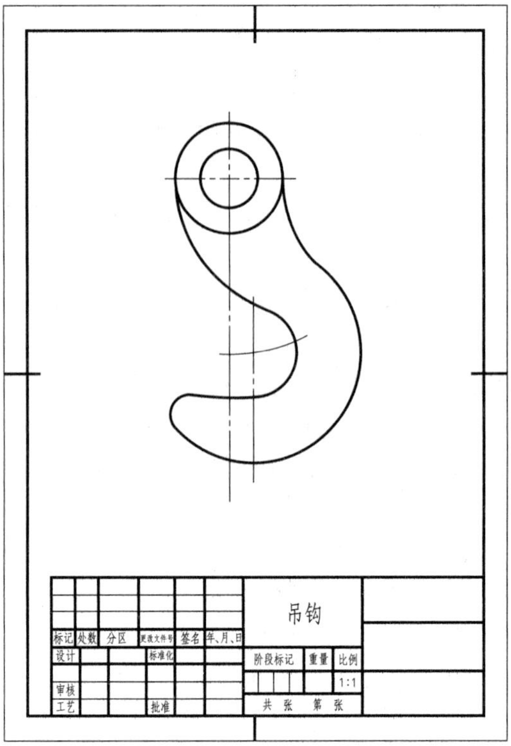

图 4-44 裁剪多余线段并完成全图

4.4.2 绘制压盖视图

例 4-3：绘制如图 4-45 所示压盖的视图，不标尺寸。本练习的重点是常用绘图与编辑命令的综合运用。下面提供的步骤供参考，其中略去了图幅设置等一般性的步骤。

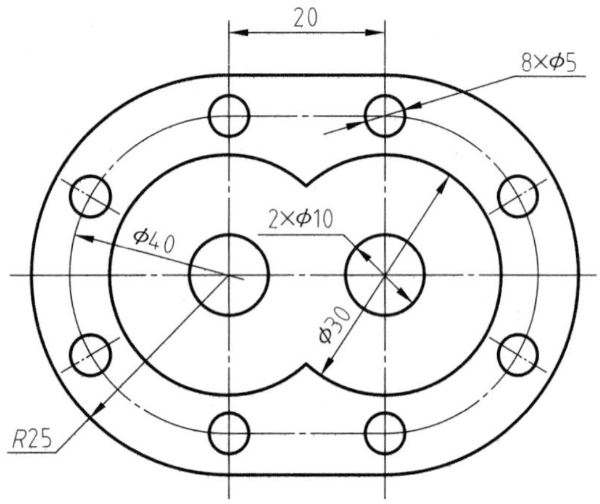

图 4-45 压盖示例

（1）画左边的同心圆弧

用“圆心_半径”方式，在粗实线层画出 ϕ50 圆及其中心线（将第三项切换为“有中心线”），以及与其同心的 ϕ30 圆和 ϕ10 圆，切换到中心线层画一个直径为 40 的细点画线圆，如图 4-46 所示。

（2）画均布的圆孔

捕捉细点画线圆与中心线的交点为圆心，用“圆心 _ 半径”方式画出一个 ϕ10 圆，然后执行【修改】→【阵列】，阵列出左部的其余圆孔（相邻夹角＝60°，阵列填角＝180°），得到如图 4-47 所示图形。

（3）镜像图形

从主菜单选择【绘图】→【平行线】，将立即菜单第一项切换为“偏移方式”，将第二项切换为“单向”，在 ϕ50 圆竖直中心线右边画一条距离为 10 的辅助线。然后选择【修改】→【镜像】，用窗口拾取左边的实体，以新画的辅助线作为镜像中心线，镜像后的图形如图 4-48 所示。

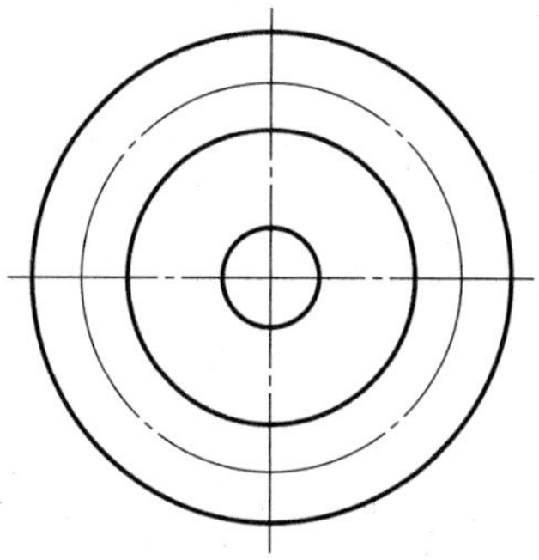

图 4-46　绘制压盖视图上的同心圆

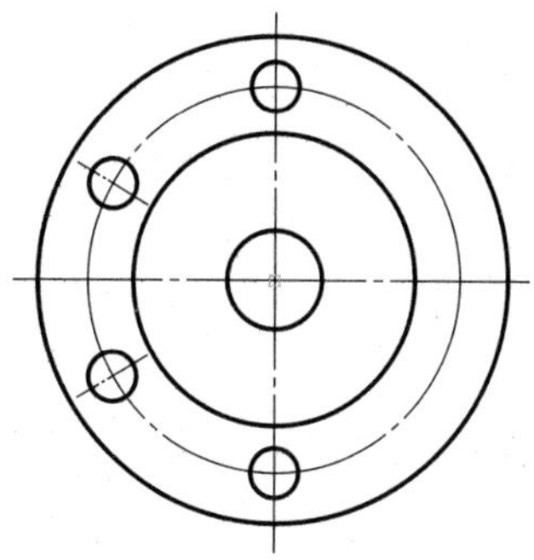

图 4-47　利用阵列复制小圆孔

（4）完成全图

选择【修改】→【裁剪】，选择合适的边界，裁掉多余线段，选择【绘图】→【直线】，补全中间线段，然后删除多余线段，得到图 4-49。

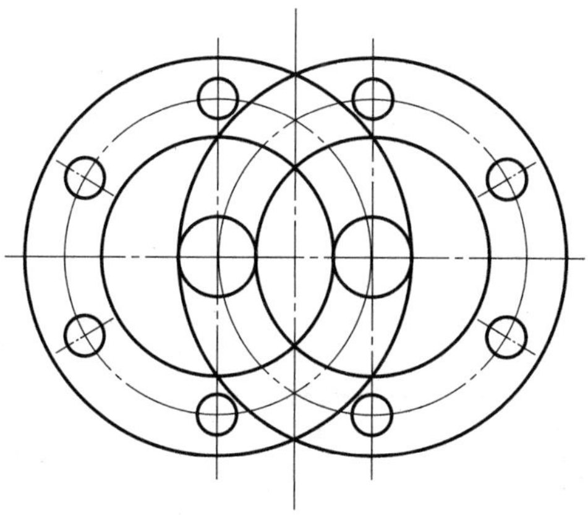

图 4-48　镜像后的图形

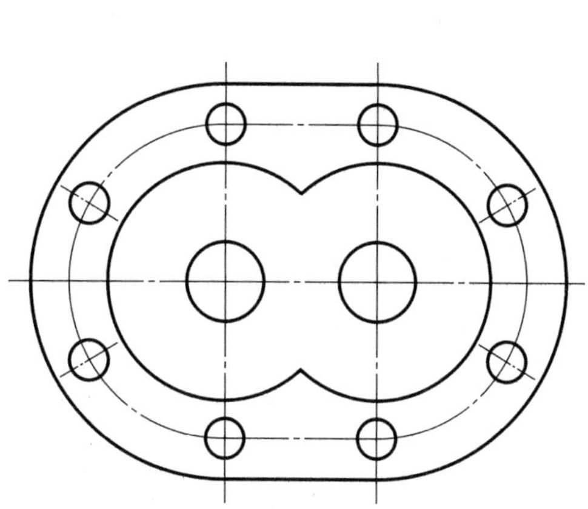

图 4-49　裁剪后的图形

4.4.3　绘制带铸造圆角的底板

例 4-4：绘制如图 4-50 所示底板的视图（铸造圆角均为 $R3$），不标尺寸。本练习的重点是过渡命令的灵活运用以及绘图和编辑方法的综合运用。

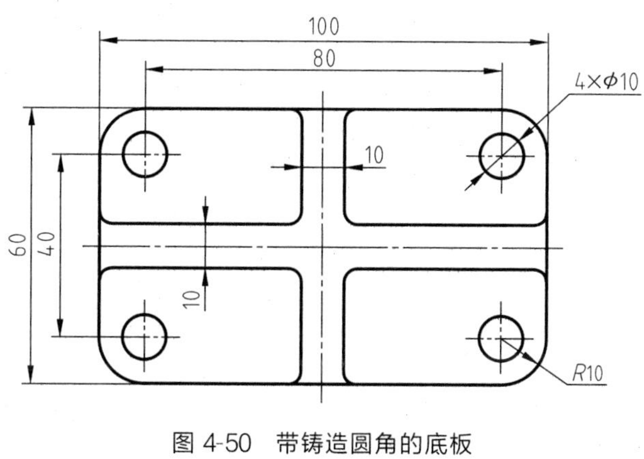

图 4-50　带铸造圆角的底板

（1）绘制主要轮廓线

选择【绘图】→【矩形】，绘制长 100、宽 60 的矩形及其中心线。

选择【绘图】→【平行线】，采用双向偏移方式绘制十字线的平行线，其中横向偏移距离为 40，纵向偏移距离为 20。

选择【绘图】→【圆】，在指定位置画 4×ϕ10 的圆。

执行【修改】→【删除】操作，删除四条偏移线。

执行【绘图】→【平行线】，画出槽的基本轮廓（距离均为 5），得到图 4-51。

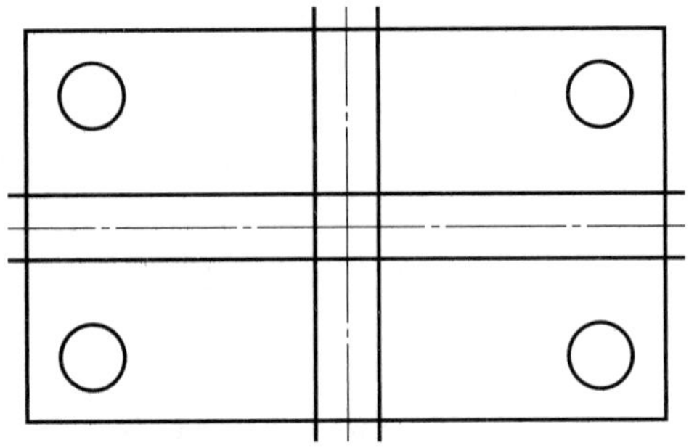

图 4-51 画主要轮廓线

（2）绘制过渡圆角

执行【修改】→【过渡】，画出矩形四个顶点位置的圆角（R10，“裁剪”）。

将立即菜单中的设置修改为“裁剪始边”，半径＝3，画出矩形四条边位置的圆角（注意每次的拾取次序和位置）。

将立即菜单中的设置修改为“不裁剪”，画出中间位置的圆角（注意每次的拾取位置），得图 4-52。

（3）完成全图

执行【修改】→【裁剪】操作，剪除多余的线段。

执行【绘图】→【中心线】操作，画出圆孔的中心线，最后得图 4-53。

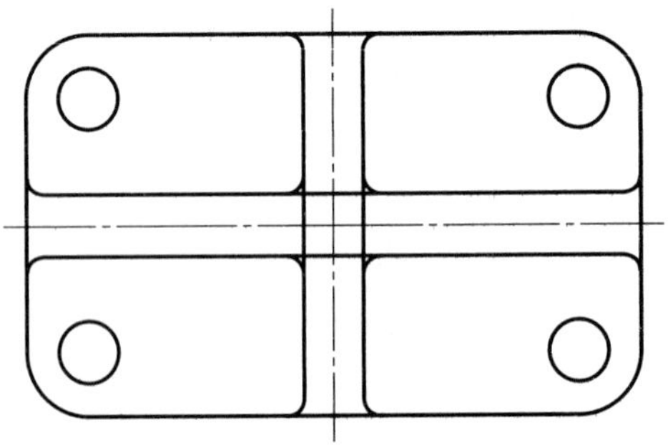

图 4-52 画过渡圆角

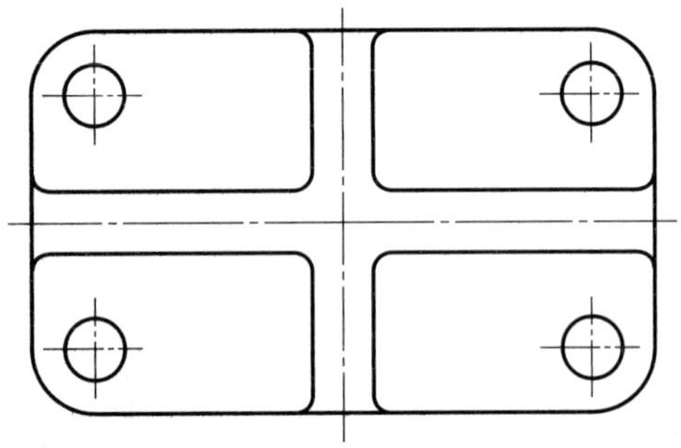

图 4-53 裁剪后的底板

第5章 标　　注

CAXA 电子图板提供了针对工程图进行尺寸标注、文字标注和工程符号标注的一整套方法，包括尺寸标注（Dim）、文字标注（Text）、符号标注等，集中于主菜单的【标注】菜单中以及功能区的【标注】选项卡下，如图 5-1 所示。

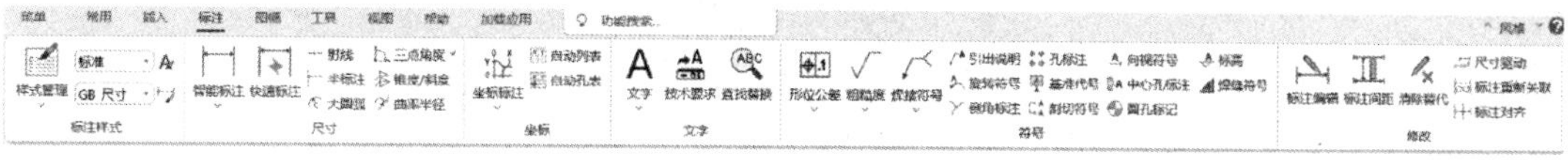

图 5-1 【标注】选项卡

5.1 尺寸标注

从主菜单选择【标注】→【尺寸标注】（或者单击功能面板中的“智能标注”按钮），系统弹出如图 5-2 所示立即菜单，其尺寸标注方法包括基本标注、基线标注、连续标注、三点角度标注、角度连续标注、半标注、大圆弧标注、射线标注、锥度/斜度标注、曲率半径标注、线性标注、对齐标注、角度标注、弧长标注、半径标注和直径标注。其中，“基本标注”可以根据所拾取对象自动判别要标注的尺寸类型，快速生成线性尺寸、直径尺寸、半径尺寸、角度尺寸等基本类型的标注；其余标注则是特殊情况或要求下使用的尺寸标注命令。这些标注命令均可以通过调用【尺寸标注】功能并在立即菜单切换选择，也都可以单独执行。

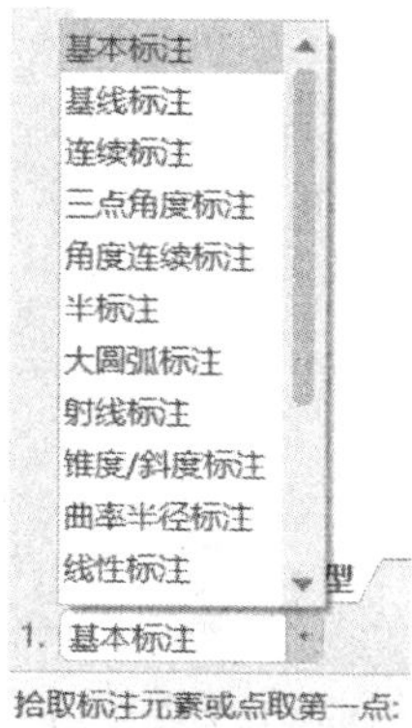

图 5-2 尺寸标注立即菜单

5.1.1 基本标注方式下直线的标注

选择基本标注方式，当提示区出现“拾取标注元素”时，如果拾取直线，则出现如图 5-3 所示立即菜单。这时结合不同的菜单选项，可标注直线的长度、直径与坐标轴的夹角。

图 5-3 直线标注立即菜单

（1）标注长度

当立即菜单的第三项选择“标注长度”，第四项选择“长度”时，如果第五项选择“正交”，则标注该直线沿水平方向的长度或沿铅垂方向的长度［图 5-4（a）］；若切换为“平行”，则标注该直线的真实长度［图 5-4（b）］；若切换为“智能”，则系统根据光标位置自动判断。

当立即菜单第二项选择“文字平行”时，标注的尺寸文字与尺寸线平行；当选择“文字水平”时，标注的尺寸文字保持水平。

立即菜单第六项用于“文字居中”和“文字拖动”间的切换。

立即菜单第七项尺寸值编辑框中显示缺省尺寸值，也可以用键盘输入尺寸值。

（2）标注直径或螺纹直径

立即菜单第四项切换为“直径”时，在直线长度尺寸值前加前缀“ϕ”，其余与标注长度基本相同［图 5-4（c）］；当切换为“螺纹”时，在尺寸值前加“M”。

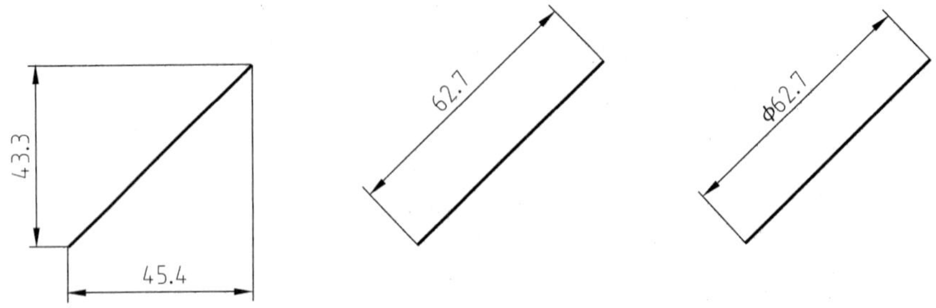

(a) 标注正交长度　　(b) 标注平行长度　　(c) 标注直径

图 5-4　直线标注示例

（3）标注直线与坐标轴夹角

如果切换立即菜单第三项为“标注角度”，此时立即菜单如图 5-5 所示。切换立即菜单第四项可标注直线与 X 轴的夹角或与 Y 轴的夹角，角度尺寸的顶点为直线靠近拾取点的端点。尺寸线和尺寸文字的位置，可用光标拖动确定。

图 5-5　标注直线与坐标轴的夹角

5.1.2　基本标注方式下圆的标注

选择基本标注方式，当提示区出现“拾取标注元素”时，如果拾取圆，将出现如图 5-6 所示立即菜单。立即菜单第三项有 5 个选项：直径、半径、圆周直径、螺纹、圆周螺纹。前三种标注方式分别为标注直径尺寸，标注半径尺寸，自圆周引出尺寸界线并标注直径尺寸；后两种分别为标注螺纹直径，自圆周引出尺寸界线并标注直径尺寸。

在标注“直径”或“圆周直径”尺寸时，尺寸数值自动带前缀“ϕ”；在标注“半径”尺寸时，尺寸数值自动带前缀“R”；在标注“螺纹”或“圆周螺纹”尺寸时，尺寸数值自动带前缀“M”。

图 5-6　标注圆立即菜单

5.1.3　基本标注方式下圆弧的标注

当提示区出现“拾取标注元素”时，拾取要标注的圆弧，出现如图 5-7 所示立即菜单。立即菜单第二项有 6 个选项：半径、直径、圆心角、弦长、弧长、螺纹，即对圆弧可选用 6

种标注方式，分别为标注半径尺寸、标注直径尺寸、标注圆心角、标注弦长、标注弧长、标注螺纹直径。立即菜单其余各项的含义可参考前文中的相应注解。

在标注“直径”时，尺寸数值自动带前缀“ϕ”；在标注“半径”尺寸时，尺寸数值自动带前缀“R”；在标注“圆心角”时，尺寸数值后自动带后缀“°”；在标注“弧长”时，尺寸数值上方自动加注“⌒”；在标注“螺纹”时，尺寸数值后自动带前缀“M”。图 5-8 所示为前 5 种标注方式的示例。尺寸线和尺寸文字的标注位置，随光标位置动态确定。

图 5-7　标注直线与坐标轴的夹角

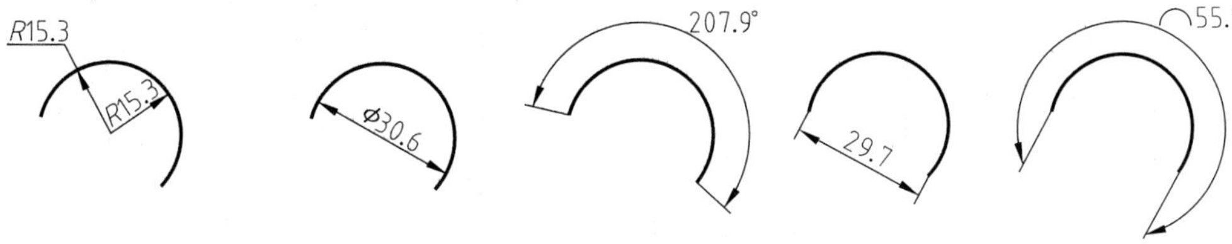

图 5-8　圆弧的标注方式

5.1.4　基本标注方式下两个元素的标注

当提示区出现“拾取标注元素”时，连续拾取两个图形元素，系统将根据这两个元素的类型和相对关系作出判断，并作相应的标注，具体说明如下（图 5-9）：

① 点与点：标注两点之间的距离（水平方向、铅垂方向或沿两点连线方向）。

② 点与直线：标注点到直线的距离。

③ 点与圆（或圆弧）：标注点到圆心的距离。

④ 圆与圆（或圆与圆弧、圆弧与圆弧）：标注两个圆心之间的距离。

⑤ 直线与圆（或圆弧）：标注圆（或圆弧）的圆心（或切点）到直线的距离。立即菜单

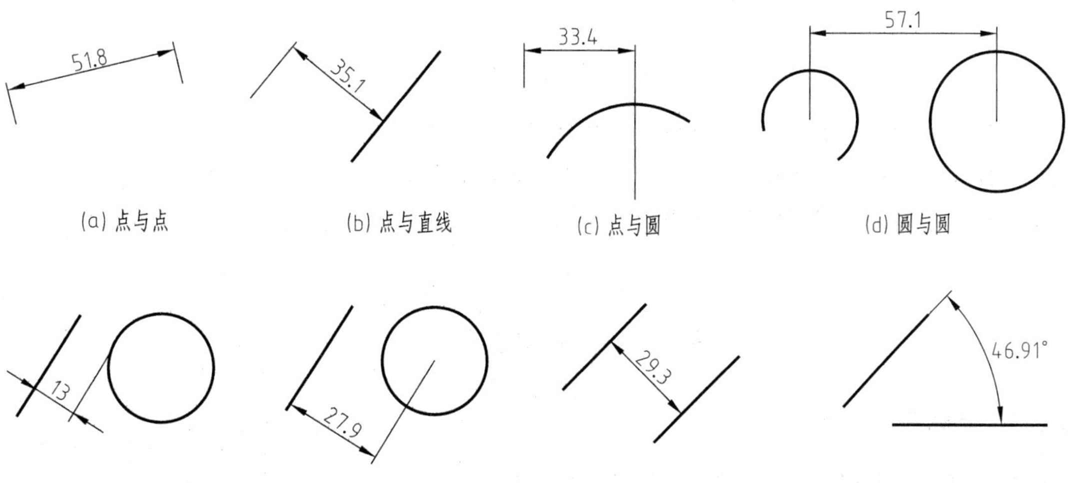

图 5-9　圆弧的标注方式

第 3 项有两个选项：圆心/切点，选择“圆心”时，标注圆心到直线的最短距离；选择“切点”时，标注切点到直线的距离。

⑥ 直线与直线：两直线平行，标注两直线间的长度或对应的直径；如果两直线不平行，标注两直线间的夹角。

5.1.5 基线标注与连续标注

基线标注表示从同一基点引出多个尺寸标注；而连续标注表示生成一系列首尾相连的线性尺寸标注。两者的标注结果虽不同（图 5-10），但操作方法非常接近。下面以基线标注为代表进行简要介绍。

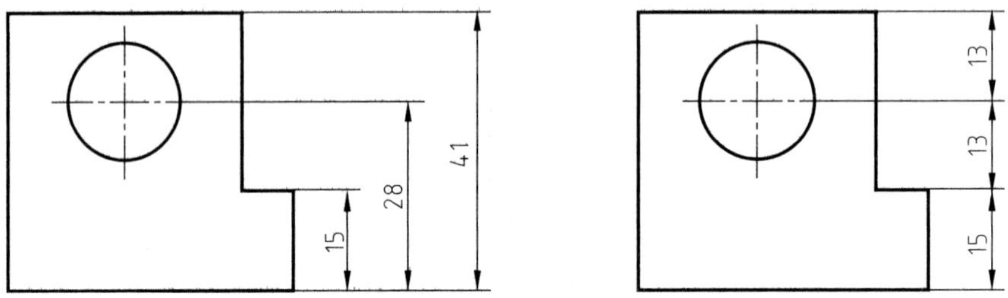

(a) 基准标注　　(b) 连续标注

图 5-10　基线标注和连续标注图例

执行【标注】→【尺寸标注】，并切换立即菜单为“基线标注”，系统提示“拾取线性尺寸或第一引出点”。

这时，如果拾取一个已标注的线性尺寸，则该尺寸作为第一个尺寸，离拾取点近的一端作为尺寸的基准界线。立即菜单变为如图 5-11 所示，其中“尺寸线偏移”指基准标注中各尺寸线之间的间距，缺省值为 10mm。此时连续给出“第二点”可以依次标注其余尺寸，最后按 ESC 退出。例如图 5-10 中，靠近下边边界线拾取第一个尺寸“15”，可依次标注尺寸“28”“41”。

图 5-11　基线标注立即菜单（一）

如果拾取的是一点（第一引出点），则该点即作为尺寸基准界线的引出点。根据系统的提示，操作者拾取另一个引出点后，立即菜单变为如图 5-12 所示。此时操作者通过反复地拾取“第二引出点”，同样可标注出一组基线尺寸。

图 5-12　基线标注立即菜单（二）

5.1.6 半标注

执行【标注】→【尺寸标注】，并切换立即菜单第一项为“半标注”，立即菜单和系统提示如图 5-13 所示。其中，第二项可以切换标注直径或长度，第三项为尺寸线延伸长度。

半标注时系统要求拾取直线或者点。操作者可以根据需要拾取两个点、一个点及一条直线或者是两条平行线，尺寸值将相应地为两点、点到直线或者是两直线距离的 2 倍。需要说明的是，半标注的尺寸界线总是从第二次拾取的元素上引出，尺寸线指向尺寸界线，因此，必须注意拾取顺序。图 5-14 所示为半标注的图例，其中的序号表示拾取顺序。

图 5-13　半标注立即菜单

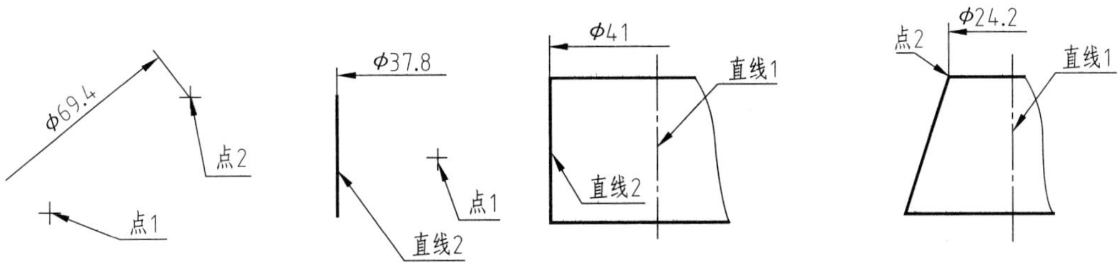

图 5-14　半标注示例

5.1.7　大圆弧标注

执行【标注】→【尺寸标注】，切换立即菜单第一项为“大圆弧标注”（图 5-15），系统提示“拾取圆弧”。拾取圆弧之后，圆弧的尺寸值在立即菜单中显示。用户也可以输入尺寸值。然后依次指定“第一引出点”“第二引出点”和“定位点”后即完成大圆弧标注。

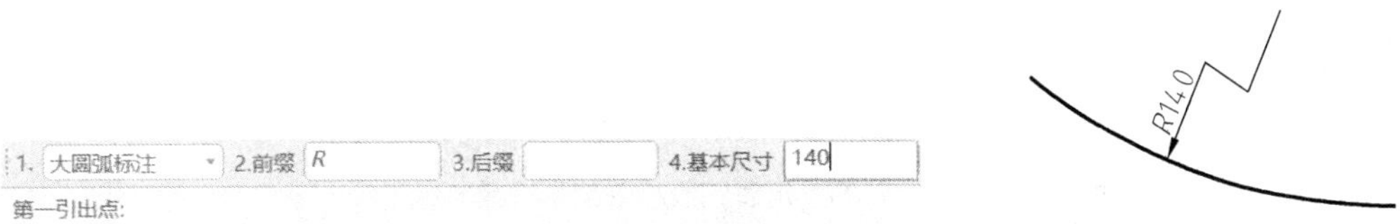

(a) 立即菜单　　(b) 标注结果

图 5-15　大圆弧标注示例

5.1.8　锥度与斜度的标注

执行【标注】→【尺寸标注】，切换立即菜单第一项为“锥度/斜度标注”，则系统弹出立即菜单（图 5-16）。立即菜单中的第二项可以切换锥度或斜度；第三项用来调整锥度或斜度符号的方向；第四项调整锥度或斜度标注文字的方向；第五项控制是否添加引线。

图 5-16　锥度标注立即菜单

确认立即菜单的参数后，根据提示先拾取轴线，再拾取直线。拾取直线后，立即菜单中将显示缺省尺寸值（用户也可以修改）。用光标拖动尺寸线，在适当位置输入文字定位点即完成锥度标注。图 5-17 所示为斜度和锥度标注示例。

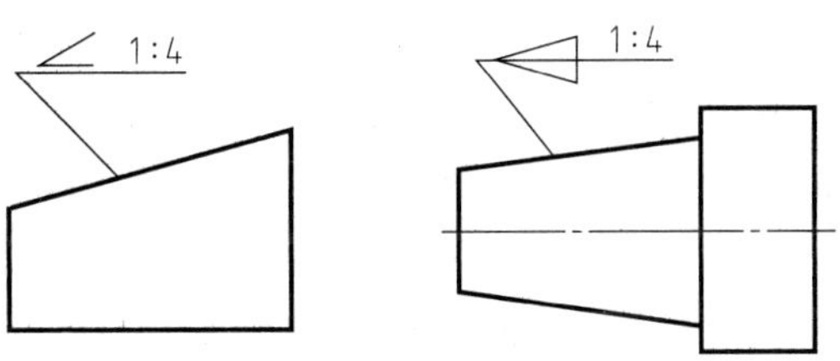

图 5-17　斜度和锥度标注示例

5.1.9 三点角度标注

执行【标注】→【尺寸标注】，切换立即菜单第一项为“三点角度标注”，则系统弹出立即菜单（图 5-18）。立即菜单中的第二项可以选择文字平行、文字水平或者 ISO 标准；第三项用来设置角度单位，可以是度、度分秒、百分度或者是弧度。

图 5-18　三点角度标注立即菜单

根据提示拾取三个点（顶点、第一点、第二点）后，第一点和顶点的连线与第二点和顶点的连线之间的夹角即“三点角度标注”的角度值。确认标注的位置即可。图 5-19 所示为三点角度标注的示例。

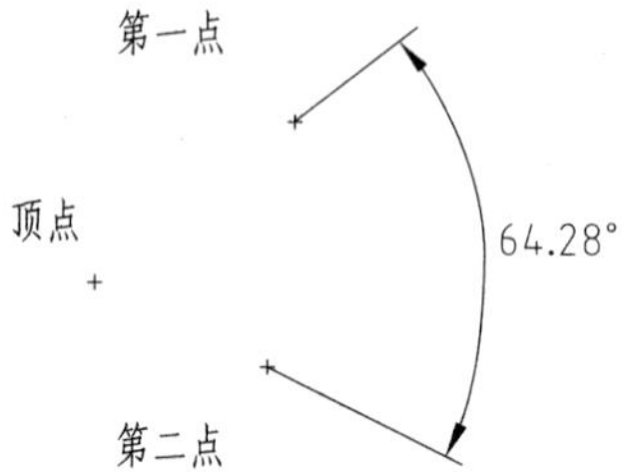

图 5-19　三点角度标注示例

5.1.10 角度连续标注

执行【标注】→【尺寸标注】，切换立即菜单第一项为“角度连续标注”，则系统提示“拾取第一个标注元素或角度尺寸”。如果用户拾取一个已标注的角度尺寸，则立即菜单显示如图 5-20 所示。这时依次拾取相邻的直线，则连续生成一系列角度标注（图 5-21）。

图 5-20　角度连续标注立即菜单

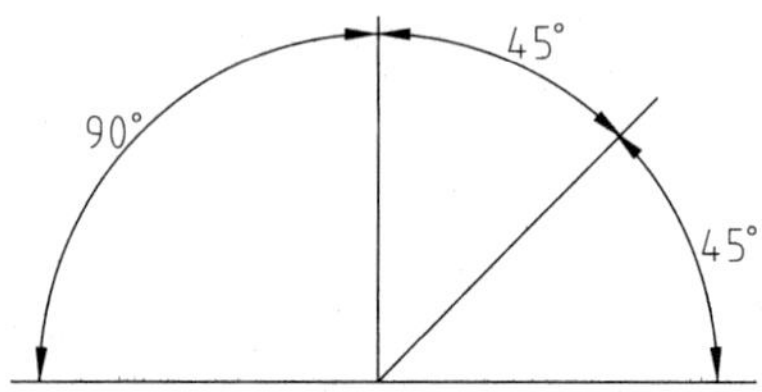

图 5-21　角度连续标注示例

5.1.11 尺寸标注菜单中的其他标注

除上述方式外，在尺寸标注菜单中还有一些针对特定图形元素的便捷标注方式，分别为线性标注、对齐标注、弧长标注、角度标注、半径标注、直径标注、射线标注、曲率半径标注。其中，“线性标注”用于标注两点间的垂直距离或水平距离；“对齐标注”用于标注两点间的直线距离；“弧长标注”用于标注圆弧的弧长；“角度标注”用于标注圆弧的圆心角、圆的一部分的圆心角、两直线间的夹角、三点角度；“半径标注”用于标注圆弧或圆的半径，标注时自动在尺寸值前加前缀“*R*”；“直径标注”用于标注圆弧或圆的半径；“射线标注”就是由用户给定两点后，以射线的方式标注这两点间的距离；“曲率半径标注”则对样条线进行曲率半径的标注。这些标注方式相对简单，只需按照提示操作即可。而且这些功能大部分也可以利用“基本标注”实现，不再赘述。

5.2 文字标注

5.2.1 文字标注——指定两点方式

文字标注用于在图纸上填写各种技术要求、说明等中、西文字。执行【绘图】→【文字】，系统弹出如图 5-22 所示立即菜单，其中第一项可以为“指定两点”“搜索边界”“曲线文字”或“递增文字”方式。

“指定两点”方式下，根据提示指定两点后，系统将以此两点确定一个矩形区域作为标注文字的位置，并弹出编辑框和文字编辑器。从该对话框的编辑框中可以输入文字。对于一般文字，直接输入到文本框即可；对于某些常用的特殊符号，可以从组合框的下拉列表框中选取，有一部分也可以利用电子图板提供的替换符直接从文本框中输入（如输入“%x”“%c”“%d”和“%p”分别相当于“×”“ϕ”“°”和“±”），系统在标注时自动转化。图 5-23 所示为使用“指定两点”方式进行文字标注的一个示例。

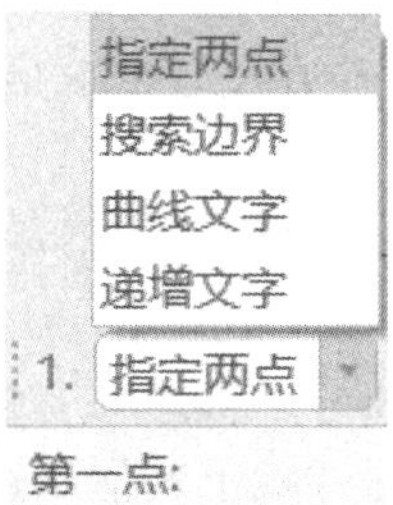

图 5-22 文字标注立即菜单

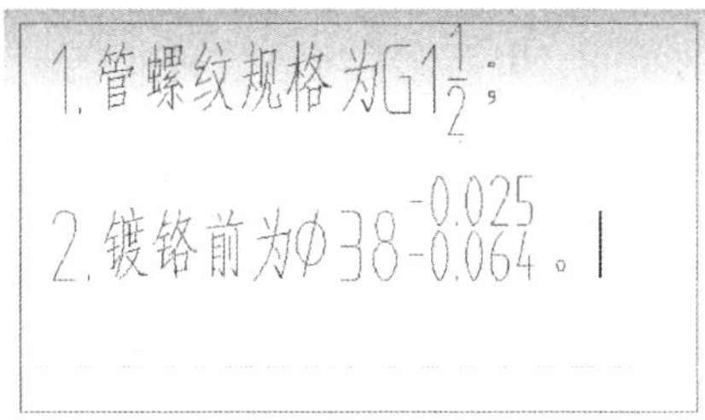

图 5-23 文字标注示例

“指定两点”方式下的文字编辑器如图 5-24 所示，其各项参数的含义和设置说明如下：

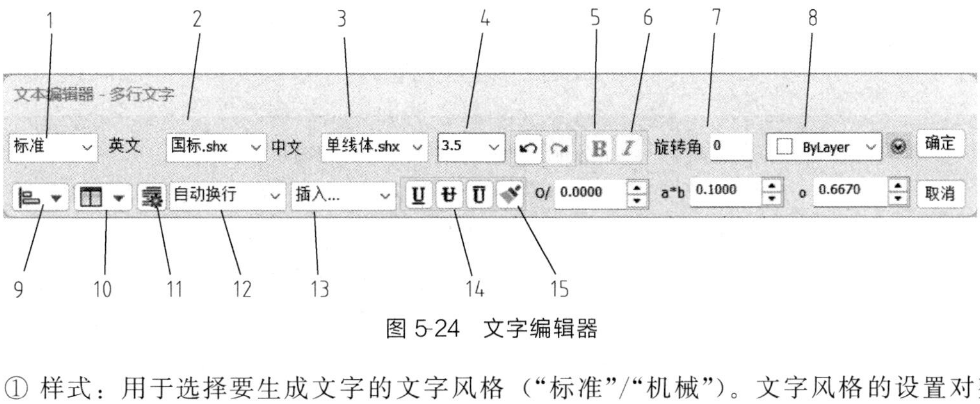

图 5-24 文字编辑器

① 样式：用于选择要生成文字的文字风格（“标准”/“机械”）。文字风格的设置对整段文字有效。如果将新样式应用到当前编辑的文字对象中，用于字体、高度和粗体或斜体属性的字符格式将被替代，而下划线和颜色属性将保留在应用了新样式的字符中。

② 英文字体：单击右边的选择框可以为新输入的英文指定字体或者改变选定英文的字体。

③ 中文字体：单击右边的选择框可以为新输入的中文指定字体或者改变选定中文的字体。

④ 文字高度：设置新文字的字符高度或修改选定文字的高度。

⑤ 粗体：打开或关闭新文字或选定文字的粗体格式（适用于使用 TrueType 字体的字符）。

⑥ 倾斜：单击打开或关闭新文字或选定文字的斜体格式（适用于使用 TrueType 字体的字符）。

⑦ 旋转角：通过右边的输入框可以为新输入的文字设置旋转角度或改变已选定文字的旋转角度，单位为度。注：横写时，旋转角为一行文字的延伸方向与坐标系的 X 轴正方向按逆时针测量的夹角；竖写时，旋转角为一列文字的延伸方向与坐标系的 Y 轴负方向按逆时针测量的夹角。

⑧ 颜色：可以指定新文字的颜色或更改选定文字的颜色。

⑨ 对齐：选择文字对齐方式。

⑩ 分栏：默认为不分栏状态，通过下拉菜单可以选择动态分栏、静态分栏、插入分栏符及分栏设置。

⑪ 段落设置：单击该按钮时系统弹出段落设置窗口，从而可以通过制表位、左缩进、右缩进、段落对齐、段落间距和段落行距对文本进行设定。

⑫ 换行：可以设置文字自动换行、压缩文字或手动换行。自动换行是指文字到达指定区域的边界时，自动以汉字、单词、数字或标点符号为单位换行，并避开头尾字符，使文字不会超过边界；压缩文字是指当指定的字型参数会导致文字超出指定区域时，系统自动修改文字的高度、中西文宽度系数和字符间距系数，以保证文字完全在指定的区域内；手动换行是指在输入标注文字时只有按回车键才能换行。

⑬ 插入符号：可以插入各种特殊符号，包括直径符号、角度符号、正负号、偏差、上下标、分数、粗糙度、尺寸特殊符号等。

⑭ 划线：分别用于为新文字或选定文字打开或关闭下划线、中划线和上划线。

⑮ 格式刷：通过光标所在位置提取目标样式，然后将该样式赋予其他被选中的文字。

5.2.2 文字标注——其他方式

图 5-25 “搜索边界”方式文字标注示例

执行【绘图】→【文字】，从立即菜单中选择“搜索边界”时，系统提示“拾取环内一点”。用户根据提示指定边界内一点后，系统将弹出文字输入对话框和文字编辑器。文字编辑方法同“指定两点”一致。图 5-25 所示为指定圆内一点的文字标注效果。

执行【绘图】→【文字】，从立即菜单中选择“曲线文字”时，则系统提示“拾取曲线”。用户拾取曲线后，根据提示还要选择文字标注的方向以及标注文字的起点和终点。随后系统弹出【曲线文字参数】对话框，如图 5-26 所示，用于输入文字并设置格式和参数。图中，L、R、C、F 四个按钮代表对齐方式，分别为左对齐、右对齐、居中对齐和均布对齐；、、按钮依次表示文字倒置、文字正放和文字反向排列；“曲线偏（移）”位置用于设置文字与所选曲线之间的偏移距离。

在立即菜单选择【拾取曲线】，根据提示拾取曲线，则会提示拾取文字标注的方向，文字选择方向不同，则产生不同的标注效果，如图 5-27 所示。

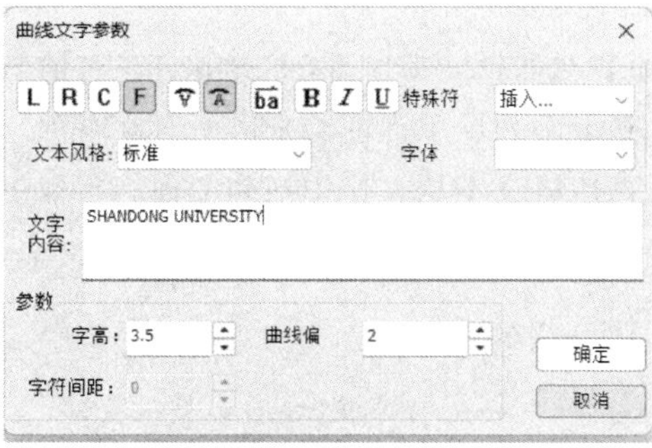

图 5-26 【曲线文字参数】对话框

图 5-27 曲线文字示例

5.2.3 引出说明

引出说明（ldtext）用于标注引出注释，由引出线和说明文字组成，引出点处可带箭头。大致步骤为：

① 选择【标注】→【引出说明】，系统弹出如图 5-28 所示对话框。

② 在对话框中输入相应上下说明文字，若只需一行说明则只输上说明。

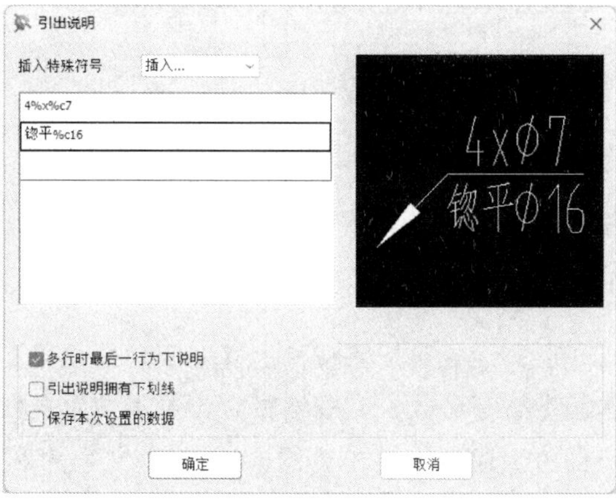

图 5-28 【引出说明】对话框

③ 单击“确定”按钮后，系统弹出如图 5-29 所示立即菜单，其中第一项用于控制文字方向；第二项选择是否需要智能结束；第三项用于控制是否有基线。

④ 根据提示依次确定引出点和转折点，确认位置后，标注完成。图 5-30 所示为标注示例。

图 5-29 引出说明立即菜单

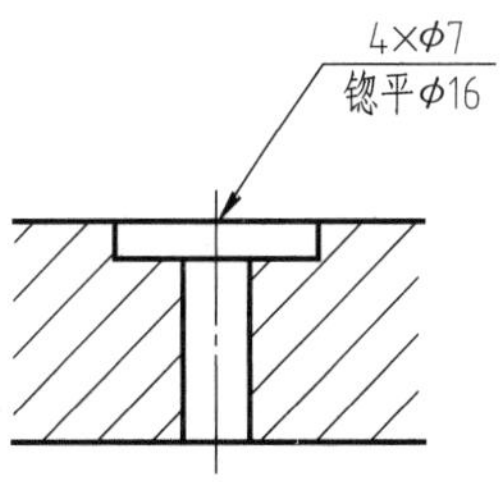

图 5-30 引出说明标注示例

5.2.4 技术要求

选择【标注】→【技术要求】，进入【技术要求库】对话框，如图 5-31 所示。在对话框左下部的列表框中列出了所有已有的技术要求类别，右下部列出了当前类别的所有文本项。如果技术要求库中已经有了所需文本，则可以用鼠标直接将文本从表格中拖到上面编辑框中合适的位置，也可以直接在编辑框中输入和编辑文本。

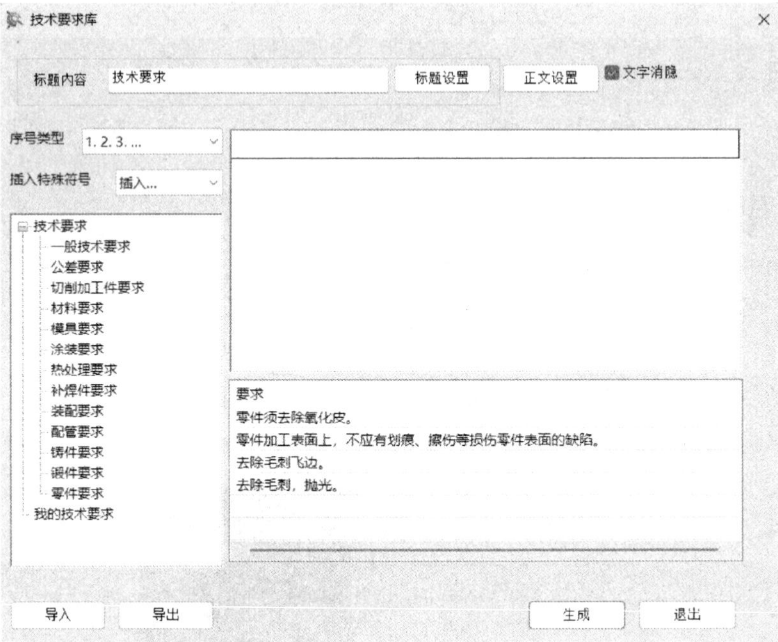

图 5-31 【技术要求库】对话框

单击“标题设置”或“正文设置”按钮将弹出【文字参数设置】对话框，分别修改技术要求标题或正文采用字体、字高等参数。完成编辑后，单击“生成”按钮，根据提示指定技术要求所在的区域，系统自动生成技术要求。图 5-32 所示文字为利用其中的技术要求文本项生成技术要求的一个示例。

注意：技术要求库的管理工作也是在此对话框中进行。选择左下角列表框中的不同类别，右下角表格中的内容随之变化。要修改某个文本项的内容，只需直接在表格中双击文本即可修改。完成管理工作后，单击“生成”按钮生成技术要求或单击“退出”按钮退出对话框。

技术要求

1. 零件加工表面上，不应有划痕、擦伤等损伤零件表面的缺陷。
2. 进行高温时效处理。
3. 未注形状公差应符合GB1184-80的要求。
4. 未注倒角均为2×45°。

图 5-32 技术要求库的应用示例

5.3 特殊尺寸和符号标注

5.3.1 尺寸公差

标注尺寸（或编辑尺寸）时，如果在确定尺寸线位置之前单击鼠标右键或者按 Enter 键（经典模式下），系统会弹出如图 5-33 所示的对话框。利用该对话框可输入尺寸公差，确认后尺寸公差被自动加入尺寸值中。对话框中各项的含义如下：

图 5-33 【尺寸标注属性设置】对话框

① 基本信息区：用于设置基本尺寸值、前缀、后缀和附注。如果在“文本替代”编辑框中填写了内容，则基本尺寸和前后缀等内容均被替代。

② 标注风格区：用于设置当前尺寸标注风格。单击“使用风格”可选择标注风格；勾选“箭头反向”将尺寸箭头反向；勾选“文字边框”将使尺寸文字加带边框；单击“标注风格”，系统将弹出【标注风格设置】对话框，供用户进行详尽设置。

③ 公差与配合区：用于设置公差与配合的输入形式和输出形式。其中公差的输入形式，可选择“代号”“偏差”“配合”或“对称”。公差的输出形式包括“代号”“偏差”“(偏差)”和“代号(偏差)”等，如图 5-34 所示。若输入形式选择“代号”，则在下面的编辑框中直接输入公差代号（如“H8”），系统将会自动根据基本尺寸查出上下偏差值。若选择“偏差”，则需要用户直接在输出形式下面的编辑框中输入上下偏差。如果选择“配合”，系统将更新对话框，增加关于配合制等选项。若选择“对称”，则只需要输入上偏差。

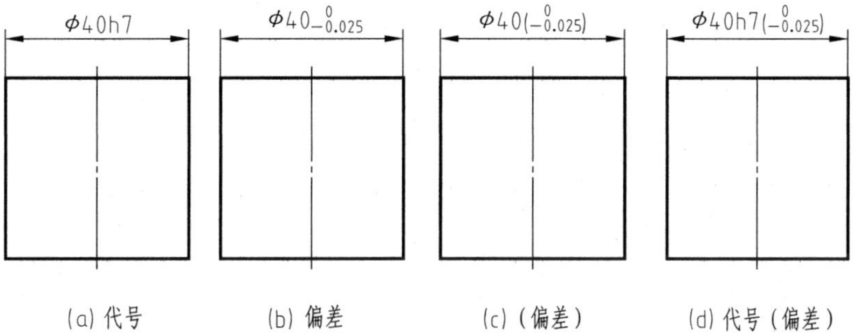

图 5-34 公差的输出形式示例

5.3.2 形位公差

执行【标注】→【形位公差】，系统弹出【形位公差】对话框（图 5-35）。利用该对话框，用户可以直观、方便地填写形位公差框内各项内容。用户从所示对话框中选择公差代号并设置各项参数后，单击“确定”按钮，在立即菜单中选择“水平标注”或者“铅垂标注”，然后根据提示拾取标注元素并输入引线转折点后，即完成形位公差的标注。

图 5-35 【形位公差】对话框

5.3.3 倒角标注

执行【标注】→【倒角标注】，系统弹出立即菜单（图 5-36），并提示“拾取倒角线:”。通过立即菜单第二项可以选择倒角线的轴线方式，其中“轴线方向为 X 轴方向”表示倒角轴线与 X 轴平行，其他选择为“轴线方向为 Y 轴方向”和“拾取轴线”（自定义轴线）。立即菜单第三项可以切换引出方向（“水平标注”“铅垂标注”或“垂直于倒角线”）。立即菜单第四项可以切换文字书写方向（“文字水平”或“文字平行”），可以选择倒角标注的样式，如“$C1$”或者“1×45°”。

图 5-36 倒角标注立即菜单

用户拾取一段倒角后，立即菜单中将显示出该直线的标注值，用户也可以修改标注值。同时系统提示“输入尺寸线位置”。用户输入尺寸线位置点后，系统即沿该线段引出标注线，标注出倒角尺寸。图 5-37 所示为倒角标注的图例（“C2”为修改后的标注值）。

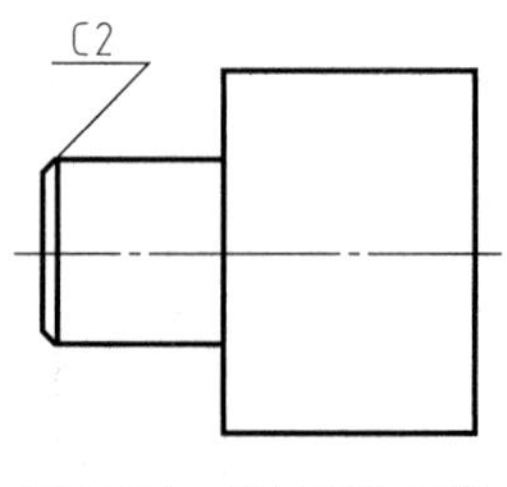

图 5-37 倒角标注示例

5.3.4 粗糙度符号的标注

执行【标注】→【粗糙度】，系统弹出如图 5-38 所示的立即菜单。其中第一项为“简单标注”/“标准标注”，分别对应粗糙度的两种标注方式（缺省为“简单标注”）。第二项为“默认方式”/“引出方式”，大多情况下都可选用默认方式。

如果采用简单标注，只需要选择第三项表面处理方法（“去除材料”/“不去除材料”/“基本符号”），并在第四项输入 *Ra* 数值即可；若采用标准标注，系统弹出如图 5-39 所示的对话框，利用该对话框可以设置各项参数并预览标注结果。

图 5-38　表面粗糙度立即菜单

参数确定后，按提示要求拾取代号的定位点、直线或圆弧。然后用拖动方式确定符号的具体位置，即完成标注。

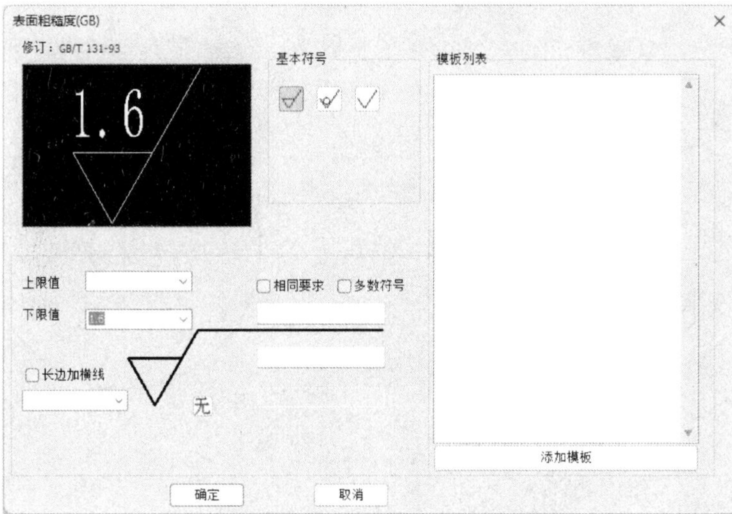

图 5-39　【表面粗糙度】对话框

5.3.5　基准代号的标注

执行【标注】→【基准代号】，系统弹出如图 5-40 所示立即菜单，其中第一项可以选择基准代号的方式，即“基准标注”或“基准目标”。基准标注状态下可以设置基准的方式（“给定标准”或“任选基准”）和名称（如“A”“B”等）；基准目标状态下可以设置目标标注或代号标注。

图 5-40　基准代号立即菜单

标注时可拾取代号的定位点，或者是作为基准的图形元素（如直线、圆等）。如拾取的是定位点，系统提示“输入角度或由屏幕上确定：＜－360，360＞”，用户可用拖动方式或从键盘输入旋转角后，即可完成基准代号的标注；如拾取的是直线或圆弧，系统提示“拖动确定标注位置：”，用户选定后即标注出与直线或圆弧相垂直的基准代号。

5.3.6 剖切符号

剖切符号（hatchpos）可以标出剖面的剖切位置及剖切符号。

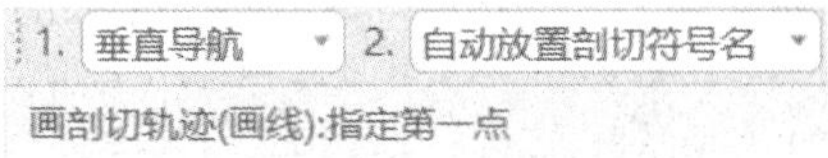

图 5-41 剖切符号立即菜单

执行【标注】→【剖切符号】，则系统弹出如图 5-41 所示立即菜单。其中，第一项为“垂直导航”/“不垂直导航”，用于选择剖切轨迹线是否必须垂直；第二项为“自动放置剖切符号名”/“手动放置剖切符号名”，前者代表系统自动标注剖切符号名，而后者则是由用户给定。

如图 5-42 所示为“不垂直导航”方式下通过“手动放置剖切符号名”进行的标注示例，其余操作步骤为：

① 指定剖切轨迹线的起点、转折点和终点，单击鼠标右键结束，此时剖切轨迹线的终止点显示出沿最后一段剖切轨迹线法线方向的两个箭头标识，并在提示区提示“请单击箭头选择剖切方向”。

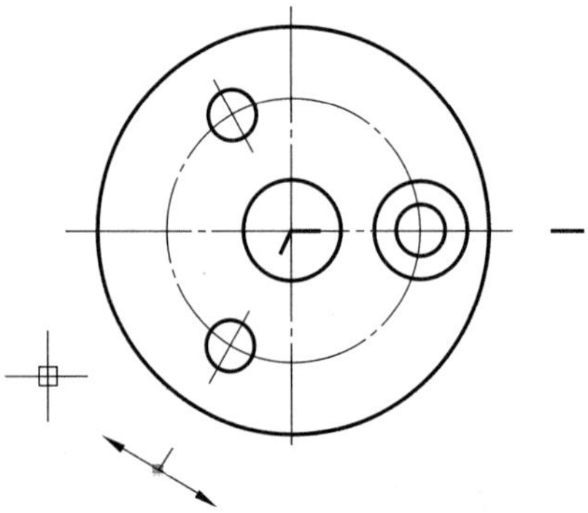

(a) 指定剖切轨迹线与箭头方向

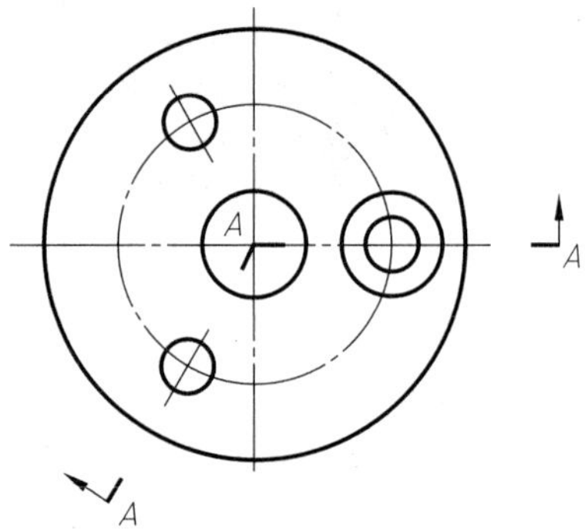

(b) 标注结果

图 5-42 标注剖切符号示例

② 在两个箭头的一侧单击鼠标左键以确定箭头的方向或者单击鼠标右键取消箭头，然后系统弹出含有剖面名称的立即菜单（如“A”，可以修改）并提示“指定剖面名称标注点:”。

③ 拖动一个表示文字大小的矩形框到所需位置，单击鼠标左键确认，则代表剖面名称的字母将被标注在该位置。此步骤可以重复操作，直至单击鼠标右键结束（系统提示“指定剖面名称标注点”，可以继续标注剖面/剖视图名称，也可以单击鼠标右键结束）。

5.3.7 焊接符号

菜单操作方式为【标注】→【焊接符号】。系统弹出如图 5-43 所示对话框（根据选择标准不同，对话框会有区别）。对话框的上部是预显框和单行参数示意图，下面是一系列符号选择按钮和“符号位置”选择。“符号位置”决定了当前单行参数是对应基准线以上的部分还是以下的部分。各个位置的尺寸值和“焊接说明”位于下一行。对话框的底部用来选择虚线位置和输入交错焊缝的间距，其中“虚线位置”表示基准虚线与实线的相对位置。“清除行”用以将当前的单行参数清零。

在对话框中设置所需的各种选项，确认后根据系统提示设置定位点和转折点后，即完成焊接符号的标注。

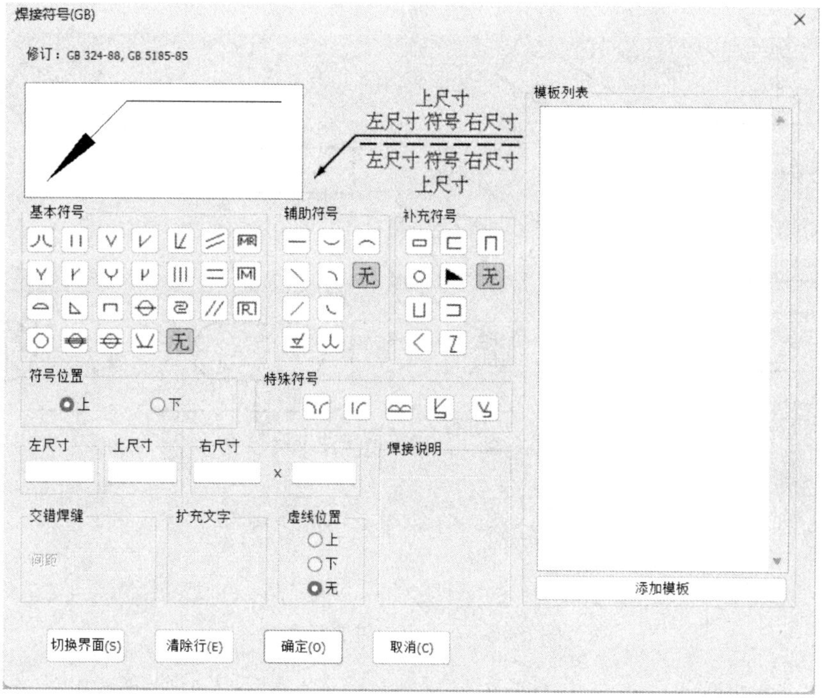

图 5-43 【焊接符号】对话框

5.3.8 向视符号

向视符号用于标注向视图、局部视图、斜视图等。调用【标注】→【向视符号】功能后，弹出立即菜单如图 5-44 所示。其中，第四项可以切换为“旋转”，切换后还会出现以下立即菜单项：“5. 左旋转”/“右旋转”“6. 旋转角度”。

图 5-44 向视符号立即菜单

从立即菜单中确定“标注文本”（视图名称）、“字高”和“箭头大小”后，即可在绘图区拾取两点，确定向视符号箭头方向，其后决定字母编号的插入位置。此时如果选择“旋转”，则还要在确定字母位置后，确定旋转箭头符号标志的位置。最后，确定向视图名称的位置，即可结束当前功能。图 5-45 所示为向视符号标注示例，其中左右分别应用了“不旋转”和“旋转”两种方式。

5.3.9 中心孔标注

调用【标注】→【中心孔标注】功能后，弹出立即菜单如图 5-46 所示。“简单标注”时，可以在立即菜单中设置字高和标注文本，然后根据提示指定中心孔标注的定位点和角度位置即可。

如果从立即菜单第一项选择“标准标注”，则系统弹出【中心孔标注形式】对话框，如图 5-47 所示。对话框上部三个按钮代表了不同的标注形式，其含义分别为“在零件上要求

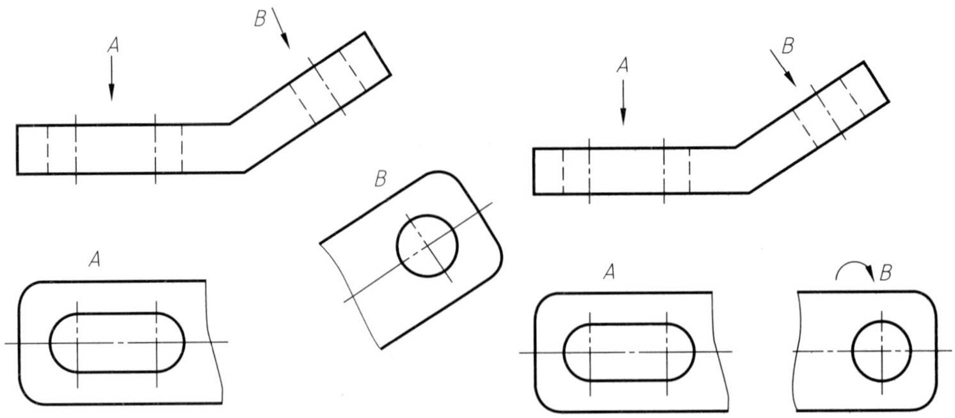

图 5-45　向视符号标注示例

图 5-46　中心孔标注立即菜单

保留中心孔”“在零件上可以保留中心孔”和“在零件上不允许保留中心孔”。对话框下部用于输入文本内容和设置参数。设置完毕后拾取定位点和角度即可。

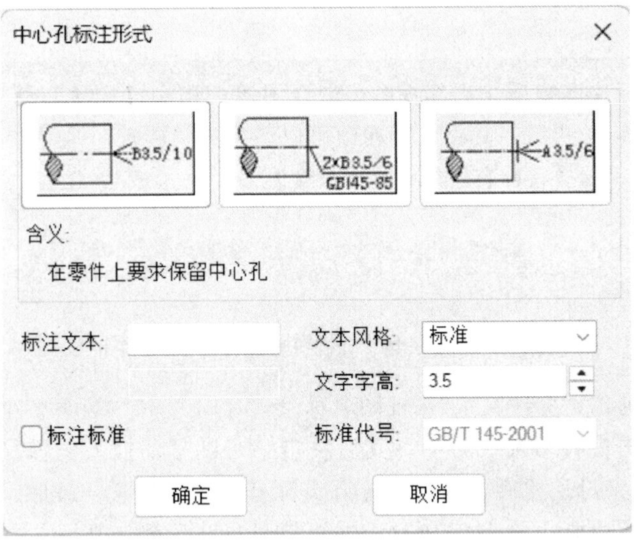

图 5-47　【中心孔标注形式】对话框

5.3.10　孔标注

孔标注的功能是采用旁注法标注孔。调用【标注】→【孔标注】功能时，系统弹出一个简单的立即菜单并提示：“请拾取孔”。通过该立即菜单，可以选择标注时文本的书写方式，包括“文字平行”“文字水平”和“ISO 标准”三种选择。拾取孔（视图中代表圆孔的圆或者代表圆孔端线的直线）后，系统提示“指定尺寸线位置，右键编辑孔标注对话框”。此时，按鼠标右键将弹出如图 5-48 所示对话框。该对话框包括三部分，分别对应“上说明”“下说明”和“通孔的显示方式”。用户根据实际需要设置后单击“确定”按钮完成标注。图 5-49 所示为孔标注的示例。

图 5-48 【孔标注】对话框

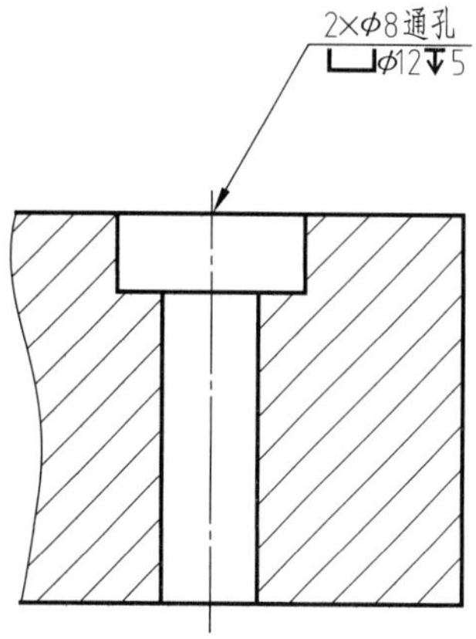

图 5-49 孔标注示例

5.4 工程标注的编辑

标注编辑（dimedit）是指对现有尺寸标注或文字标注进行位置或内容方面的修改。对位置方面的编辑是指对尺寸或工程符号等的位置的移动或角度的旋转；而内容编辑则是指对尺寸值、文字内容或符号内容的修改。注意：电子图板中对所有工程标注（尺寸、符号和文字）的修改都通过【标注编辑】进行。系统能识别标注类型，并自动进入相应的编辑操作。本节介绍尺寸标注的编辑，其他标注的编辑操作类似。

5.4.1 尺寸标注修改

执行【修改】→【标注编辑】，则系统提示拾取需要编辑的标注。如果拾取一个尺寸，则进入尺寸编辑状态。此时弹出的立即菜单会因为尺寸类型的不同而有所变化，但内容不外乎尺寸线位置、文字位置和文字内容等，操作也相似。下面仅以线性尺寸为例，介绍尺寸的编辑方法。

调用【修改】→【标注编辑】，在系统提示“拾取要编辑的标注”时，如果拾取一个线性尺寸，系统将弹出如图 5-50 所示立即菜单。

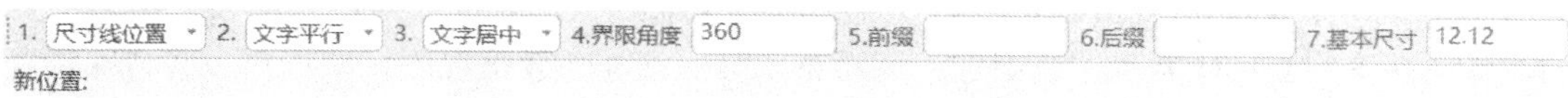

图 5-50 线性尺寸立即菜单

立即菜单的第一项有三项选择：尺寸线位置、文字位置和箭头形状。“尺寸线位置”状态下的编辑主要用于重新定位尺寸线，但如有必要，可先从立即菜单中修改文字书写方向

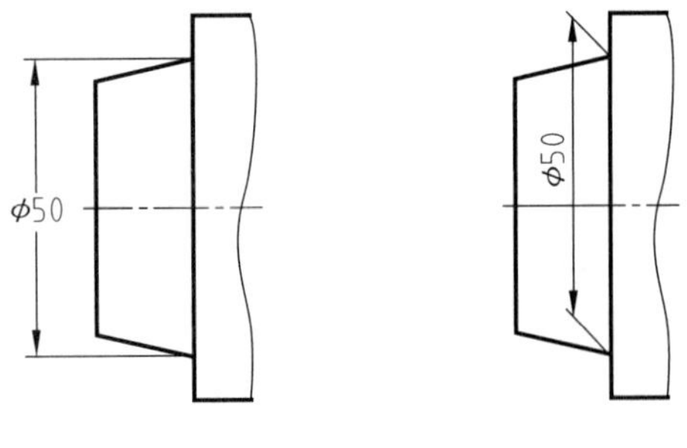

(a) 原尺寸 (b) 编辑后

图 5-51　尺寸线位置的编辑示例

(平行/水平)、尺寸界线的倾斜角度或尺寸值(文字内容)。指定新的尺寸线位置(鼠标拖动或键入坐标)即完成尺寸编辑。图 5-51 所示为尺寸线位置的编辑示例。

如果切换立即菜单第一项为“文字位置”,则进入文字位置的编辑状态(图 5-52),立即菜单中的内容发生相应的变化,从中可以修改文字的定位点、文字的书写角度和尺寸值,但不能改动尺寸线和尺寸界线(图 5-53)。

图 5-52　文字位置的编辑

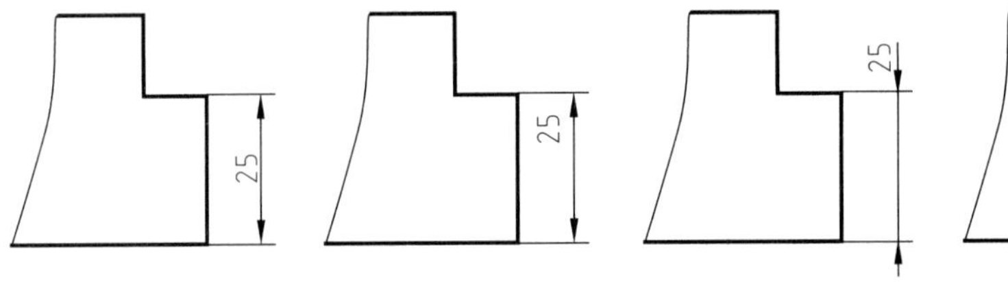

(a) 原尺寸 (b) 移动文字 (c) 移动文字至界线外 (d) 加引线

图 5-53　尺寸线位置的编辑示例

若切换立即菜单第一项为“箭头形状”,则弹出【箭头形状编辑】对话框,从中可以选用不同的箭头形状。

注:工程图样中的尺寸标注通常还需要添加尺寸公差、特殊符号以及设置一些特殊参数。CAXA 电子图板提供了专门的对话框,可以方便地添加和设置这些内容,方法是:在生成尺寸标注时按鼠标右键进入【尺寸标注属性设置】对话框。

5.4.2　尺寸驱动

尺寸驱动是 CAXA 电子图板提供的一套局部参数化功能。用户在选择一部分实体及相关尺寸后,系统将根据尺寸建立实体间的拓扑关系,当用户选择想要改动的尺寸并改变其数值时,相关实体及尺寸也将受到影响发生变化,但元素间的拓扑关系(如相切、相连等)保持不变。另外,系统还可自动处理过约束及欠约束的图形。此功能使得用户对已有图样的修改也变得更加方便。

调用【修改】→【尺寸驱动】,根据系统提示选择想要修改的部分(系统将只分析选中部分的实体及尺寸),然后根据提示指定一个合适的基准点。系统将根据被驱动尺寸与基准点的位置关系来判断尺寸哪一端该固定,从而驱动另一端。一般情况下,应选择一些特殊位置的点,如圆心、端点、中心点、交点等。

在前两步的基础上,选择被驱动的尺寸,而后按提示在对话框中输入新的尺寸值,则被选中的实体部分将被驱动。在不退出该状态(该部分驱动对象)的情况下,可以连续驱动多个尺寸。图 5-54 所示为尺寸驱动的示例。

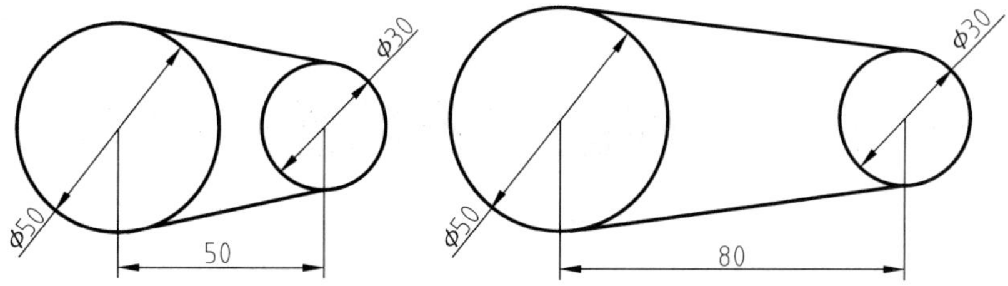

(a) 原图　　(b) 改变中心距后的结果

图 5-54　尺寸驱动的示例

5.4.3　标注间距

标注间距功能用以修改相互平行尺寸线的间距。调用【修改】→【标注间距】，系统弹出如图 5-55 所示立即菜单。立即菜单第一项如果为“自动”，则系统将根据尺寸数字的大小自动控制尺寸线间距；如果为”手动“，则需要在立即菜单第二项中设置间距值。选择一组相互平行的线性尺寸后按回车键确定，则其间距被调整。

图 5-55　标注间距立即菜单

5.4.4　标注对齐

标注对齐功能用以将原本平行的尺寸线对齐（在一条直线上）。调用【修改】→【标注对齐】，系统提示“选择基准尺寸”。当拾取一个线性尺寸后，系统提示“选择要对齐的标注”，这时可以拾取若干与基准尺寸平行的尺寸，按回车键确认后，这些尺寸全部与基准尺寸对齐。

第6章 视图与剖视图的绘制

6.1 导航捕捉

CAXA 电子图板中提供了“导航点捕捉”方式和“三视图导航”方式。绘制物体三视图时，利用这些方法可以方便地保证视图之间的对正关系。

6.1.1 导航点捕捉

点取屏幕右下角的点捕捉状态控制菜单，选取“导航”项（或用功能键 F6 切换），则系统进入导航捕捉方式，这时可通过光标对若干种特征点进行导航（图 6-1）。特征点包括孤立点、线段端点、线段中点、圆心或圆弧象限点等。

如需要重新设置特征点的种类，可从主菜单选择【工具】→【捕捉点设置】，在弹出的对话框（图 6-2）内选择“导航点”，则可以设置导航功能的特征点。除此之外，还可以启用角度导航（导航角度可以进行选择或者重新设置）。导航点的捕捉范围取决于拾取盒的大小。

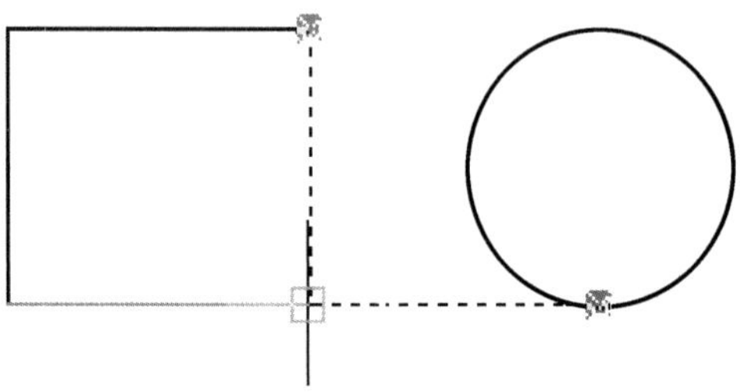

图 6-1 导航功能示例

图 6-2 捕捉点设置

例 6-1： 完成如图 6-3 所示主、左视图（不使用修剪等修改命令）。

作图步骤说明：

① 首先利用圆、直线命令完成左视图。

② 设置“导航”捕捉方式。

③ 利用“两点线”画直线 1′2′，可拖动鼠标，当十字光标线自动捕捉左视图中 1″时，1″点显示绿点，在正交方式下画出直线 1′2。

④ 画直线 8′6′时，8′点同时由主视图的 1′点和左视图的 8″点分别作为 X 坐标和 Y 坐标

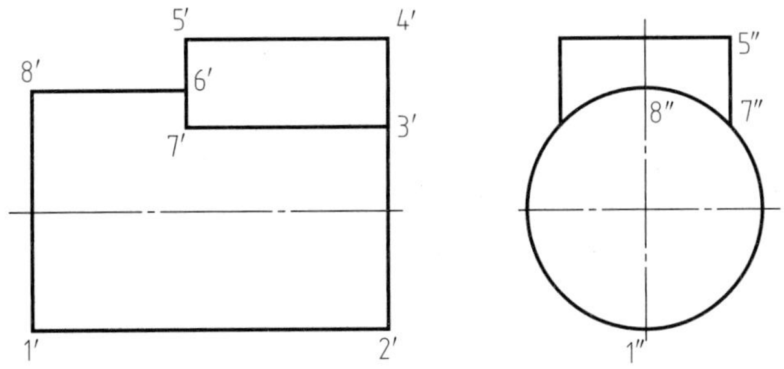

图 6-3 利用导航点绘图

的“导航”来确定，光标移动到适当位置，1′点和 8″点同时显示为绿点。6′点的 Y 坐标由 8′点确定，X 坐标按物体尺寸确定（利用相对 C 点坐标也较方便）。

⑤ 4′点由主视图的 2′点和左视图的 5″点分别“导航”确定，5′点的 X 坐标由 6′点“导航”确定，3′点由 2′点和 7″点确定，7′点由 7″点和 6′点确定。

6.1.2 三视图导航

三视图导航功能（guide）为绘制三视图或多视图提供一种更方便的导航方式，便于确定投影关系，尤其是保证“俯、左视图宽一致”。其操作方式包括：主菜单【工具】→【三视图导航】；或键入“guide”；或用功能键 F7 进行切换。

① 执行【三视图导航】时，系统提示“第一点<右键恢复上一次导航线>”，即决定导航线位置的第一点，此时可以在主、俯视图或主、左视图之间的适当位置输入一点。系统再提示“第二点”，此时拖动鼠标，屏幕上会出现一条 45°或 135°的黄色导航线。如果系统处于导航状态，则系统将以此导航线为视图转换线进行三视图导航（图 6-4）。如果系统没有处于导航状态，则应该用鼠标单击右下角捕捉状态的控制菜单，将点捕捉方式切换为导航；也可用功能键 F6 切换。

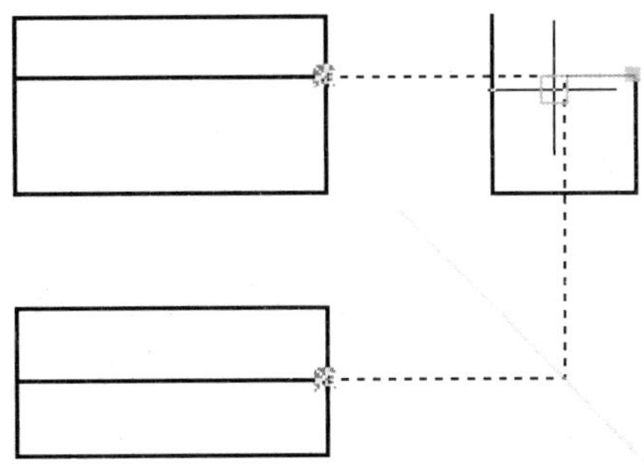

图 6-4 三视图导航示例

② 如果系统当前已有导航线，选取菜单“三视图导航”项将删除导航线，取消三视图导航操作。下次再选取菜单“三视图导航”项，系统将提示“第一点（右键恢复上一次导航线）”，如果输入了第一点，系统接着提示“第二点”，重新设置导航线。如果直接按鼠标右键，则恢复上次设置的导航线。

注意：实现三视图导航有三个条件：一是要有导航线；二是要将点捕捉状态切换到“导航”状态；三是通过捕捉点设置使其能捕捉特征点。

例 6-2：根据圆周的主、俯视图完成其左视图（图 6-5）。

作图说明：图中给出了利用“三视图导航”画左视图的方法。左视图的轮廓线可用“直线”命令的两点线方式，按 *A*-*B*-*C*-*D* -*E*-*F*-*G*-*H*-*A*，*G*-*D* 顺序画出，其中 *A* 点由 3 点和 4 点导航产生，即移动鼠标，当 3 点和 4 点处同时有绿色导航点指示时点取鼠标左键，拾取 *A* 点。这样，就可以保证 *A* 点与 4 点高平齐与 3 点宽一致。同样，*B* 点由 1 点和 4 点导航产生；C 点由 1 点和 5 点、D 点由 2 点和 5 点、E 点由 2 点和 6 点、F 点由 7 点和 6 点、G 点由 7 点和 5 点、H 点由 3 点和 5 点导航产生，双点画线表示导航关系。

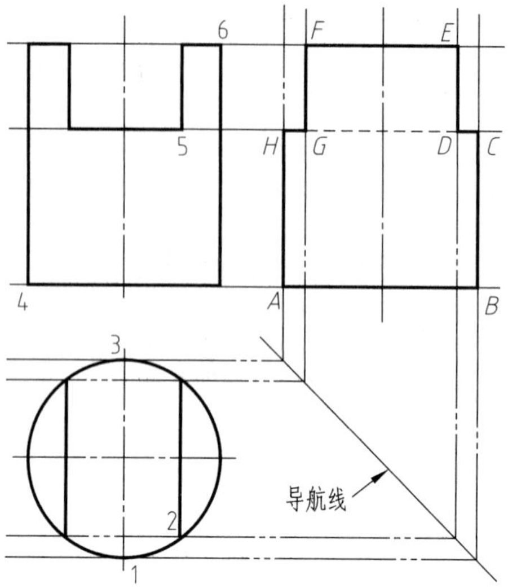

图 6-5 应用三视图导航功能画图举例

6.2 三视图绘制示例

6.2.1 圆柱相贯体三视图

例 6-3：作出如图 6-6 所示相贯体的三视图。

参考操作步骤：

① 从主菜单选择【绘图】→【孔/轴】，从立即菜单中选择“轴”，绘制一个圆柱体（直径为 40），然后选择【绘图】→【圆】，画出圆柱的左视图，得如图 6-7 所示图形。

② 从主菜单选择【绘图】→【圆】，在俯视图中画一个直径为 20 的圆（圆孔的投影，图 6-8）。

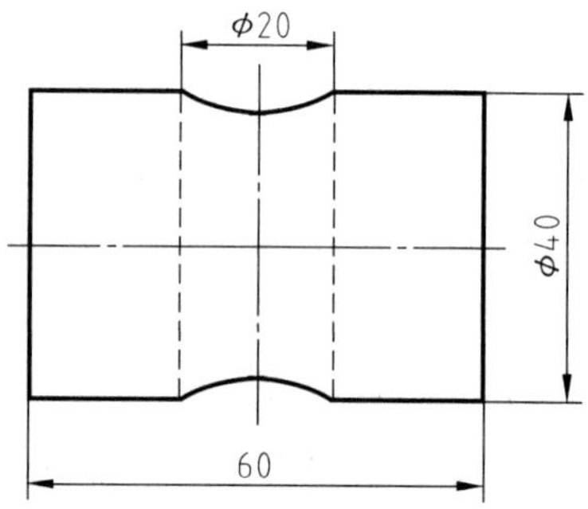

图 6-6 相贯体

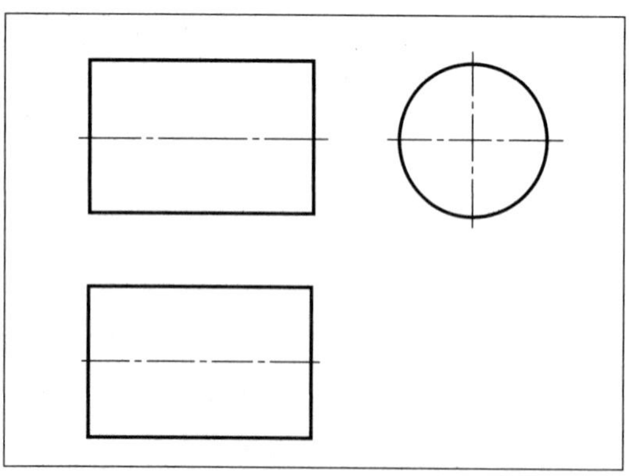

图 6-7 圆柱的三视图

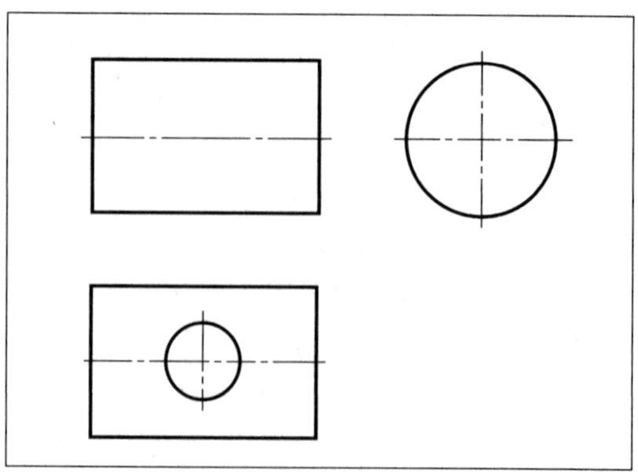

图 6-8 画圆孔的水平投影

③ 从主菜单选择【绘图】→【孔/轴】，从立即菜单中选择“孔”，其余各项按图 6-9 设置。

图 6-9 确定主视图中孔的插入点

④ 切换到虚线层，利用“导航”工具捕捉孔的插入点（图 6-10）。这时系统弹出一个新的立即菜单。

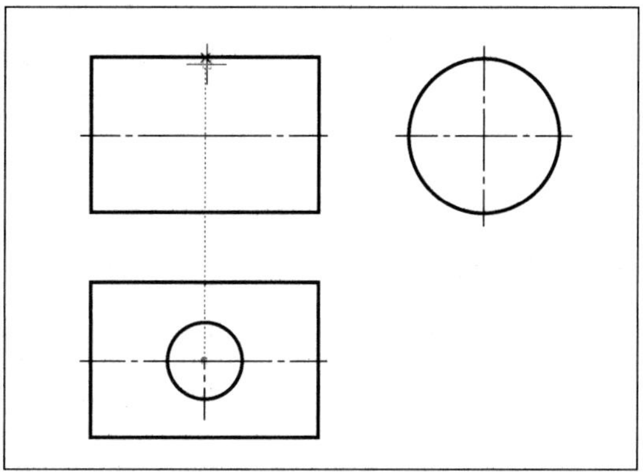

图 6-10 确定主视图中孔的插入点

⑤ 按图 6-11 所示设置其中各项，然后切换到虚线层画出圆孔（图 6-12）。

图 6-11 孔参数的设置

⑥ 选择【修改】→【复制选择到】，选择圆孔并复制到左视图上（图 6-13）。

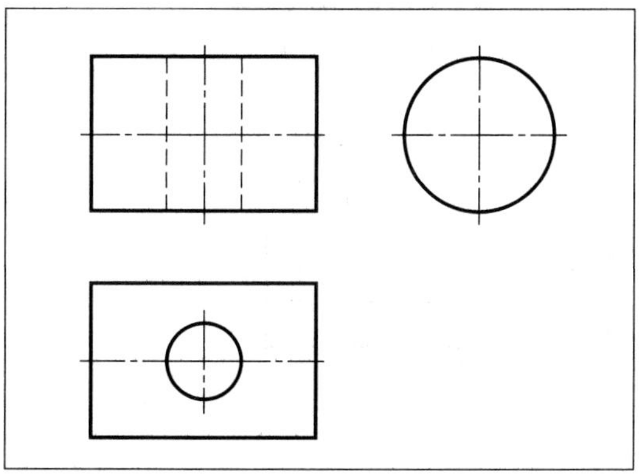

图 6-12 画圆孔的正面投影

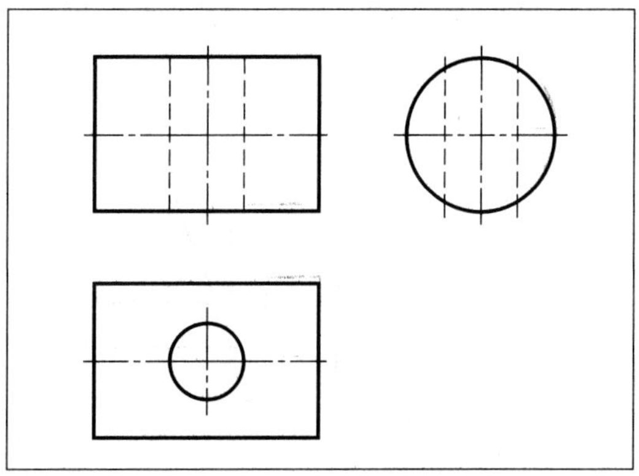

图 6-13 画圆孔的侧面投影

⑦ 从主菜单选择【修改】→【裁剪】，剪掉多余线段后得到图 6-14。

⑧ 选择【绘图】→【直线】，切换到辅助线层作如图 6-15 所示辅助线。

⑨ 选择【绘图】→【样条】，切换到粗实线层画出上部的相贯线（图 6-16）。

⑩ 选择【修改】→【镜像】，画出下部的相贯线。

⑪ 关闭辅助线层，最后得到如图 6-17 所示图形。

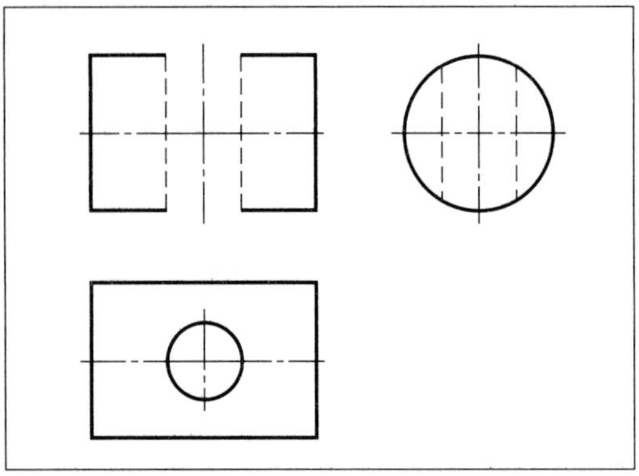

图 6-14　裁剪后的图形

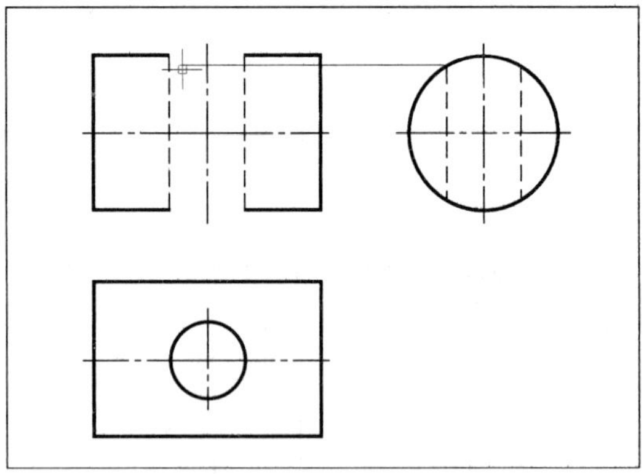

图 6-15　作辅助线

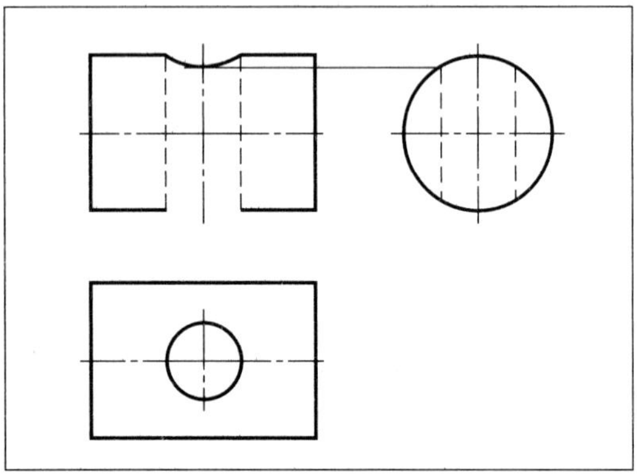

图 6-16　画上部的相贯线

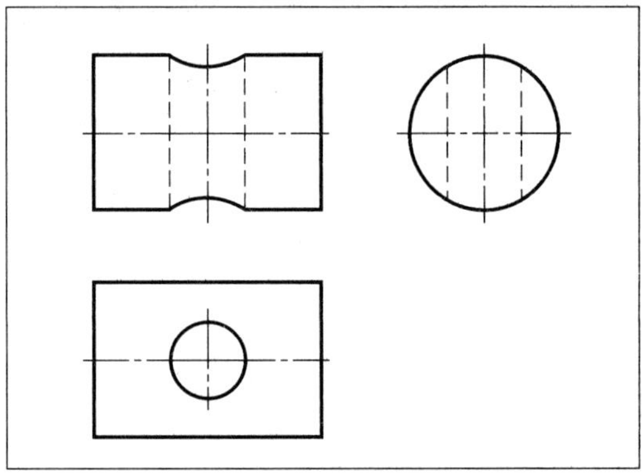

图 6-17　完成后的图形

6.2.2　组合体三视图

例 6-4：在 A3 图纸上作出如图 6-18 所示组合体三视图，不标注尺寸。

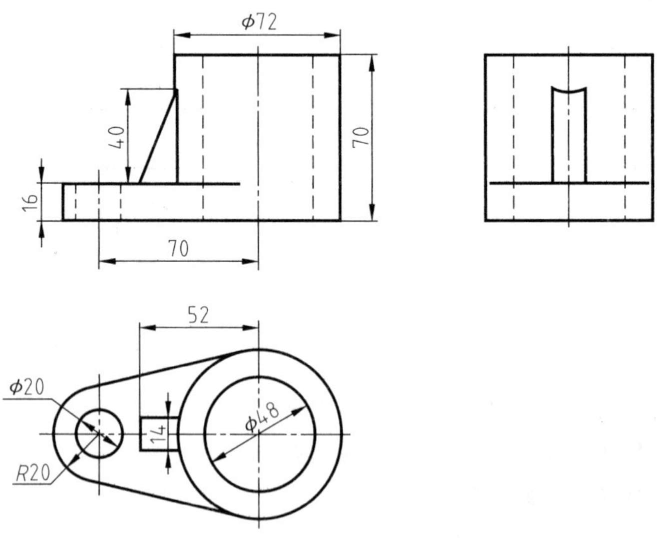

图 6-18　绘制组合体三视图举例

分析：

该组合体由圆柱、底板和肋板三部分形体组成。其中，圆柱部分在俯视图中为圆，主、左视图为矩形线框。由于这一部分的轴线和底面是整个图形的基准，所以应先画出。画图时主要采用圆和矩形（或直线）命令。底板的左边为圆弧形，右边与大圆柱相切，所以应先画出俯视图，$R20$ 圆弧可先画成圆，然后画两圆的切线。画主、左视图时，可以采用“三视图导航”的方式画出。至于肋板部分，俯视图中的矩形线框可先利用中心线的“平行线”画出，然后裁剪。主视图中肋板与圆柱的交线，应与俯视图长对正且已知长度为 40，因此，可以打开“正交”模式，在“两点线”方式下输入长度 40 作出此交线；左视图中肋板与圆柱的交线，可用“三视图导航”分别得到上面的三点后用样条曲线绘制，也可以用圆弧代替。主、左视图中的虚线作中心线的平行线后裁剪即可。当然，具体画法可以是多样的，下面的绘图步骤仅供参考。

参考操作步骤：

① 图面布置。调入标准图幅、图框和标题栏，并根据图形大小选择比例为 1∶1。根据组合体的尺寸确定三视图的位置，建议将俯视图 $\phi48$ 的圆心定于（−50，−60），主视图圆柱顶面投影中点坐标为（−50，100），左视图由导航线决定，导航线始点推荐为（20，5）。

② 画圆柱三视图。将粗实线层设为当前层，以圆心（−50，−60）、直径 48 和直径 72 画出俯视图中的两圆；用“矩形”命令“长度和宽度”方式，设定长度为 72、宽度为 70，顶边中点为（−50，100），画出代表圆柱正面投影的矩形。利用“中心线”命令，画出 $\phi72$ 圆和矩形的中心线。

按 F7 键，根据提示以始点（20，5）画出导航线，并打开屏幕点“导航”捕捉方式。注意：导航线要足够长。

利用【修改】→【平移复制】命令，复制矩形，得到代表圆柱侧面投影的矩形，如图 6-19 所示。

③ 画底板的三视图。切换中心线层为当前层，用“平行线”命令，在俯视图上画 $\phi72$ 圆竖直中心线的平行线，距离为 70。将水平中心线拉伸至所需长度。返回到粗实线层，执行“圆”命令，画出 $\phi20$、$R20$ 的圆，采用“直线”命令完成底板俯视图前后两条切线，用裁剪命令剪去多余的线段。

拉伸主视图中圆柱的底边，利用三视图导航保证与俯视图的“长对正”关系（图 6-20），然后利用“平行线”命令画出底板的其他轮廓线（图 6-21）。注：底板上表面的侧面投影实

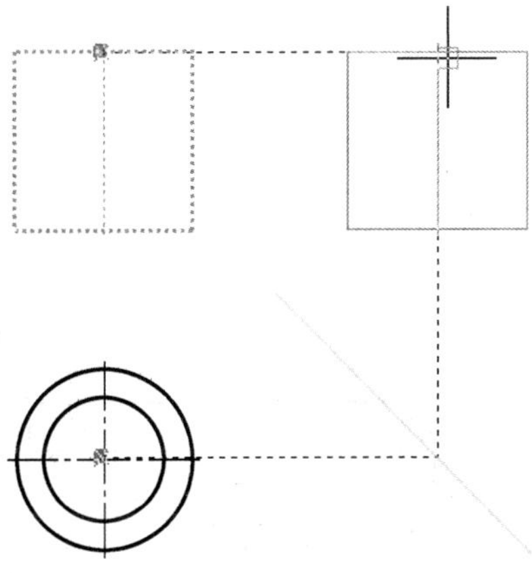

图 6-19　画圆柱三视图

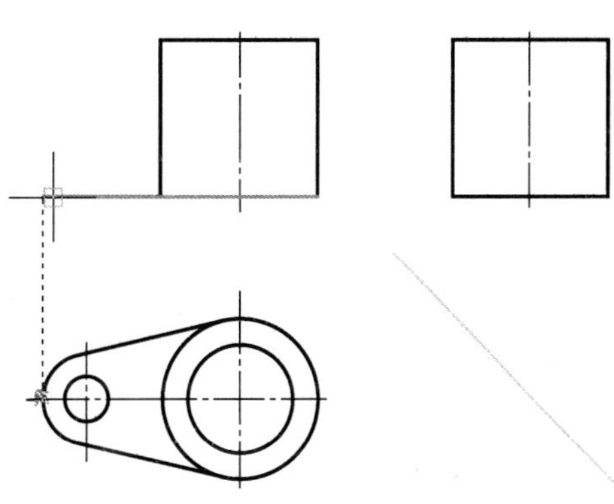

图 6-20　拉伸圆柱的底边

际上为一条长度略小于圆柱直径的直线。绘图（或裁剪）时可利用【显示窗口】放大，出图时亦可根据实际情况适当夸大间隙。

④ 画肋板三视图。先画俯视图：用“平行线”命令画 ϕ72 圆垂直中心线的平行线（单向偏移，距离为 52），画水平中心线的平行线（双向偏移，距离为 7），然后用“裁剪”命令剪去多余线段。

用“直线”命令画出肋板的主视图，先画长度为 40 的直线，建议采用“正交”和“长度方式”，其 X 坐标可由俯视图导航确定。然后切换回“非正交”画斜线，斜线的另一端点也可以由俯视图导航确定。裁掉圆柱转向轮廓线的多余部分。

画左视图：利用三视图导航画出其中的直线，然后执行【绘图】→【样条】，通过三个特殊点画出截交线的投影（最低点导航确定）。

裁剪多余线段，得到图 6-22 所示图形。

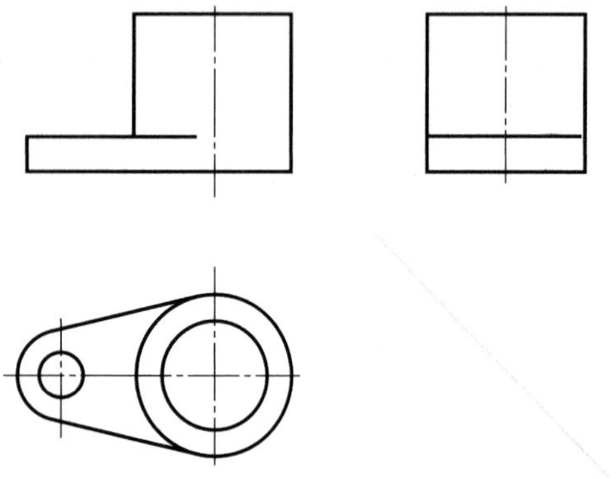

图 6-21　画底板三视图

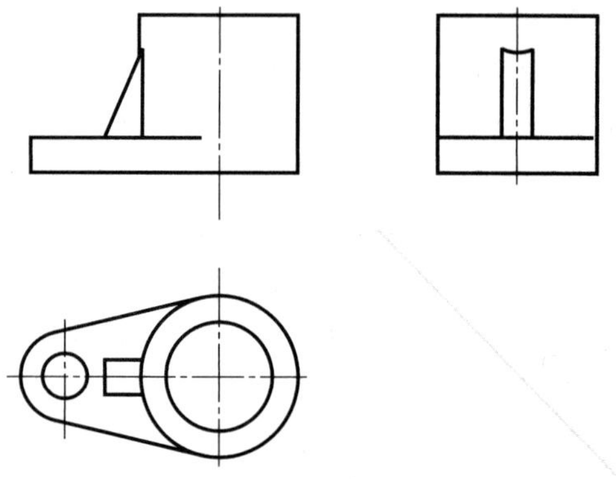

图 6-22　画肋板三视图

⑤ 完成全图。画出主、左视图中的虚线，剪去多余直线，修整中心线长度，完成全图（图 6-23）。

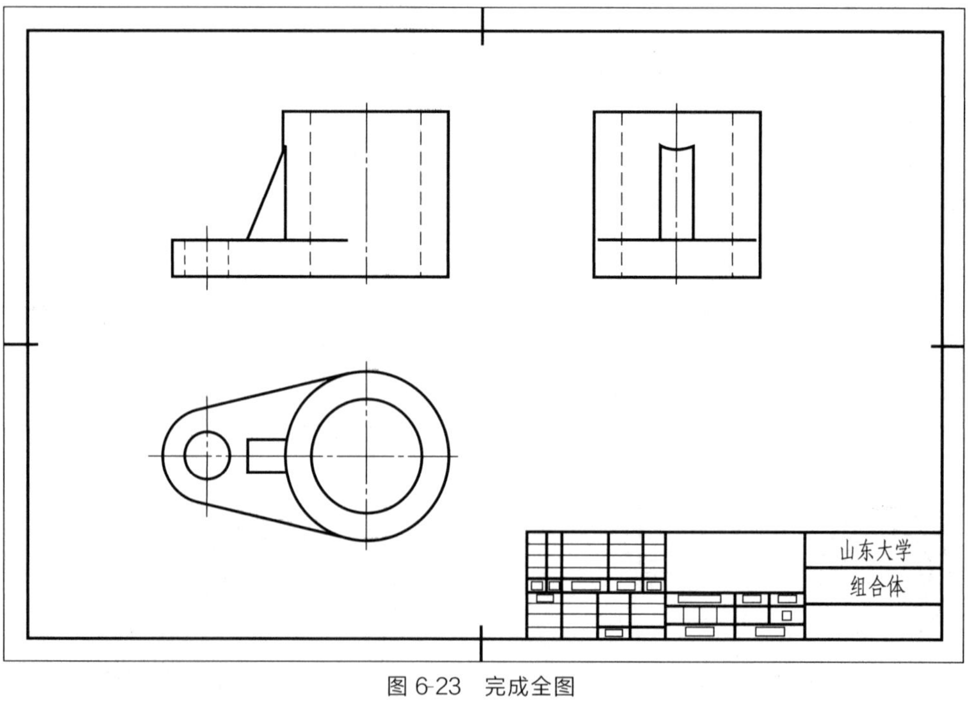

图 6-23　完成全图

6.3 机件表达方法练习

6.3.1 六个基本视图

例 6-5：根据图 6-24 中的尺寸画出机件三视图，然后补画机件的右视图、仰视图和后视图。

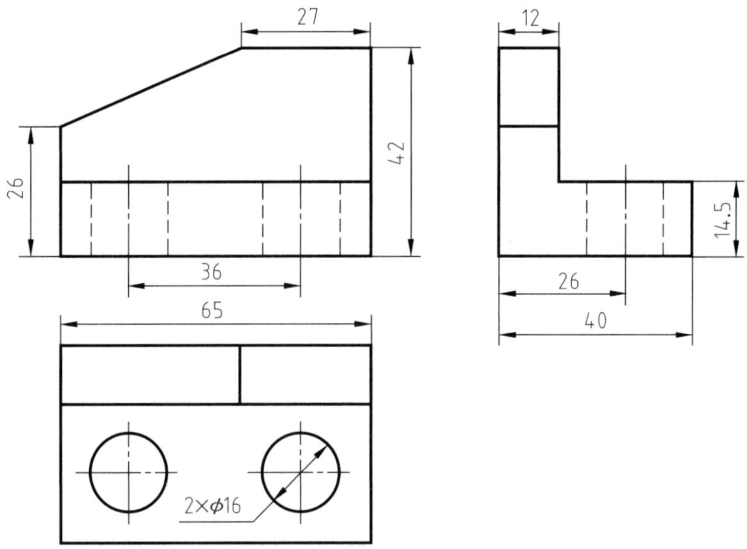

图 6-24　机件的三视图

参考操作步骤：

① 参考组合体三视图的绘制示例，画出机件的三视图（图 6-25）。

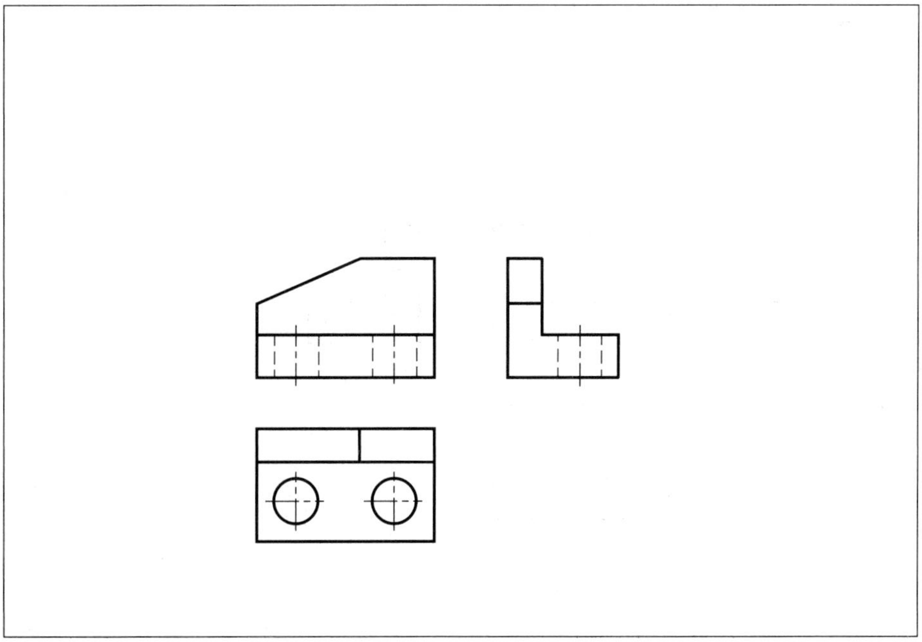

图 6-25　机件的三视图

② 从主菜单选择【修改】→【镜像】，将立即菜单第一项设置为“拾取两点”，第二项设置为“拷贝”。打开状态栏的“正交”开关。

③ 拾取左视图，按图 6-26 所示给出两个镜像线上的点。确定后得到如图 6-27 所示图形。

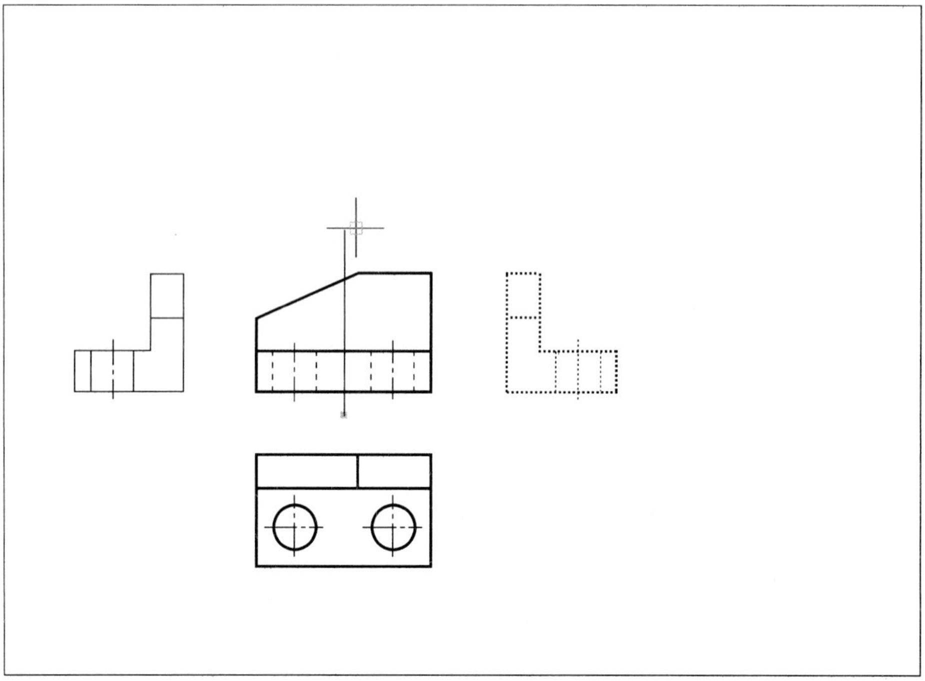

图 6-26　镜像左视图

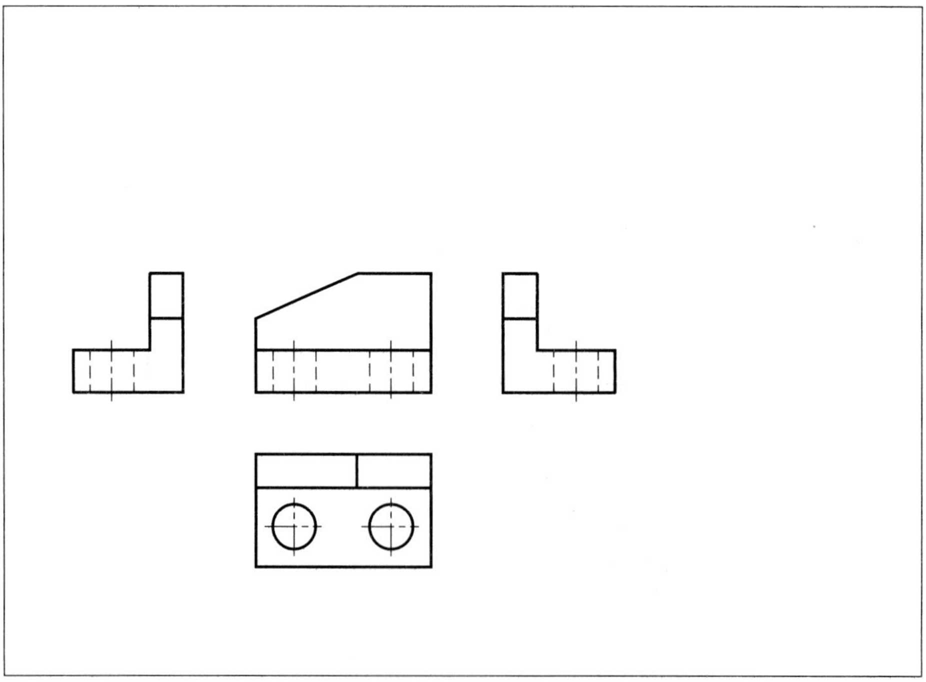

图 6-27　利用镜像操作得到右视图的初始图形

④ 用同样方法，根据主视图和俯视图镜像出后视图与仰视图的初始图形，得到图 6-28。

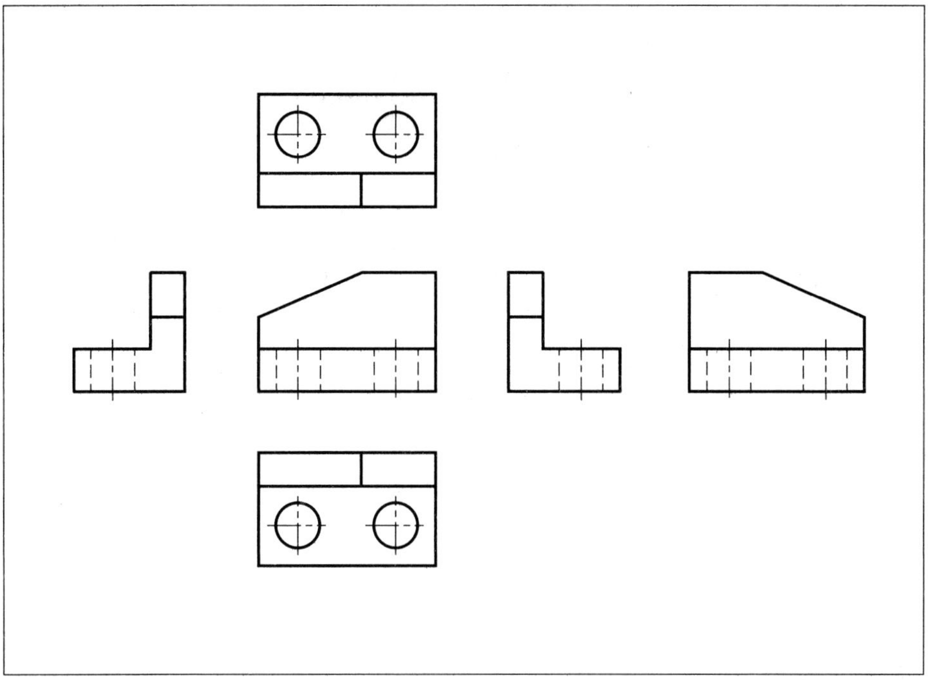

图 6-28　得到六个基本视图的初始图形

⑤ 在无命令状态下拾取需要修改线型的图线，并单击鼠标右键，从弹出的菜单中选择“特性”或者直接打开【特性】工具选项板（图 6-29）。

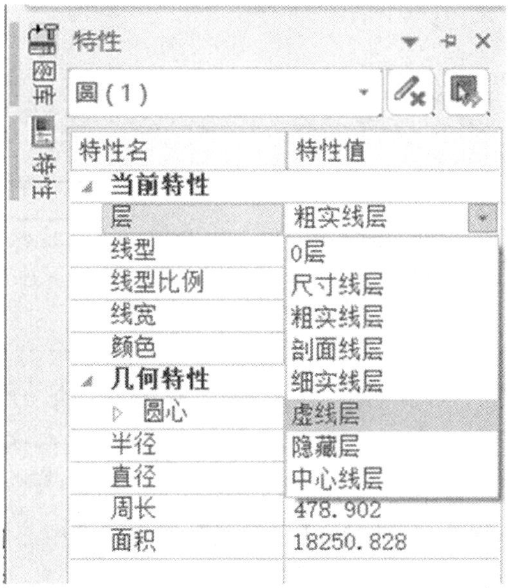

图 6-29　修改线段的属性

⑥ 修改图线属性，最后得到如图 6-30 所示图形。

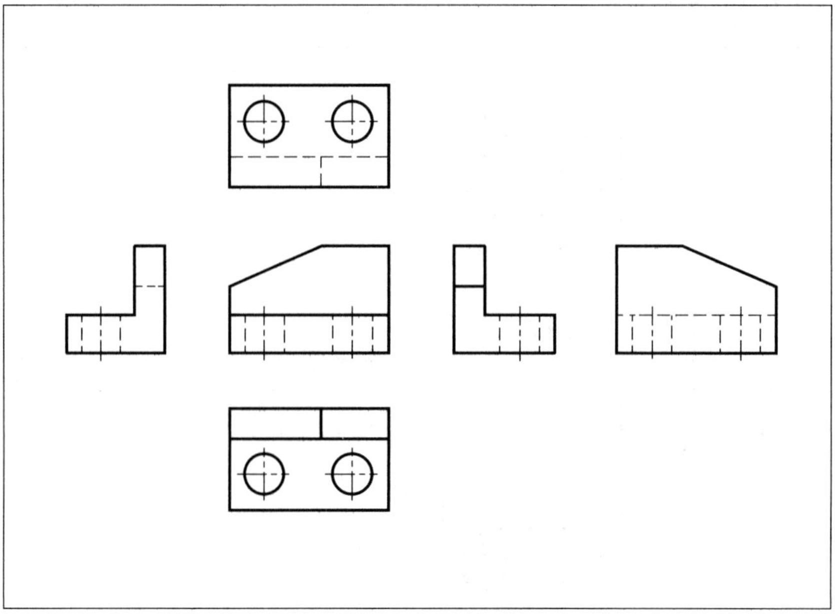

图 6-30　完成后的基本视图

6.3.2　局部视图和斜视图

例 6-6：根据图 6-31 中的主视图（假设已画出）画俯视图（局部视图）和斜视图，宽度和圆角尺寸见图，其余尺寸按投影关系确定。

参考操作步骤：

① 从主菜单选择【绘图】→【平行线】，切换到中心线层，利用主视图的轮廓线画俯视图和斜视图中的中心线（图 6-32）。

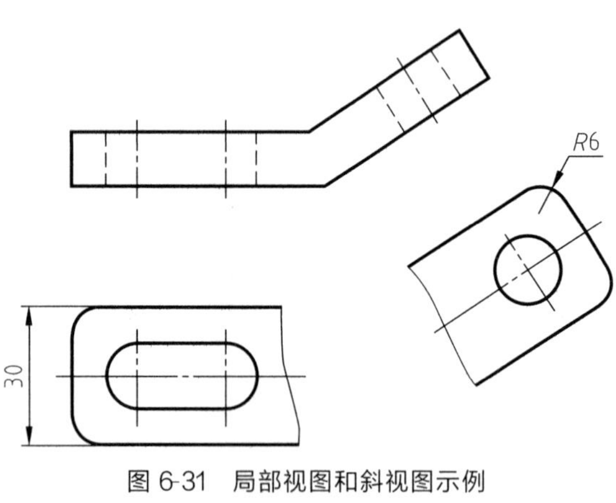

图 6-31　局部视图和斜视图示例

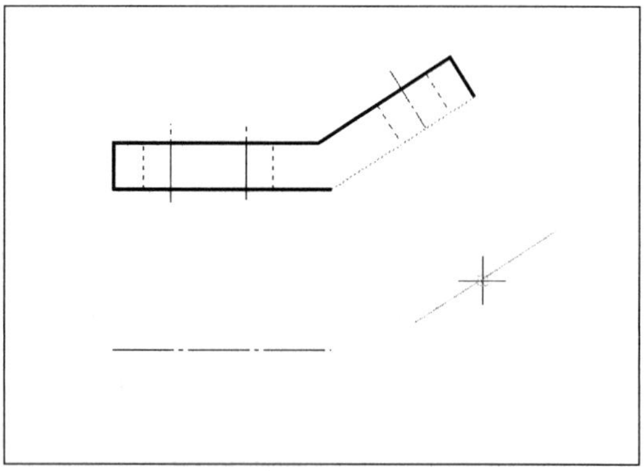

图 6-32　画俯视图和斜视图的中心线

② 切换到粗实线层，继续【绘图】→【平行线】操作，将中心线双向偏移（距离为 15）得到图 6-33。

③ 从主菜单选择【修改】→【拉伸】，如图 6-34 所示拉长直线。

④ 从主菜单选择【绘图】→【圆】，依次捕捉圆心和圆上一点（“圆心_半径”方式）画圆（图 6-35）。

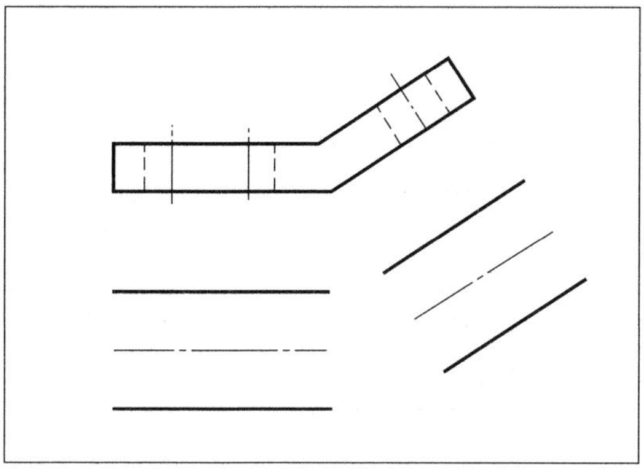

图 6-33　作中心线的平行线

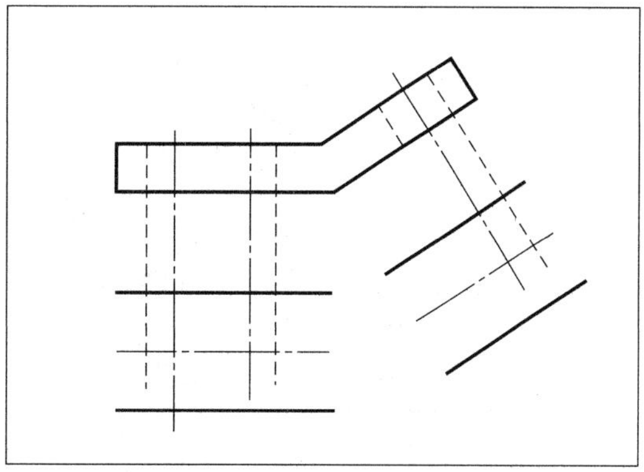

图 6-34　拉长主视图中的直线

⑤ 用同样方法在俯视图画圆，得到图 6-36。

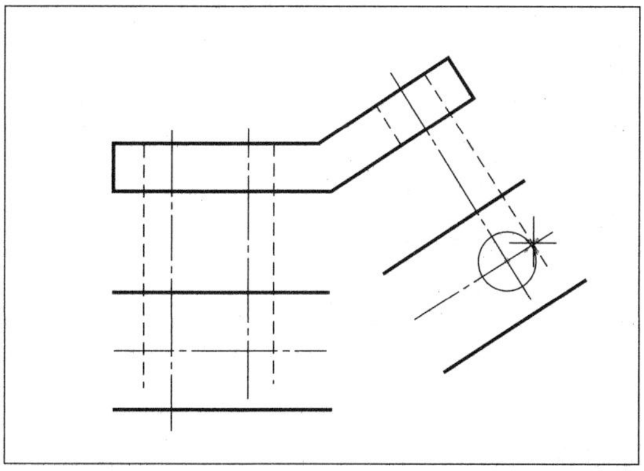

图 6-35　根据投影规律确定圆孔的直径

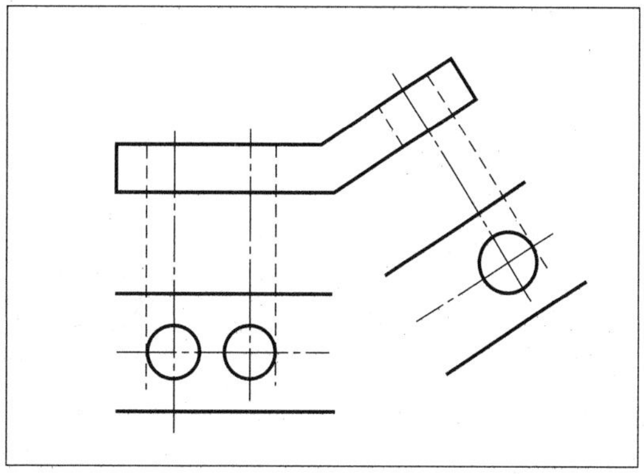

图 6-36　确定孔的尺寸

⑥ 选择【绘图】→【直线】，画出两个视图中尚缺的直线，得到图 6-37。

⑦ 选择【绘图】→【样条曲线】，切换到细实线层画出两个视图中的波浪线，得到图 6-38。

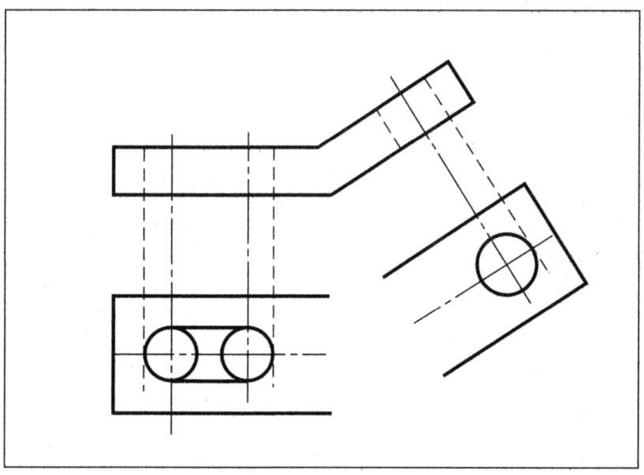

图 6-37　补画视图中的直线轮廓

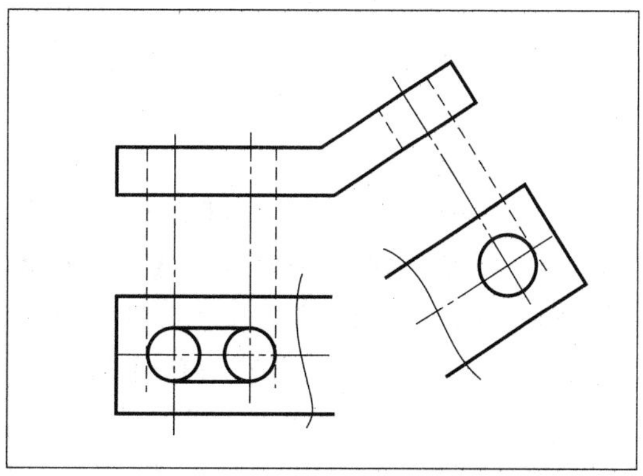

图 6-38　画波浪线

⑧ 从主菜单选择【修改】→【裁剪】，剪除多余线段后得到图 6-39。

⑨ 选择【修改】→【过渡】，画出 4 个 $R6$ 过渡圆角，得到图 6-40。

⑩ 选择【修改】→【拉伸】，修改中心线长度后得到图 6-41。

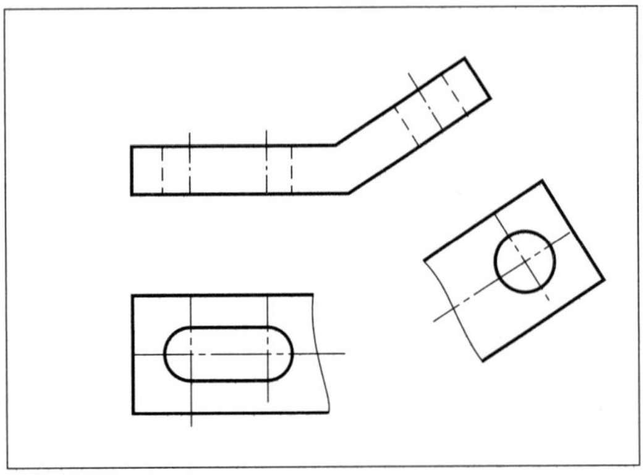

图 6-39　裁剪多余线段

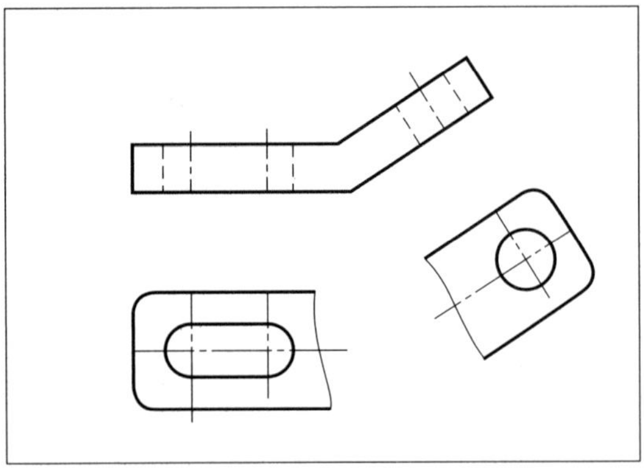

图 6-40　画过渡圆角

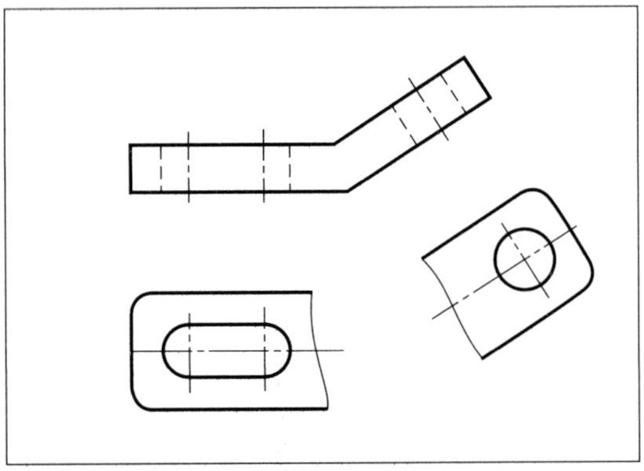

图 6-41　完成后的图形

6.3.3　剖视图的绘制

从计算机绘图的角度，画物体的剖视图与画三视图基本相同，不同之处仅在于剖视图要画剖面线且标注剖切符号。本节介绍由视图改画剖视图的大致方法和步骤。

例 6-7：将如图 6-42 所示组合体的主视图改画成全剖视图。

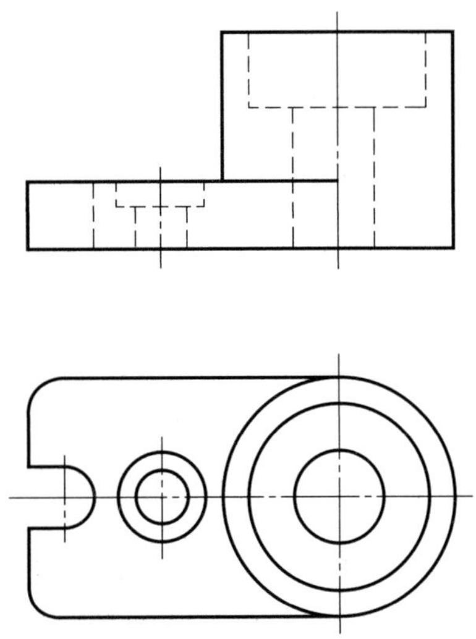

图 6-42　组合体视图

参考操作步骤：

① 画剖视图轮廓线。用【修改】→【特性匹配】命令修改主视图中的图线属性，用【修改】→【裁剪】、【删除】等命令剪掉多余线段，得到图 6-43 所示图形。

② 画剖面线。执行【绘图】→【剖面线】命令，确定立即菜单各项为“1. 拾取点”“2. 不选择剖面图案”“3. 非独立”“4. 间距＝3”“5. 角度＝45”，用鼠标拾取剖面区域，边界即呈虚线显示，核实后单击右键结束，得到图 6-44 所示图形。

③ 标注剖切符号。执行【标注】→【剖切符号】命令（注：本例中剖切符号、投影方向字母等均可以省略标注，本书按不省略绘制）。确定立即菜单中“1. 垂直

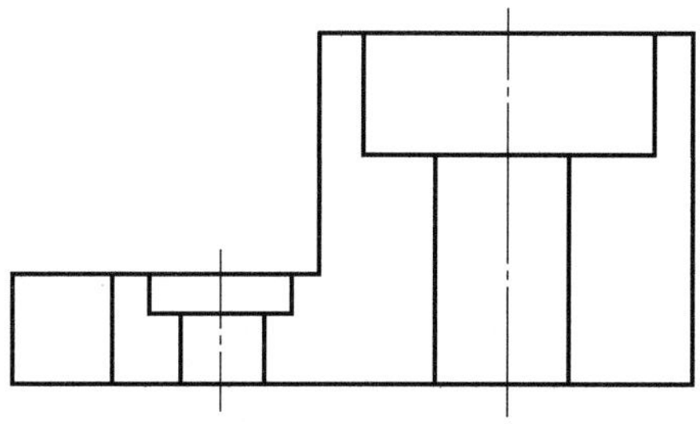

图 6-43　修改主视图中的轮廓线

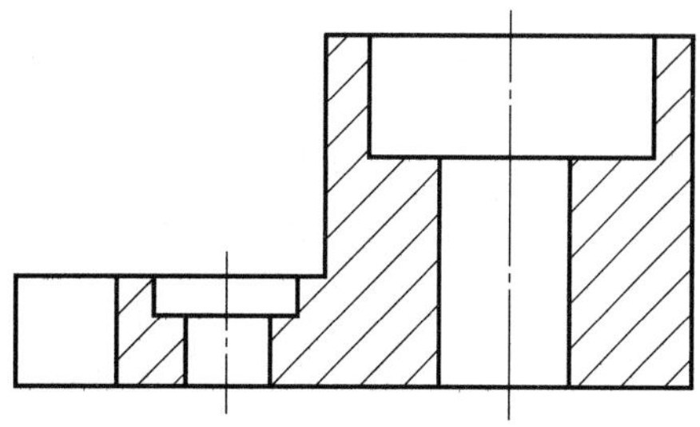

图 6-44　修改主视图中的轮廓线

导航”“2. 手动放置剖切符号名”。在系统提示为“画剖切轨迹（画线）：指定第一点：”时，在俯视图水平中心线左右两侧各单击一次鼠标左键，再单击鼠标右键，屏幕出现绿色箭头，点取向上方向，接着提示“指定剖面名称标注点”，在左右箭头附近单击鼠标左键，指定字母 A 的位置后单击鼠标右键结束。最后在提示“指定剖面名称标注点”时指定合适位置，全剖视图的上方标注“*A*—*A*”，得到如图 6-45 所示图形。

6.3.4　机件表达方法综合练习

为了正确、完整、清晰地表达机件各部分的结构形状，应根据具体机件的结构特点确定具体表达方案，并画出草图，然后根据草图在计算机上绘图。下面以实例说明用电子图板绘制这类图形时的大致步骤。

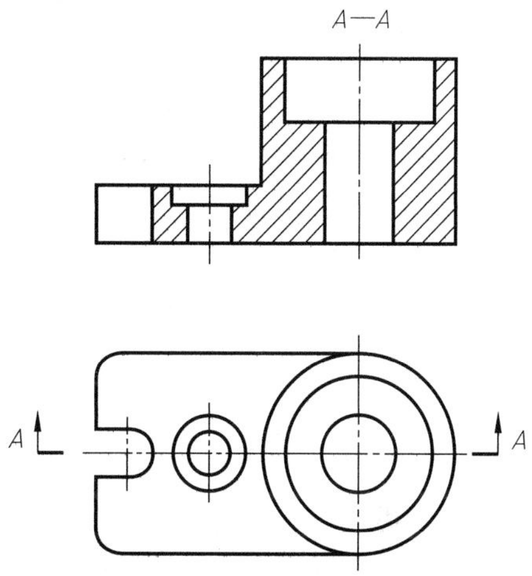

图 6-45　全剖视图

例 6-8：假如某机件（支座）的草图如图 6-46 所示，利用电子图板绘制图形并标注尺寸。

主要步骤及提示：

① 根据机件的尺寸和表达方案选择 A3 图幅、横放，2∶1 比例。利用【幅面】→【图幅设置】进行幅面设置，并调入边框和标题栏。

② 在合适位置（通过目测画出，以后可以调整）画出各图形的基准线。

③ 利用【绘图】和【修改】等工具，画出主要轮廓线，得到如图 6-47 所示图形。提示：主视图中的大部分图线都可以利用【绘图】→【平行线】和【修改】→【裁剪】完成绘制；其中的相贯线可以采用样条曲线（【绘图】→【样条】）或圆弧代替。

④ 利用【绘图】→【样条】画出波浪线（局部剖视范围），并进行必要的裁剪、齐边等修改，将主视图改为局部剖视图。提示：为了保证填充区域的封闭性要求，可以先画长一些，然后裁剪。

⑤ 在主视图中画出 4×ϕ8 孔的轮廓线。

⑥ 分别画出主视图和俯视图中的剖面线，得到如图 6-48 所示图形。注意：一次生成的剖面线将被作为一个整体处理。

⑦ 标注尺寸、符号等，并填写标题栏。最后得到如图 6-49 所示图形。

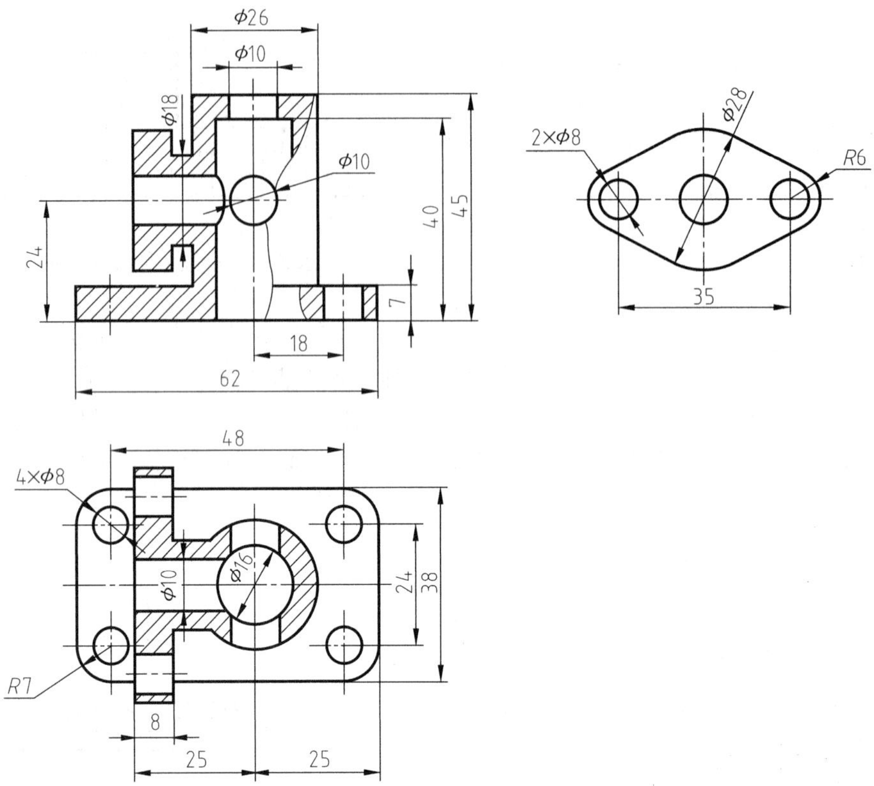

图 6-46　机件草图

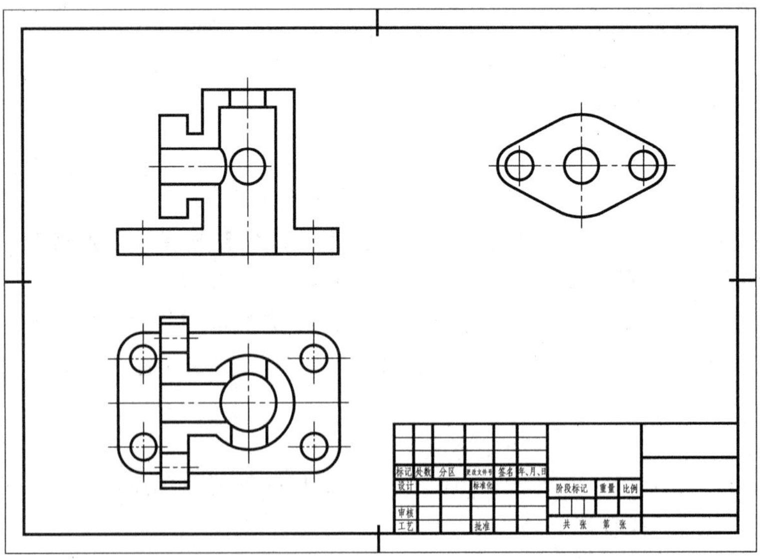

图 6-47　画出主要轮廓线

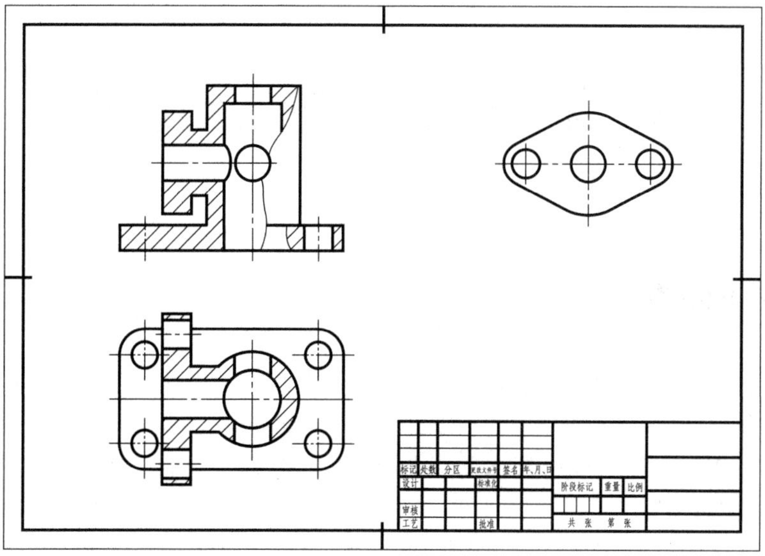

图 6-48　完成机件的剖视图

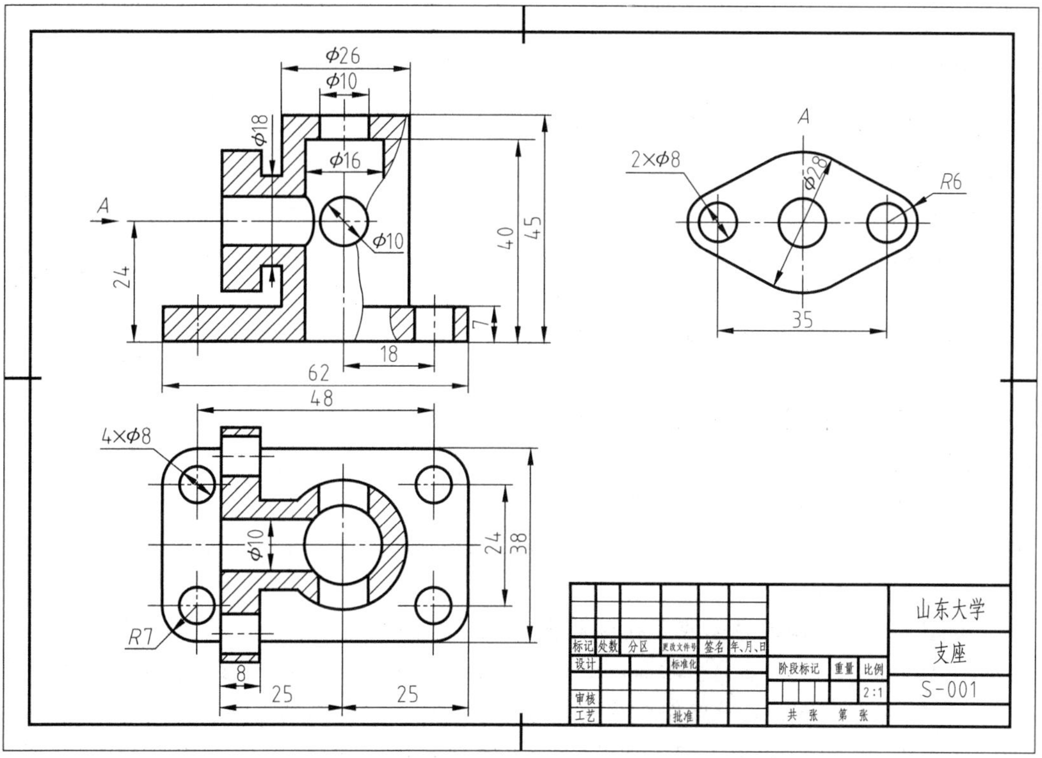

图 6-49　完成后的图形

第7章　标准件与常用图形

7.1　块与块操作

通常情况下，构成复杂图形的各图形元素之间是相互独立的。为了操作方便，可以将若干图形元素组合为一个整体，称为块（Block）。块是复合形式的图形实体，是一种应用广泛的图形元素。CAXA 电子图板中属于块的图素包括尺寸、文字、图框、标题栏、明细表，以及从图库中提取的图符等。

对块可以进行“创建”“插入”“编辑块”“消隐”“属性定义”和“块打散”等操作，称为“块操作”。操作均可通过【绘图】→【块】进入，对应的菜单如图 7-1 所示。下面简要介绍块的“创建”“消隐”和“块打散”功能。

7.1.1　块的创建

块的创建功能（block）用于将选中的图形定义为一个块，是最基本的块操作。生成的块本身也可以作为构成另一个块的元素，即一个块可以包含其他的块。每个块对象包含块名称、一个或者多个对象、用于插入块的基点坐标值和相关的属性数据。创建块的操作步骤大致如下：

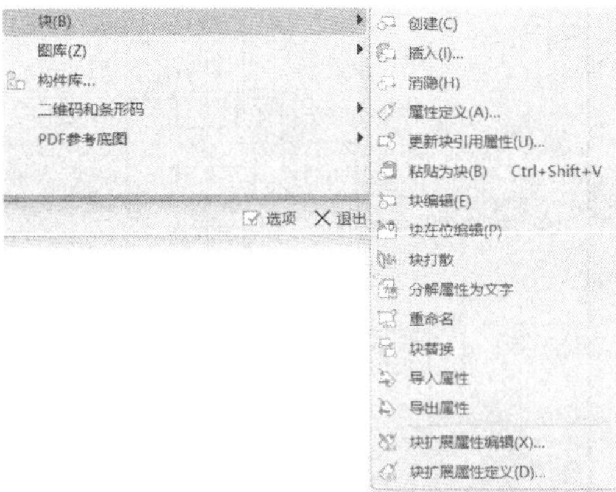

图 7-1 【块操作】 菜单

① 执行【绘图】→【块】→【创建】，系统提示“拾取元素”。

② 根据提示，拾取准备组成块的所有图形元素（如组成五角星的所有线段），并按鼠标右键确认后，屏幕提示区出现“基准点”字样。

③ 确定一个点（输入坐标或者在屏幕上点取）作为块的基准点。此时，被拾取的图形元素恢复原色，系统弹出一个对话框，要求输入块的名称（名称最多可以包含 255 个字符，包括字母、数字、空格，以及操作系统或程序未作他用的任何特殊字符）。

④ 输入块的名称后确定，定义块成功。块名称及块定义将保存在当前图形中（以后，五角星将被作为一个整体对待）。

7.1.2　块消隐

块消隐（hide）功能可以让块能遮挡住层叠顺序在其后方的对象。当具有封闭外轮廓的块作为前景时，系统自动擦除该区域内的其他图形，实现二维消隐，但外轮廓不封闭的块不具备此项功能。对于已消隐的区域也可以取消消隐，使被擦除的图形重新显示在屏幕上。此功能给作图带来方便，特别是在绘制装配图时。块消隐的操作步骤大致如下：

① 执行【绘图】→【块】→【消隐】，系统弹出只有一个选项（“消隐”/“取消消隐”）的立即菜单，并提示操作者拾取块。

② 确认立即菜单中显示为“消隐”（此时系统进行消隐操作；若想对已消隐的区域恢复原状，则将之切换为“取消消隐”）。

③ 拾取欲作为前景的块，则该块被放在最前面。

图 7-2 所示为块消隐的示例。图 7-2（a）所示为相互重叠的两个矩形块（不包括文字），如果执行“块消隐”，点取块 1 则得到图 7-2（b）；点取块 2 则得到图 7-2（c）。如果选择“不消隐”方式，当再次选取 1 块时，2 块中原来被消隐的部分又恢复到如图 7-2（a）所示。

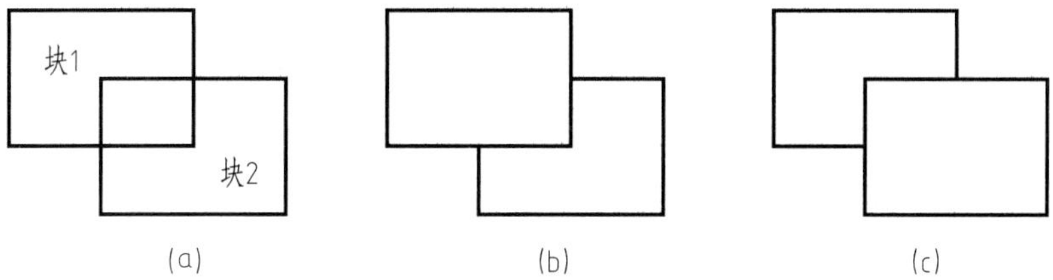

图 7-2　块消隐示例

7.1.3　块打散

块打散（explode）创建块的逆过程，即恢复块在形成之前的状态。如果块是逐级生成的，块的打散也是逐级进行的。块打散是一个常用命令。

操作时，执行【块】→【块打散】，从屏幕上拾取以前定义的块（可一次拾取多个），最后用鼠标右键确认即可。选中的块便被打散成普通图元。以该块为前景的消隐部分自动恢复原状。

7.2　图库

7.2.1　图库简介

图样中经常会出现一些形状相同的图形。如果把这些经常用到的图形预先绘出，并存放于固定的地方，需要时提取出来，可以节省大量的时间。为此，电子图板软件建立了一个图形库（简称图库），事先存放了大量的常用图形（称为图符）。图符大类包括螺栓和螺柱、螺母、螺钉、销、键、垫圈和挡圈、弹簧、常用图形、铆钉、液压气动符号、电气元件、轴承、润滑件、法兰、密封件、操作件、管接头、电机、机床卡具、农机符号、机构运动简图符号、型钢、减速器和减速机、紧固件-组合件、模具、结构图案、机械传动螺纹、焊接坡口、封头、轴承盖、联轴器等。除此之外，操作者还可以另外加入自己的常用图形。操作者可以对库中的图符进行编辑，也可以对已插入到图样中的参数化图形进行修改。

7.2.2　图库操作与管理

对图库的操作包括“插入图符”“定义图符”“图库管理”“驱动图符”和“图库转换”5 项，集中于【绘图】→【图库】菜单项，对应的工具条如图 7-3 所示。

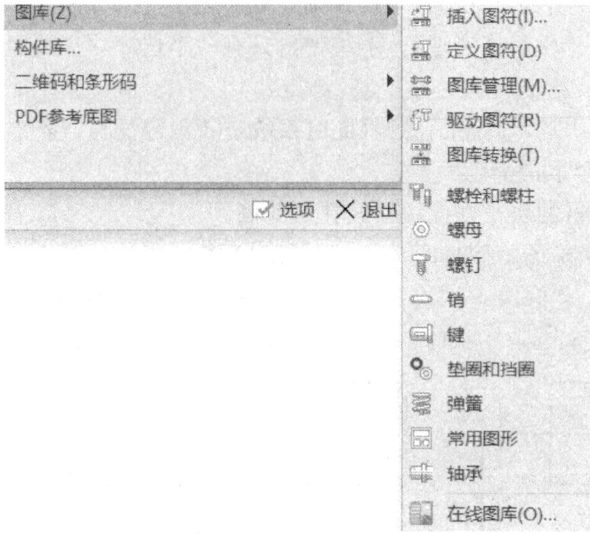

图 7-3　图库操作工具条

CAXA 电子图板的图库是一个面向用户的开放图库，用户不仅可以提取图符、定义图符，还可以通过软件提供的图库管理工具对图库进行管理。执行【绘图】→【图库】→【图库管理】，系统弹出如图 7-4 所示对话框。通过对话框中间的 9 个操作按钮，可实现图库管理的全部功能。

图 7-4　【图库管理】对话框

① 图符编辑：对图库中原有的图符进行全面修改，也可以利用图库中现有的图符进行修改、部分删除、添加或重新组合，定义成相类似的新的图符。

② 数据编辑：对参数化图符原有的数据进行修改、添加和删除。

③ 属性编辑：对图符原有的属性进行修改、添加和删除。

④ 向上移动、向下移动：将图库大类、小类以及图符在类中的位置，按照用户习惯的方式排列。

⑤ 导出图符：将需要导出的图符以“图库索引文件（*.idx）”的方式在系统中进行

保存。

⑥ 并入图符：将格式为“图库索引文件（*.idx)”的图符并入图库。

⑦ 图符改名：对图符原有的名称以及图符大类和小类的名称进行修改。

⑧ 删除图符：删除图库中无用的图符，也可以一次性删除无用的一大类或者一小类图符。

7.3 插入图符

插入图符命令（sym）调用预先定义的图库，将之插入到当前的图形中。执行【绘图】→【图库】→【插入图符】，系统弹出如图 7-5 所示对话框。其中，左边为图符选择部分，从中可以看出，系统将图符分为若干大类，每一大类又分若干小类。对话框的右边为预览框，包括“图形”和“属性”两个标签，可分别预览待提取图符的形状和非图形信息。选定合适的图符后，单击“完成”按钮。由于图符分固定图符和参数化图符两种，接下来的操作有所不同，下面分别介绍。

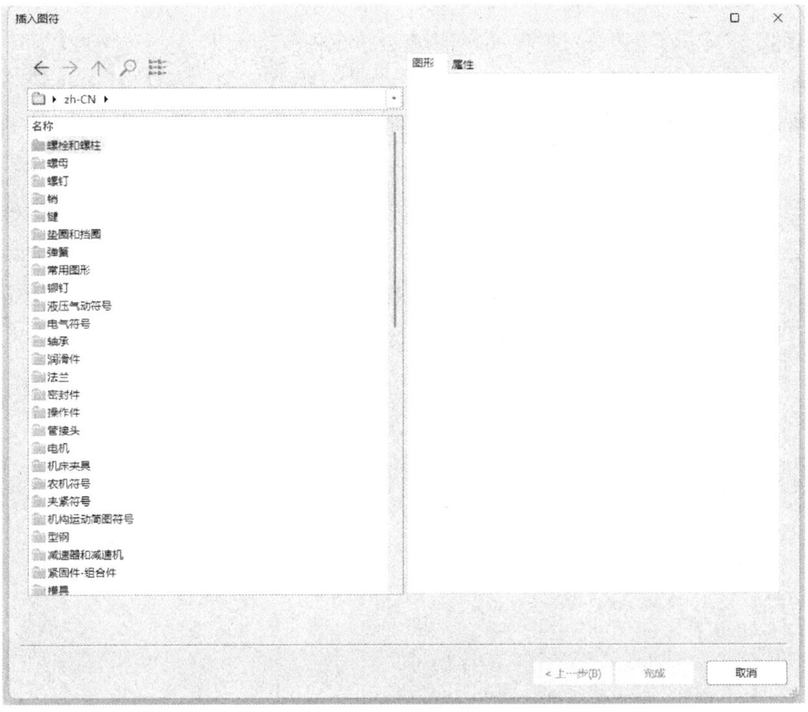

图 7-5 【插入图符】对话框

7.3.1 插入固定图符

电子图板的图库中有一部分图符属于固定图符，例如电气元件类和液压符号类中的图符。若提取的是固定图符，将出现如图 7-6 所示立即菜单。通过第一项可选择生成的图符是否被打散；第二项选择生成的图符消隐还是不消隐；通过第三项可修改放缩倍数。放大倍数的默认值均为 1，如果用户不想使用默认值，可用鼠标单击相应的立即菜单，在编辑框中输入合适的放缩倍数。确认以上参数后，按照系统提示选择定位点，输入旋转角之后，即完成图符提取的操作。

图 7-6　固定图符提取立即菜单

7.3.2　插入参数化图符

如果提取的是参数化图符，此时的屏幕上出现【图符预处理】对话框，如图 7-7 所示。有关该对话框的内容和操作说明如下：

① 对话框右半部是图符预览区，下面有 1～6 六个视图控制开关，以便控制待提取图符的视图数量。操作者可以通过控制开关确定打开哪些视图。预览区中只显示被打开的视图(其控制开关以“√”为标识)，也只有打开的视图才能被提取。

② 对话框左上部以电子表格的形式给出了图符的尺寸规格。每一列的上部都有一个变量名，对照预览区中图形及标注可以直观地看到它的含义。操作者可以对其中的任一单元格的内容进行修改。

注意：某些尺寸变量名后面带有“＊”或“?”。其中，带“＊”者表示该变量的取值为一个系列，与之对应的单元格内只给出了一个范围（如“25～65”），提取图符时必须给出一个具体值。方法是单击该单元格，单元格右端出现下拉按钮后单击之，所有的系列值将被列出，从中选取合适的值即可。另外，操作者也可以直接在单元格内输入数值。变量名后面的“?”表示该变量可以被设定为动态变量。操作时，只需用鼠标右键点取相应的单元格，该单元格数值后面将出现一个“?”，表示该变量已被设定为动态变量，它将不再受给定数据的约束，可以通过屏幕上拖动或键入新值的方式确定为任意值。

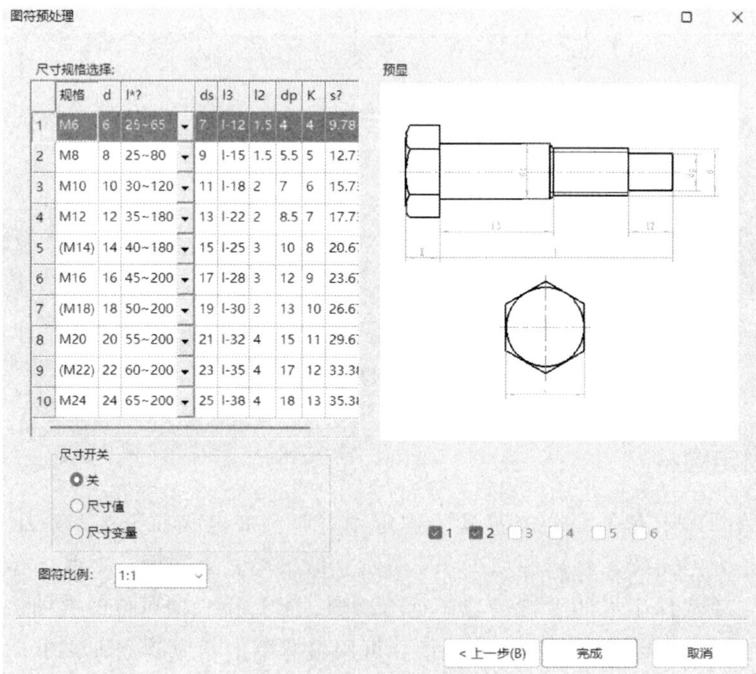

图 7-7　【图符预处理】对话框

③ 表格下面的尺寸开关用于控制图符在提取后的尺寸标注情况。其中，“关”表示提取后不标注任何尺寸；“尺寸值”表示标注实际尺寸；“尺寸变量”表示只标注变量名，而不标注实际数值。

④ 若对提取的图符不满意，可单击“上一步”按钮，返回到【插入图符】对话框；若设定完成，可单击“完成”按钮，进入下一步。

⑤ 系统弹出立即菜单，其中第一项选择是否将视图插入后打散；第二项选择是是否允许图符在提出后消隐。此时，从屏幕上可以看到选取的图符已“挂”在十字光标上。一般情况下，按照提示区的要求依次输入图符的定位点和旋转角度（默认值为 0，即不旋转）便可以完成一个视图的提取。如果图符中含动态尺寸，在输入旋转角度后，状态栏会提示操作者确定动态尺寸的值。操作者可以通过鼠标拖动方式确定或直接键入数值。若图符具有多个视图，则十字光标会自动挂上下一个视图，可以继续提取，也可以单击鼠标右键退出。图 7-8 所示为按照上述流程和默认设置得到的螺栓（六角头铰制孔用螺栓 M6×25）视图。

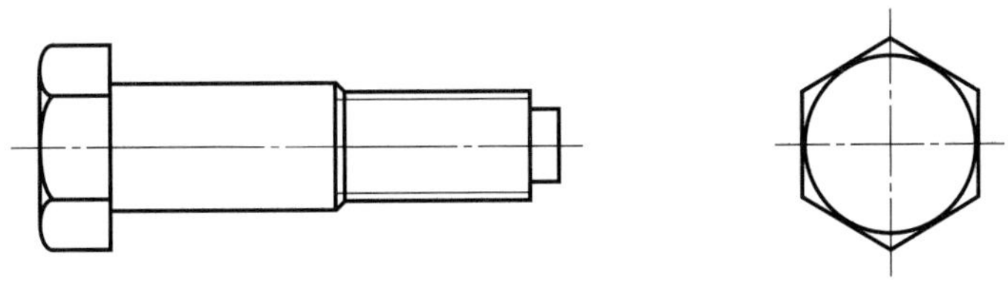

图 7-8　提取图符示例

7.4 图库的其他操作

7.4.1 驱动图符

驱动图符（symdrv）操作用于修改已提取的未被打散的图符，是对图符提取的完善处理。

执行【绘图】→【图库】→【驱动图符】，当前绘图中所有未被打散的图符将被加亮显示。根据提示拾取待变更图符，待屏幕上弹出【图符预处理】对话框后，从中可对图符的尺寸、尺寸开关以及图符处理等项目进行修改，具体操作与提取图符时一样。修改完成后单击【确认】按钮，则绘图区内的图符被新的图符代替，但图符的定位点和旋转角度不变。

7.4.2 定义固定图符

一些不需要进行参数驱动的图形可以作为固定图符创建到图库中，方便调用。定义图符命令（symdef）可以创建无参数的固定图符。

定义图符前应首先在绘图区内绘制出所要定义的图形。接下来的操作步骤为：

① 执行【绘图】→【图库操作】→【定义图符】，系统提示“请选择第一个视图”。

② 选取图形后按鼠标右键确认，系统提示“请指定视图的基点”。

③ 指定基点后，第一个视图便定义成功了。如果要定义多个视图，系统将依次提示进行第二个、第三个……视图的操作。

④ 系统弹出“图符入库”对话框，如图 7-9 所示。通过该对话框分别指定图符的类别

（大类、小类）和图符名，单击“确定”按钮，则新建的图符被加入图库中。

注意：如果拾取的对象中包含尺寸，系统会提示“请为该视图的各个尺寸指定一个变量名”。在定制固定图符时可直接按鼠标右键。系统会继续提示“还有尚未命名的尺寸，确实要直接进入下一步”。此时单击“是”按钮，进入下一步。

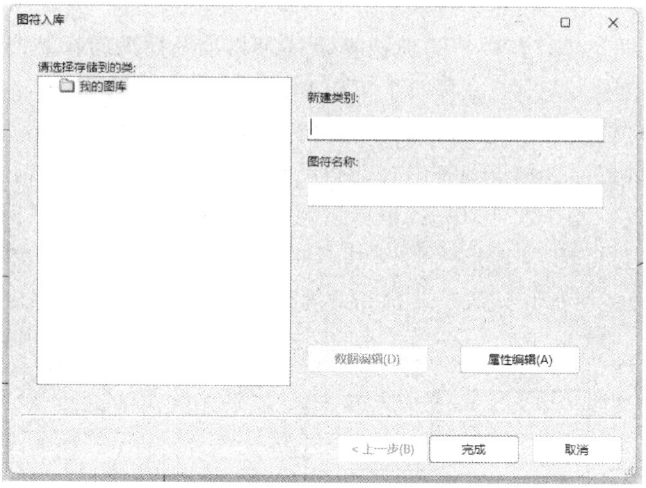

图 7-9 【图符入库】 对话框

7.4.3 定义参数化图符

定义图符命令（symdef）也可以创建带有参数并可进行尺寸驱动的图符。将图符定义成参数化图符，提取时可以对图符的尺寸加以控制，因此它比固定图符的使用更加灵活，应用面也更广。但是，定义参数化图符的操作更复杂。

定义图符前应首先在绘图区内绘制出所要定义的图形，并进行必要的尺寸标注（例如，如果定义平垫圈的图符，可画出如图 7-10 所示图形）。注意在绘制图符的过程中画剖面线时，必须对每个封闭的剖面区域都单独用一次剖面线命令。接下来的大致操作步骤为：

① 执行【绘图】→【图库】→【定义图符】。

② 根据系统提示，拾取第一视图的所有元素（应将有关尺寸拾取上），指定该视图的基点。

③ 根据系统为该视图中的每一个尺寸设定一个变量名。

④ 用同样的方法，指定其余视图的图形元素、基准点和尺寸变量名。

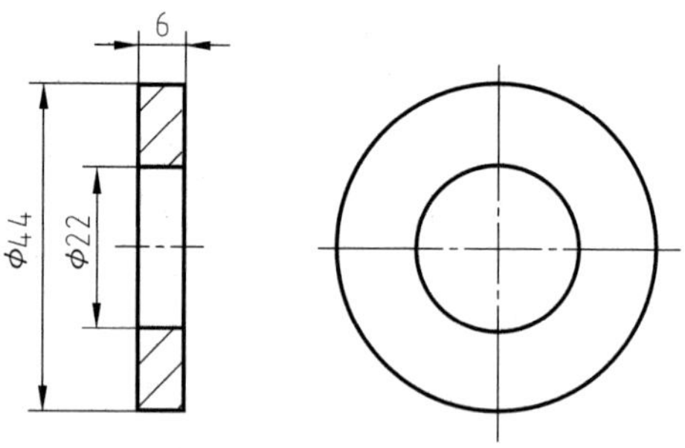

图 7-10 定义图符示例

⑤ 系统弹出【元素定义】对话框（图 7-11）。元素定义是把每一个元素的各个定义点写成相对基点的坐标值表达式，表达式的正确与否将决定图符提取的准确与否。用户可以通过该对话框查询和修改每个元素的定义表达式。确认后单击“下一页”按钮。

⑥ 系统弹出【变量属性定义】对话框，如图 7-12 所示，从中可定义变量的属性（是否是“系列变量”和“动态变量”）。设定完成后单击“下一步”按钮。

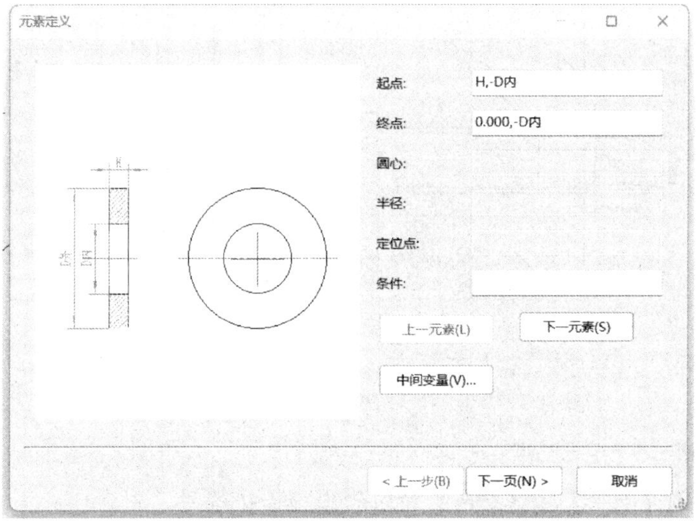

图 7-11 【元素定义】 对话框

⑦ 系统弹出【图符入库】对话框（图 7-13）。用户可为新建图符选定合适的类别和名称。

⑧ 单击【图符入库】对话框中的“数据录入”按钮，可录入不同规格图符的数据。所有项都填好以后，单击“确定“按钮，可把新建的图符加到图库中。此时，参数化图符的定义操作全部完成，用户再次提取图符时，可以看到新建的图符已出现在相应的类中。

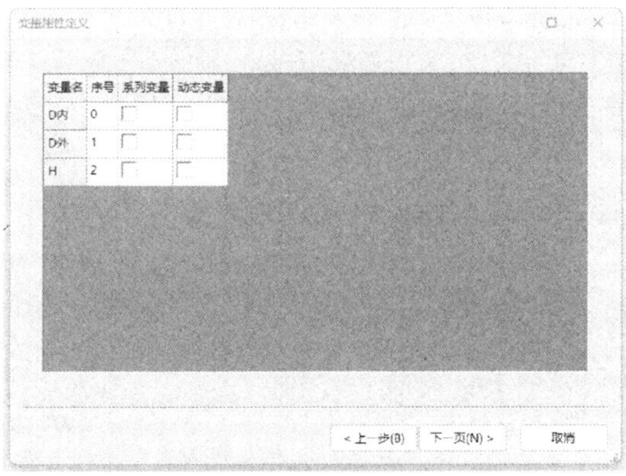

图 7-12 【变量属性定义】 对话框

图 7-13 【图符入库】 对话框

7.5 标准件相关图形示例

7.5.1 螺栓连接

螺栓用于连接不太厚并能钻成通孔的两个零件，即螺杆穿过两零件的通孔，套上垫圈后用螺母旋紧，从而将两个零件固定在一起，是一种常用的连接形式。其中，螺栓、螺母和垫圈都属于标准件，图库中有它们的参数化图符。

例 7-1： 已知六角头螺栓的大径（M12）和被连接零件的厚度（图 7-14），画出螺栓连接图（缺少尺寸自行确定）。

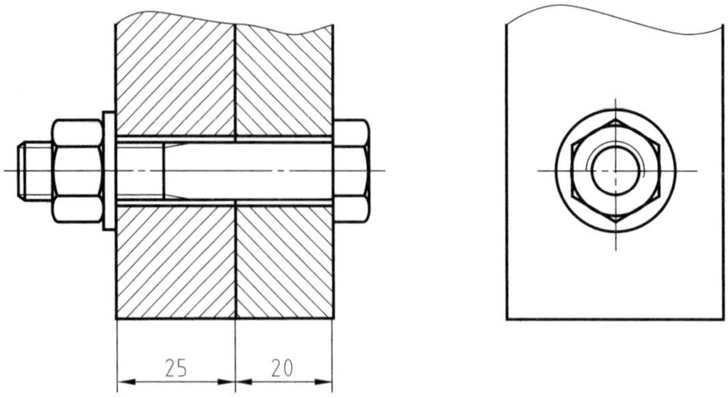

图 7-14　螺栓连接的绘制示例

参考操作步骤：

① 选用合适的【绘图】和【修改】命令画出被连接零件（图 7-15）。

② 执行【绘图】→【图库】→【插入图符】，在弹出的对话框中，选取“螺栓和螺柱”，然后选择“六角头螺栓”，从列表框中选择“GB/T 5782—2000 六角头螺栓”，并单击“下一步”按钮。

③ 在新弹出的对话框中用滚动条找到 $d=12$ 的一行后，在其后的一栏内确定螺栓的有效长度 $L=65$，将“尺寸开关”设为“关”，“图符处理”设为“消隐”，单击“确定”按钮。

④ 如图 7-16 所示，运用点的捕捉方法正确捕捉插入点，将螺栓图符的第 1 个视图插入图形中，然后将图符旋转 180°，使螺栓轴线与装配轴线重合。第 2 个视图不必提取。

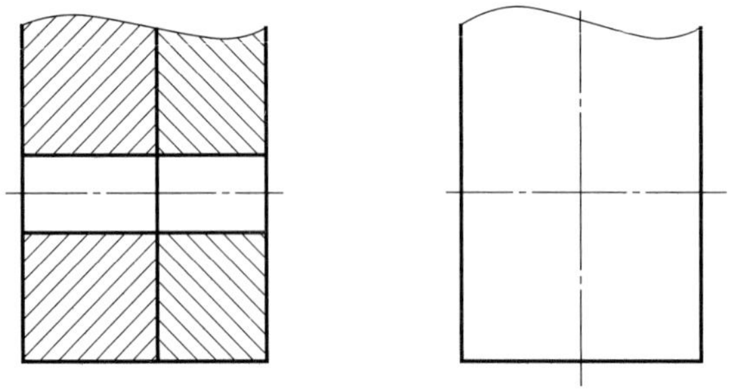

图 7-15　画出被连接零件

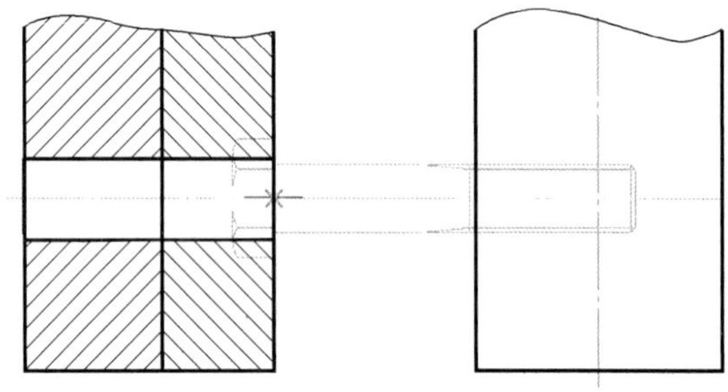

图 7-16　插入螺栓图符

⑤ 提取垫圈图符（大类为“垫圈和挡圈”，小类为“圆形垫圈”，从列表中选“GB 95—2002 平垫圈-C 级”）的两个视图，其中主视图旋转 90°插入（图 7-17）。

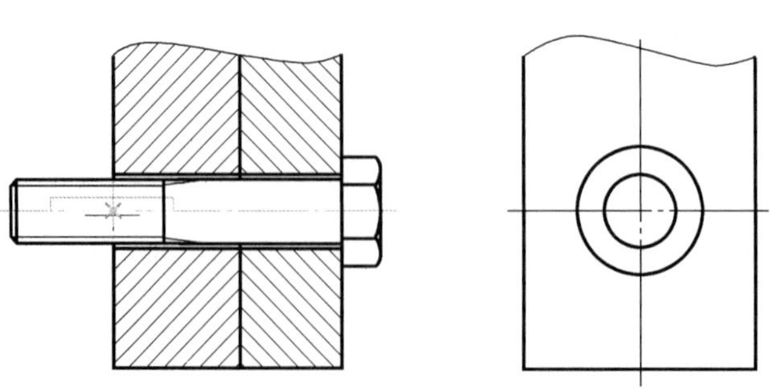

图 7-17　插入垫圈图符

⑥ 提取螺母图符（大类为“螺母”，小类为“六角螺母”，从图符列表中选择“GB/T 6170—2000 六角头螺母”）的两个视图，最后得到图 7-18。

注：图符是以块的形式插入的，后插入的块自动遮挡原先的图形。本例的操作顺序可以保证图形的正确消隐，否则可利用“块消隐”方法修改。

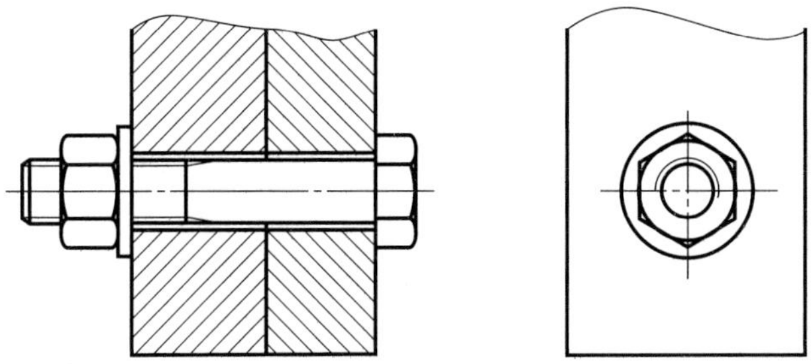

图 7-18 插入垫圈图符

7.5.2 双头螺柱连接

当被连接件中的一个较厚，或者因结构的限制而不宜采用螺栓连接时，常采用双头螺柱连接，方法是将螺柱的一端（旋入端）旋入较厚零件的螺孔内，另一端（紧固端）穿过另一零件上的通孔，套上垫圈后用螺母拧紧。双头螺柱旋入端的长度 b_m 由被旋入端的材料决定，材料为钢或青铜时取 b_m＝d，为铸铁时取 b_m＝(1.25～1.5)d，为铝时取 b_m＝2d。电子图板 2025 中提供的双头螺柱有：GB 897—1988 双头螺柱（b_m＝d）-A 型、B 型，GB 898—1988 双头螺柱（b_m＝1.25d）-A 型、B 型，GB 899—1988 双头螺柱（b_m＝1.5d）-A 型、B 型，GB 900—1988 双头螺柱（b_m＝2d）-A 型、B 型，GB 901—1988 等长双头螺柱-B 级，GB 953—1988 等长双头螺柱-C 级，NB/T 47027—2012 等长双头螺柱 A 型、B 型等。不管对于哪一种螺柱，绘图时都应使其旋入端的终止线与螺孔端面重合。

例 7-2：将图 7-19（a）所示钢质零件（缺少尺寸自行确定）用 M20 的双头螺柱连接起来，螺母采用 1 型六角螺母 C 级（GB/T 41—2000），垫圈采用 GB 93—1987 标准型弹簧垫圈。

参考操作步骤：

① 选用合适的【绘图】和【修改】命令画出图 7-18（a）所示两零件。

② 执行【绘图】→【图库】→【插入图符】，通过弹出的对话框，从中选取“常用图形”，接着从中选择“孔”，从列表框中选择“螺纹盲孔”，并单击“下一步”按钮。

③ 在新弹出的对话框中用滚动条找到 M＝20 的一行后，确定螺孔深度为 30（l＝b_m＋0.5d），钻孔深度为 40（L＝b_m＋d），将“尺寸开关”设为“关”，“图符处理”设为“消隐”，单击“确定”按钮。

④ 选取两零件的分界线与装配轴线的交点为定位点，将图符插入，旋转角为 0，得到图 7-19（b）。

⑤ 参照例 7-1，选取 M＝20，L＝50 的“GB 897—1988 双头螺柱 B 型”（大类为“螺栓与螺柱”，小类为“双头螺柱”），插入到图形中。

⑥ 提取并插入相应的垫圈（大类为“垫圈和挡圈”，小类为“弹簧垫圈”）。

⑦ 提取并插入螺母（大类为“螺母”，小类为“六角螺母”），得到图 7-19（c）。

⑧ 画剖面线并检查，最后得到图 7-19（d）。

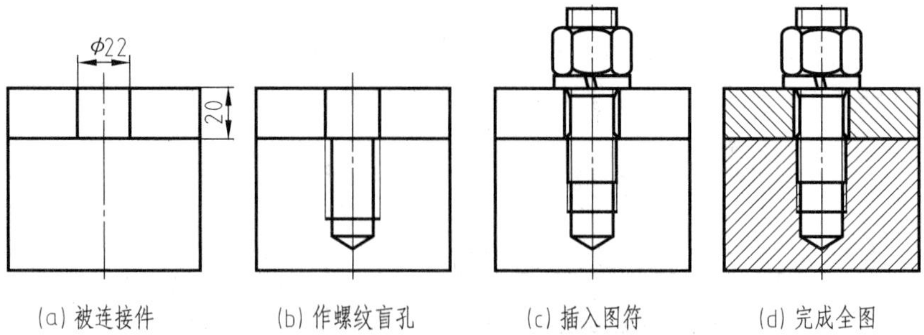

图 7-19　螺柱连接的绘制示例

7.5.3　螺钉连接

螺钉连接是将螺杆穿过一个零件的通孔，旋入另一零件的螺孔，靠螺钉头部的压力将两零件固定在一起。选取螺钉时，通常使其旋入螺孔的深度大致与同样条件下双头螺柱旋入端的长度相同。电子图板中提供了螺钉、螺钉沉孔以及螺纹盲孔的图符，所以螺钉连接的绘制更加方便。

例 7-3：在指定位置用 M20 的内六角圆柱头螺钉（GB 70—85）将图 7-20（a）所示两钢质零件（缺少尺寸自行确定）连接起来。

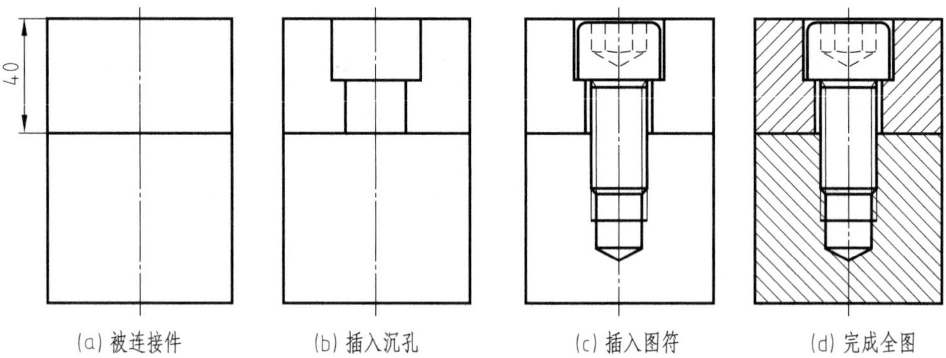

图 7-20　螺钉连接的绘制示例

参考操作步骤：

① 选用合适的【绘图】和【修改】命令画出图 7-20（a）所示两零件。

② 执行【绘图】→【图库】→【插入图符】，在弹出的对话框中，从中选取“常用图形”，接着从中选择“孔”，从列表框中选择“内六角螺钉沉孔”，并单击“下一步”按钮。

③ 在新弹出的对话框中用滚动条找到 $M=20$ 的一行后，确定孔的总深度为 40，将“尺寸开关”设为“关”，“图符处理”设为“消隐”，单击“确定”按钮。

④ 选取零件 1 的上端面与装配轴线的交点为定位点，将图符插入，旋转角为 0，得到图 7-20（b）。

⑤ 提取螺纹盲孔的图符，螺孔深度为 30，钻孔深度为 40。

⑥ 提取螺钉（大类为“螺钉”，小类为“圆柱头螺钉”），长度 $L=40$，得到图 7-20（c）。

⑦ 画剖面线，完成全图，得到图 7-20（d）。

7.5.4 销连接

销通常用于零件的连接和定位。常用的销有圆柱销、圆锥销和开口销三种，这三种销的结构形状和尺寸均已标准化，画图时可根据有关需要从有关标准中查出各项数据。根据国家标准，纵剖时键和销均作不剖处理。

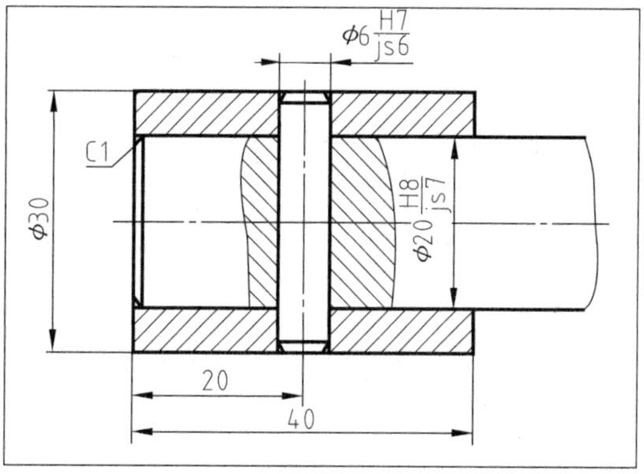

图 7-21　绘制销连接图示例

例 7-4：画轴与套的圆柱销连接图，尺寸参考图 7-21。

参考操作步骤：

① 从主菜单选择【绘图】→【孔/轴】，将直径改为 30，输入长度为 40，按回车键后得到套外形（图 7-22）。

② 重复执行该操作，画出轴的投影，如图 7-23 所示。

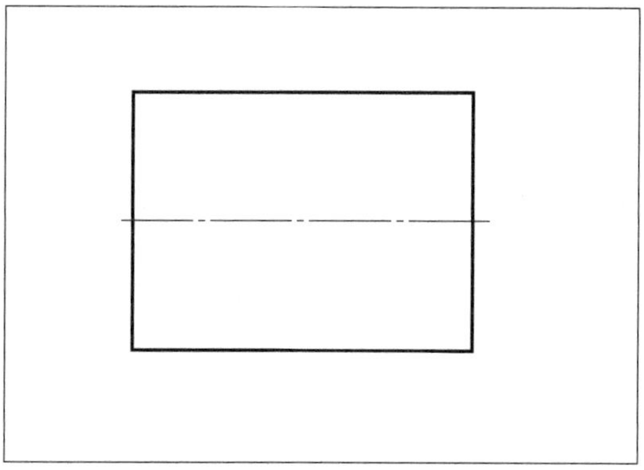
图 7-22　绘制套外形

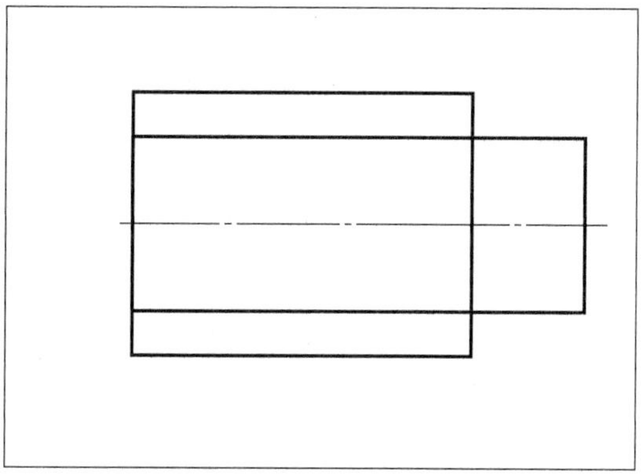
图 7-23　绘制轴的主要轮廓线

③ 从主菜单选择【绘图】→【中心线】，分别拾取相应线段，出现中心线（图 7-24）后，按回车键确定。

④ 从主菜单选择【绘图】→【平行线】，将立即菜单中第一项设为“偏移方式”，第二项设为“双向”，拾取主视图中的中心线，输入距离为 3，得到两条水平线作为销孔的转向轮廓线，如图 7-25 所示。并从主菜单选择【修改】→【裁剪】，剪掉多余部分，得到如图 7-26 所示图形。

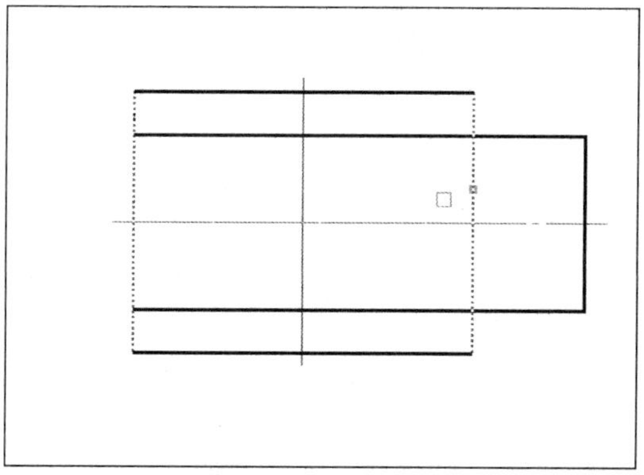
图 7-24　画中心线

⑤ 从主菜单选择【绘图】→【库操作】→【插入图符】，系统弹出【插入图符】对话框后，从中选择“销”，然后选择“圆柱销”，并从弹出的列表中选择“GB/T 119.1—2000 圆柱销”，单击“下一页”按钮。

⑥ 系统弹出【图符预处理】对话框后，从尺寸规格选择栏中选择 d 为 6，l 为 30，其他保持缺省值，如图 7-27 所示，单击“确定”按钮进入下一步。

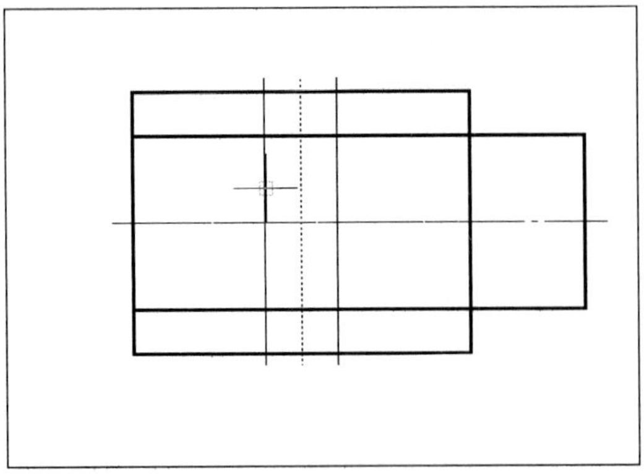

图 7-25 画销孔的转向轮廓线

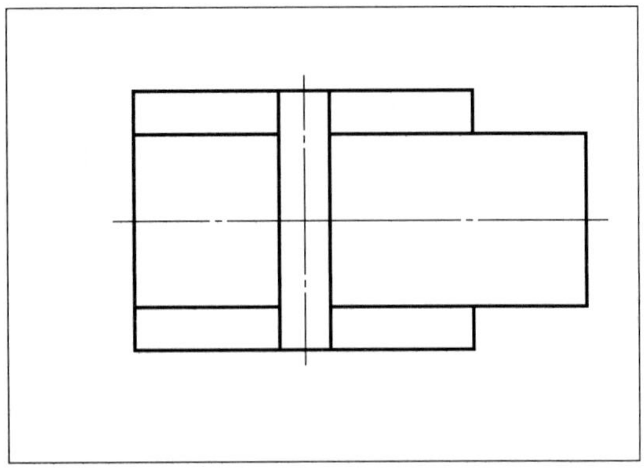

图 7-26 裁剪多余线段

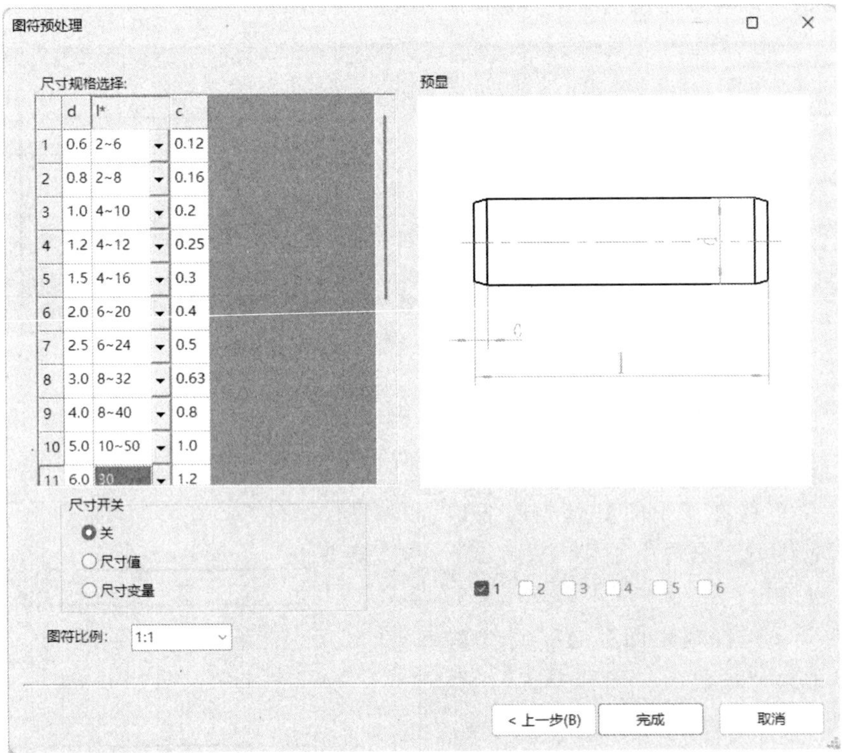

图 7-27 圆柱销图符的预处理

⑦ 此时，系统要求输入图符定位点，同时屏幕上出现随光标移动的图符。根据提示捕捉合适的定位点并旋转 90°，得到如图 7-28 所示图形。

⑧ 从主菜单选择【绘图】→【样条】，在细实线层画出图中的波浪线（图 7-29）。

⑨ 返回 0 层，从主菜单选择【绘图】→【直线】以及【修改】→【过渡】，画出轴的倒角，得到图 7-30。

⑩ 从主菜单选择【绘图】→【剖面线】，分别画出轴和套的剖面线，最终得到图 7-31。

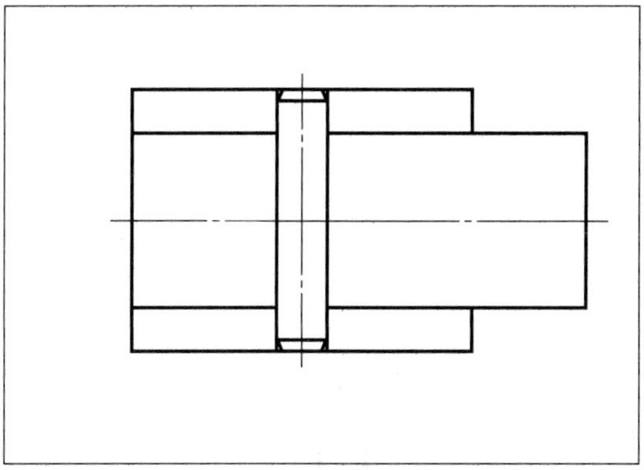

图 7-28　插入圆柱销图符

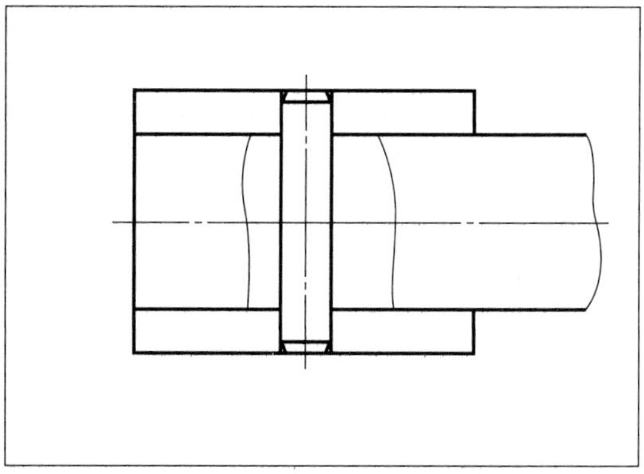

图 7-29　画波浪线

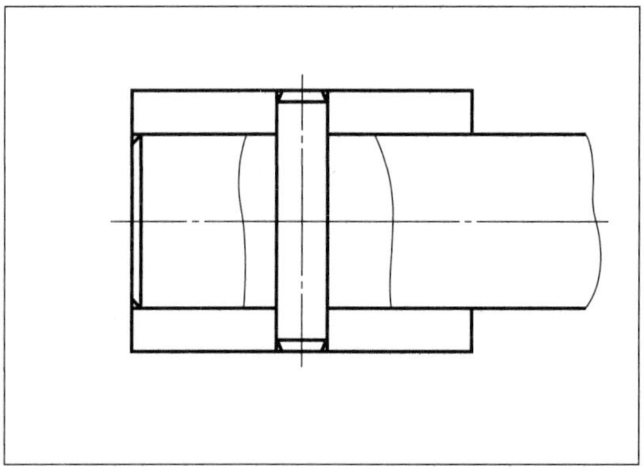

图 7-30　画出轴的倒角

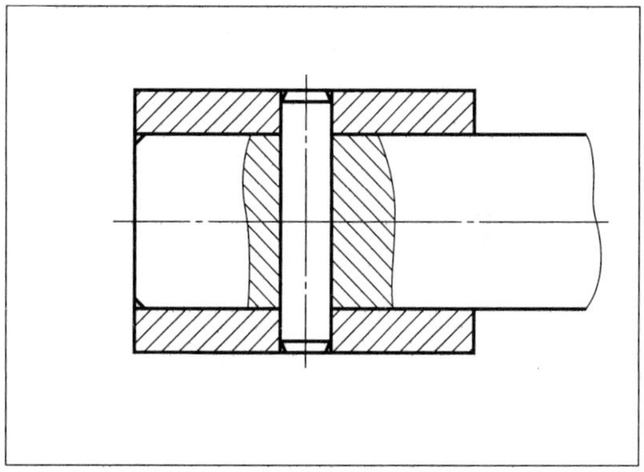

图 7-31　销连接图的绘制结果

7.5.5　装配图中的滚动轴承

滚动轴承是一种支承旋转轴的组件，它具有摩擦力小、结构紧凑的优点，也是标准件。滚动轴承一般由外圈、内圈、滚动体及保持架组成。一般情况下，外圈装在机座的孔内，固定不动，而内圈套在转动的轴上，随轴转动。滚动轴承采用规定画法，其尺寸已标准化。

例 7-5：画如图 7-32 所示装配图（不标注尺寸）。

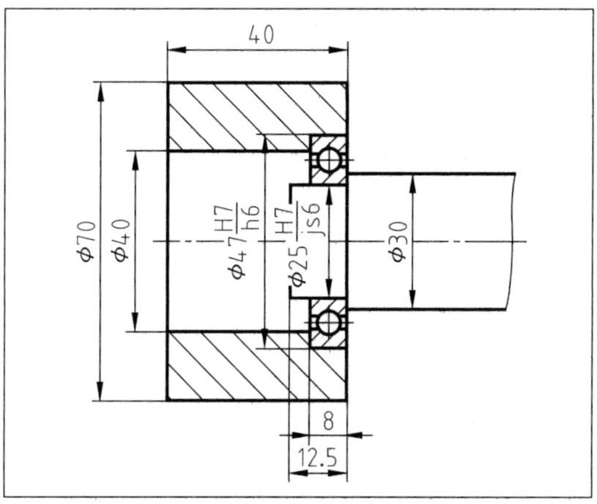

图 7-32　滚动轴承的绘图示例

参考操作步骤：

① 从主菜单选择【绘图】→【孔/轴】，画出图 7-33 所示图形。

② 重新执行【绘图】→【孔/轴】操作，画出图 7-34 所示图形。

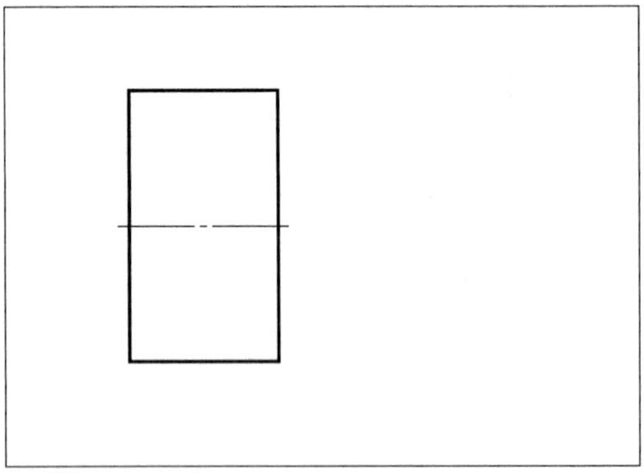

图 7-33　画套的外形

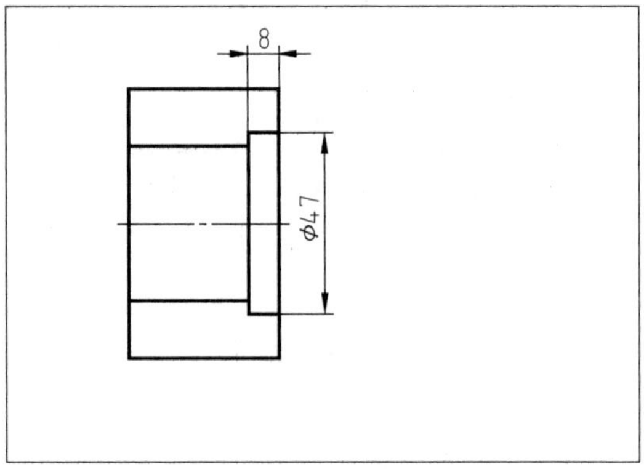

图 7-34　画套的内孔

③ 从主菜单选择【绘图】→【库操作】→【插入图符】，系统弹出【插入图符】对话框后，选择“轴承”，从“深沟球轴承”中选择“GB/T 276—2013 深沟球轴承 60000 型 00 系列”，单击“下一页”按钮。

④ 从【图符预处理】对话框的尺寸规格选择栏中选择代号为 16005，d 为 25，D 为 47，其他保持缺省值，如图 7-35 所示，单击“完成”按钮进入下一步。

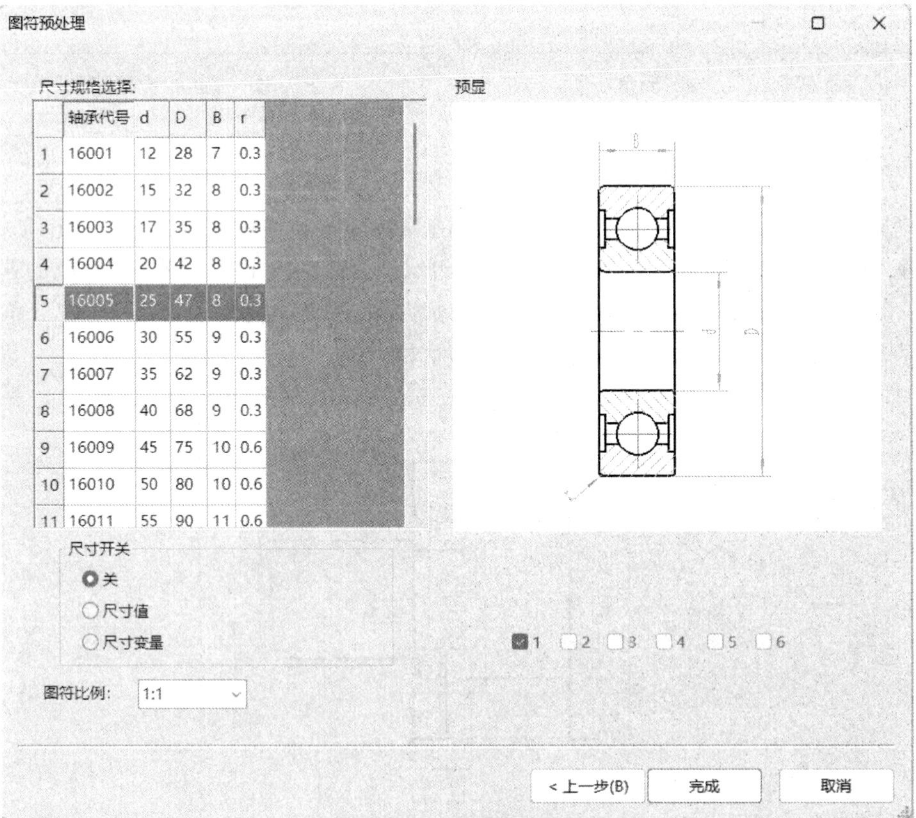

图 7-35　轴承图符的预处理

⑤ 此时，系统要求输入图符定位点，同时屏幕上出现随光标移动的图符。根据提示依次输入图符的定位点和旋转角度后，得到如图 7-36 所示图形。

⑥ 执行【绘图】→【孔/轴】操作，画出轴的轮廓（图 7-37）。

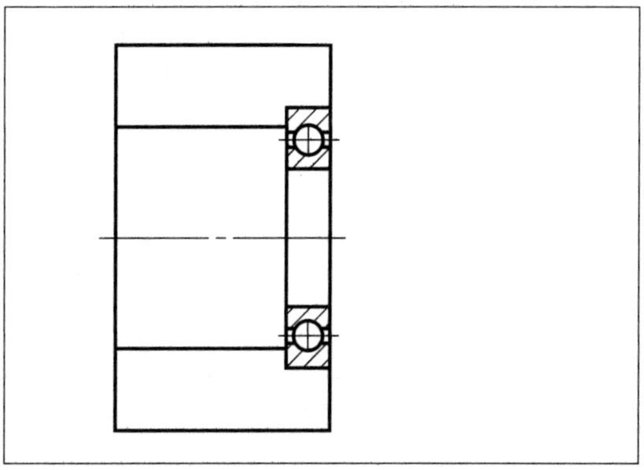

图 7-36　插入轴承图符

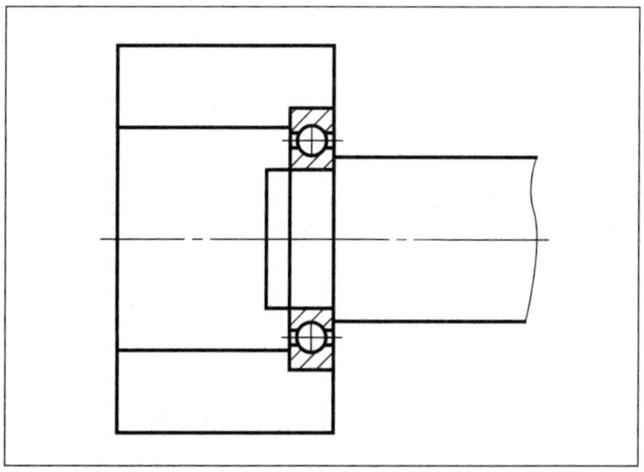

图 7-37　画轴的轮廓

⑦ 执行【绘图】→【样条】操作，画出轴右端的波浪线，然后执行【修改】→【裁剪】，剪掉多余的线条，得到图 7-38。

⑧ 执行【绘图】→【剖面线】操作，画出剖面线（角度改为−45°），最终得到图 7-39。

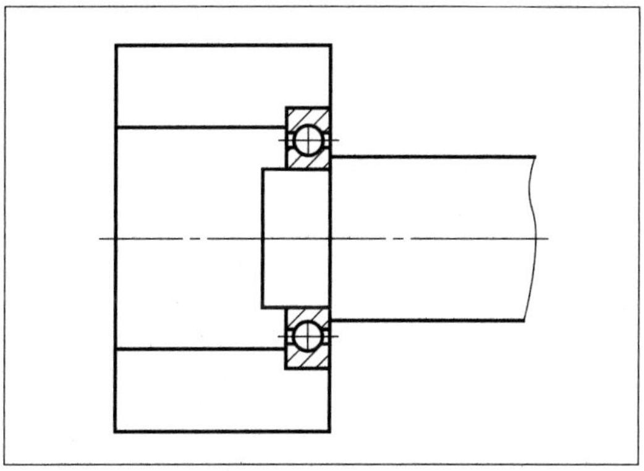

图 7-38　修剪后的图形

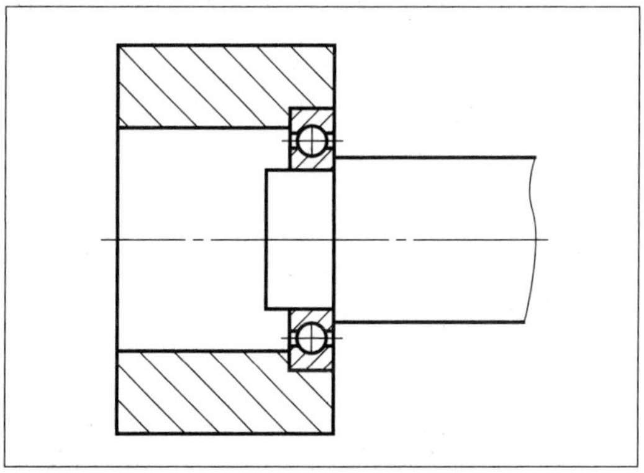

图 7-39　最后结果

第8章　零件图与装配图

8.1　常见结构和图形画法

零件的结构形状除满足设计要求外，还需要考虑加工、装配和经济性等因素，因此零件常会出现一些工艺结构，如过渡圆角、倒角、凹坑、退刀槽等。除此之外，零件上还有出现频率极高的结构，如键槽等。这些结构的图形除了可以当作普通图形在零件图上画出以外，也可以借助电子图板中提供的一些图符、构件或专用命令绘制。例如，过渡圆角、倒角可以利用“过渡”命令画出，凹坑、键槽等可以利用图库中的图符，而退刀槽等则可以从构件库中选用。

8.1.1　图库中的常用图形

图库是一种参数化的图形库，其中除标准件和符号外还提供了一些常用图形，包括孔（螺纹盲孔、螺钉沉孔、内螺纹、外螺纹等）、中心孔、型钢（工字钢、槽钢、角钢等）、常用剖面图（轴截面、轴断面、毂端面、套筒、齿轮简图、法兰简图等）以及其他图形（孔系、型芯等）。如前所述，这些图形均可以通过【绘图】→【图库操作】→【插入图符】进行提取。

图 8-1 和图 8-2 为图库的应用示例。其中，图 8-1 中的图形通过提取图符直接得到，图 8-2 中的图形在绘制时局部结构使用了图库中的图符。

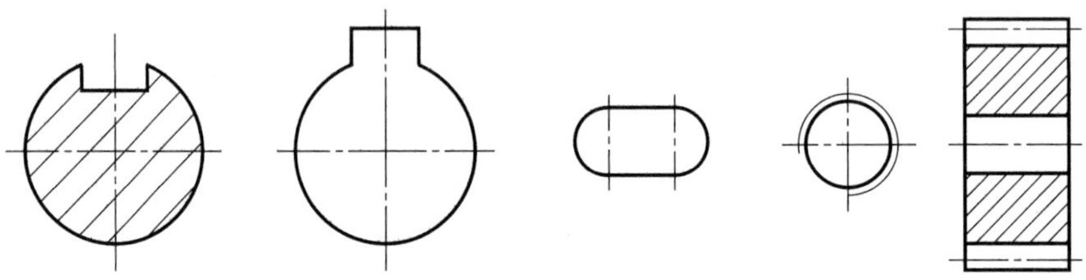

图 8-1　图库应用示例（一）

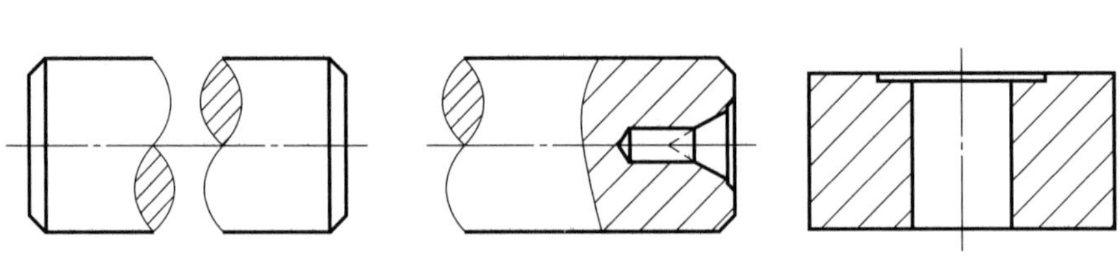

图 8-2　图库应用示例（二）

8.1.2　构件库

构件库（component）是一种二次开发模块的应用形式，一般用于不需要对话框进行交互，而只需要立即菜单进行交互的功能。用户可以开发自己的构件库文件。目前电子图板提供了若干例子。执行【绘图】→【构件库】，弹出如图 8-3 所示对话框。

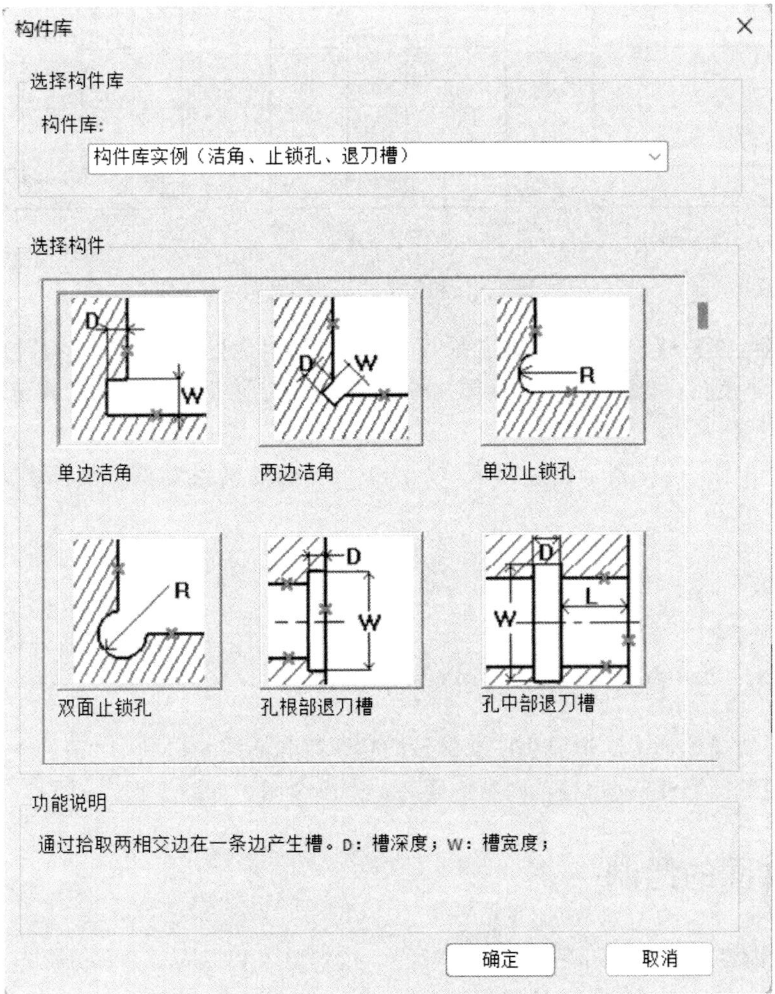

图 8-3 【构件库】 对话框

对话框上部的下拉框列出了现有的构件库（图 8-4），下部以图标按钮的形式列出了当前构件库中的所有构件，用鼠标左键单击选中以后在最下边的“功能说明”栏中将列出所选构件的功能说明，单击“确定”按钮后就会执行所选的构件。下面举例介绍构件库的基本用法。

例 8-1：作如图 8-5 所示图形，未注明尺寸自行确定。

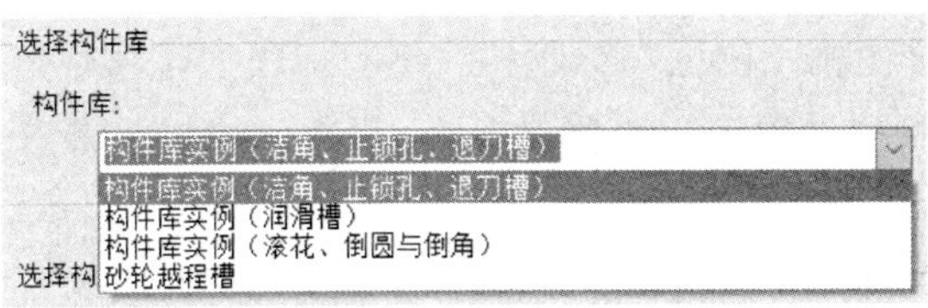

图 8-4 构件库的选择

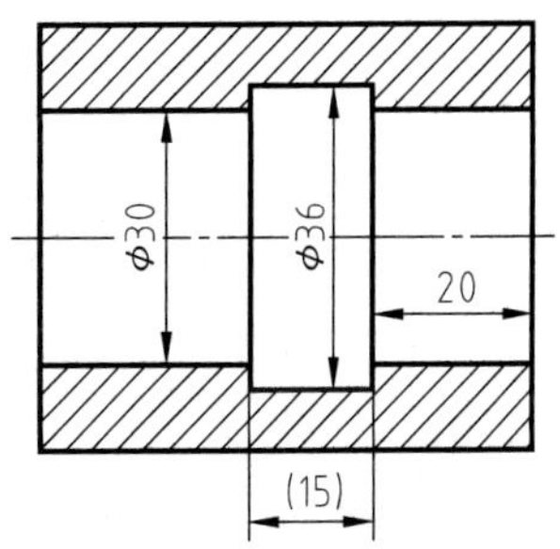

图 8-5 构件库应用举例

参考操作步骤：

① 选择【绘图】→【孔/轴】，画出如图 8-6（a）所示图形。

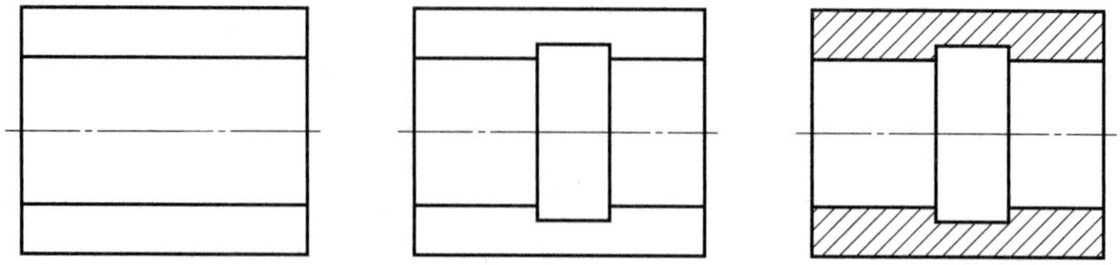

(a) 绘制主体图形　　(b) 画槽　　(c) 完成全图

图 8-6　利用构件库绘图示例

② 执行【绘图】→【构件库】，系统弹出【构件库】对话框。从中选择构件库为“构件库实例（洁角、止锁孔、退刀槽）”，具体构件为“孔中部退刀槽”，单击“确定”按钮后进入下一步。

③ 系统弹出如图 8-7 所示的立即菜单，从中设置槽的直径为 36，槽深度为 15，槽端距为 20。

图 8-7　参数设置

④ 根据系统提示，依次拾取相应孔的转向轮廓线和端线，得到图 8-6（b）。

⑤ 选择【绘图】→【剖面线】，画出剖面线，完成全图，如图 8-6（c）所示。

8.2　零件图的绘制

零件图的内容应包括一组视图、尺寸标注、技术要求和标题栏四部分。本节通过小轴零件图的绘制，介绍零件图的大致绘图步骤。

例 8-2：完成如图 8-8 所示小轴零件图的绘制。

分析：

该轴的表达采用了轴线水平放置的非圆视图作为主视图及键的一个剖面图，主视图为四段同轴圆柱体，轴左右两端带有倒角，左端轴带有螺纹，中间轴段带有键槽。图中尺寸大部分是电子图板中基本尺寸类型的尺寸，一处为倒角尺寸，两处带有尺寸公差。图中还包括粗糙度和文字类型的技术要求。

参考操作步骤：

（1）设置图纸和图面

根据图形大小，从幅面下拉菜单中调入标准图幅、图框和标题栏，填写标题栏，同时为新图定义一个文件名。调入图幅时建议将各项参数设置为：图幅为 A4，横放（根据需要选择带边或不带边），比例为 1∶1。

为了将图形匀称地布置在幅面上，可把左端面中点坐标定为（−70，30），剖面图圆心坐标定为（70，30）。当然，也可以先大致设定位置，最后再调整。

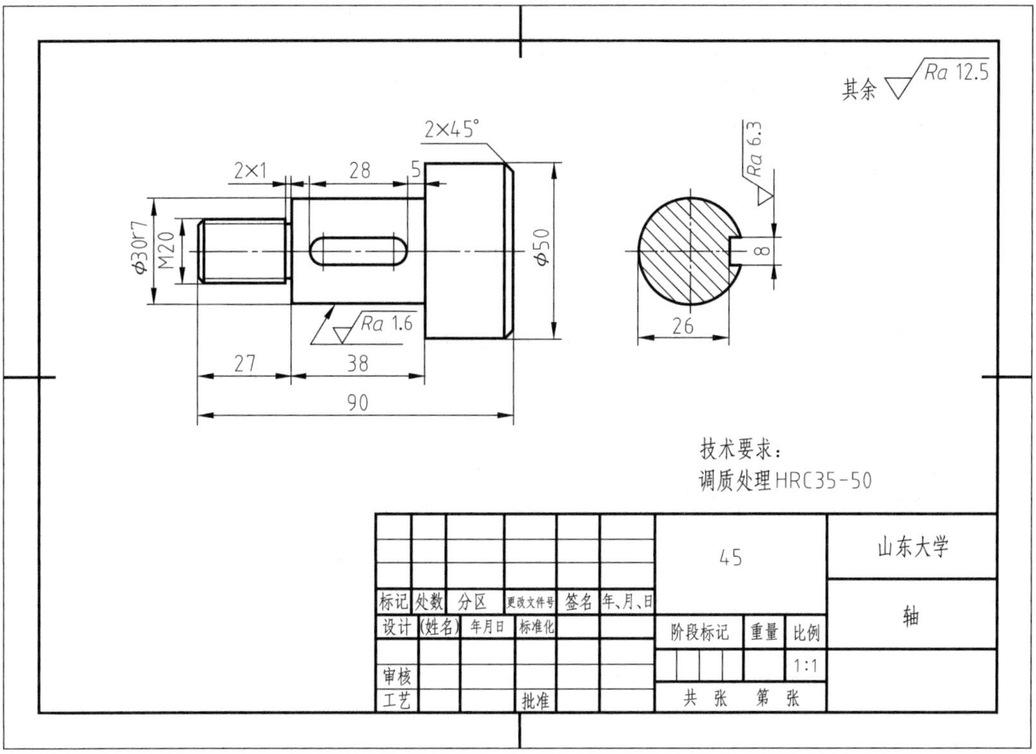

图 8-8 轴的零件图

（2）绘制视图

将当前层设置为粗实线层，用孔/轴命令画阶梯轴：选择【绘图】→【孔/轴】命令，确认立即菜单选项为“轴”，按提示输入左端面中点（－70，30）。弹出绘制轴立即菜单，改变“2. 起始直径＝20”“3. 终止直径＝20”“4. 有中心线”，在提示“轴上一点或轴的长度：”下输入“25”，按回车键，接着改变立即菜单“2. 起始直径＝18”“3. 终止直径＝18”，在提示下输入“2”，按回车键，以此类推，连续画出 $\phi30$ 和 $\phi50$ 轴段。

用细实线绘制 M25 螺纹小径。

用过渡命令的“外倒角”方式为两端倒角：选择【修改】→【过渡】命令，切换立即菜单第一项为“外倒角”，确认立即菜单“2. 长度和角度方式”“3. 长度＝2”“4. 倒角＝45”，按提示选取倒角的三条边。

绘制主视图中的键槽：先将键槽两端的圆弧先画成 $\phi8$ 的圆，作两圆的切线，裁剪多余的圆弧。

绘制断面图：以（70，30）为圆心画 $\phi30$ 圆并画出中心线，再用矩形命令“1. 长度和宽度”方式画出键槽，确认立即菜单其余各项为“2. 中心定位”“3. 角度＝0”“4. 长度＝8”“5. 宽度＝8”，捕捉圆的右象限点为矩形中心。裁剪多余线条。画出剖面线，标注剖切符号，完成断面图。

（3）标注尺寸

选择【标注】→【尺寸标注】，确认立即菜单选项为基本标注。

标注 $\phi50$：选取 $\phi50$ 的两条转向线，立即菜单各选项为“2. 文字平行”“3. 直径”“7. 基本尺寸 50”，按提示要求给出尺寸线位置。

标注 ϕ30f7：选取 ϕ30 的两条转向线，立即菜单各选项为“2. 文字平行”“3. 直径”“7. 基本尺寸 30”，此时按鼠标右键，弹出【尺寸公差】对话框，在公差代号项输入“f7”，将输入形式和输出形式两项选为代号，单击“确定”按钮，按提示要求给出尺寸线位置。

标注 M20：选取 M20 螺纹的两条转向线，将立即菜单第三项切换为“螺纹”，给出尺寸线位置。

同样在“基本标注”方式下，标注 25、90、26、8、2×1 等尺寸。

标注尺寸 5 和 28：选取 ϕ50 左端轴肩，在提示“拾取另一个标注因素或尺寸线位置”时，捕捉键槽右端圆弧的象限点，给出尺寸线位置标出尺寸 5，将立即菜单“基本标注”改为“连续标注”，选取尺寸 5 左端尺寸界线，捕捉键槽左端圆弧的象限点标出尺寸 28。

选择【标注】→【倒角标注】，拾取倒角斜线，给出尺寸线位置，标出 2×45°。

（4）标注粗糙度

选择【标注】→【粗糙度】，根据系统提示拾取 ϕ30 下面的转向线，立即菜单各选项为“1. 简单标注”“3. 去除材料”“4. 数值”为 1.6，给出标注位置。接着拾取尺寸 8 的尺寸线，将立即菜单中的数值改为“6.3”，给出标注位置。图纸右上角适当位置输入一点，将立即菜单数值改为“12.5”，输入角度为“0”，用文字标注在其左边写上“其余”。

（5）填写技术要求

用文字标注（【绘图】→【文字】）或技术要求库（【标注】→【技术要求库】）在标题栏上方注写技术要求。

8.3 零件序号

为了简化操作和提高绘制装配图的工作效率，CAXA 系统设置了生成、删除和编辑零件序号的功能，为绘制装配图时零件序号的编制提供了方便。零件序号的有关操作包括“生成”“删除”“编辑”“交换”等，与明细表相关操作一起集中于主菜单【幅面】栏内（图 8-9）。

图 8-9　序号菜单

8.3.1 生成序号

生成序号命令（ptno）用以生成或插入零件序号，且与明细表联动，在生成或插入零件序号的同时，生成一项明细表，允许操作者填写或不填写明细表中的各表项内容。而且对于从图库中提取的标准件，或含属性的块，它本身带有属性描述，在零件序号标注的同时，它会自动将块属性中与明细表表头对应的属性自动填入。

执行【幅面】→【序号】→【生成】，系统弹出如图 8-10 所示的立即菜单及相应的操作提示。

图 8-10　生成零件序号立即菜单

立即菜单各选项含义如下：

① 序号：指零件序号值，可以输入数值或前缀加数值。若在前缀中第一位为符号“@”标志，表示零件序号中加圈的形式，如图 8-11（a）所示。

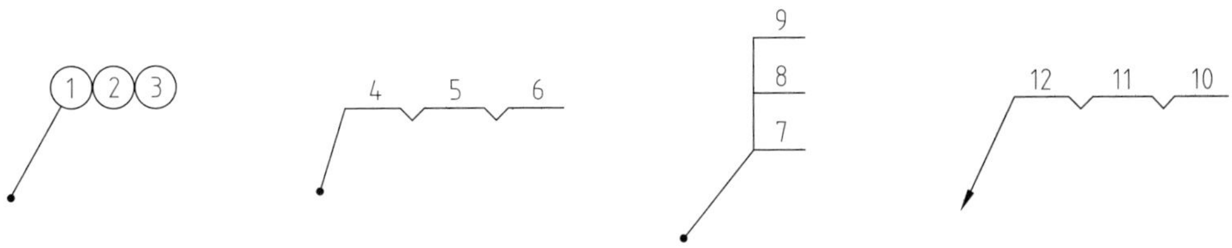

(a) 加圆标注　(b) 使用共同指引线　(c) 垂直方式　(d) 由外向内标注

图 8-11　零件序号各种标注形式

系统可根据当前零件序号值判断是生成零件序号还是插入零件序号。

生成零件序号：系统根据当前序号自动生成下次标注时的序号值。如果输入序号值只有前缀而无数字值，根据当前序号情况生成新序号，新序号值为当前前缀后面的最大数值加 1，前缀不变。

插入零件序号：如果输入序号值小于当前相同前缀的最大序号值，大于等于最小序号值，标注零件序号，系统提示是否插入序号。如果选择插入序号形式，则系统重新排列相同前缀的序号值和相关的明细表。

重号的处理：如果输入的序号与已有序号相同，系统弹出对话框，要求操作者确认“插入”或“取消”等。如果单击“插入”按钮，则生成新序号，在此序号后的其他相同前缀的序号依次顺延；如果单击“取消”按钮，则输入序号无效，需要重新生成序号；如果单击“取重号”按钮，则生成与已有序号重复的序号。

② 数量：若份数大于 1，则采用公共指引线形式表示，如图 8-11（b）所示。

③ 水平/垂直：选择零件序号水平或垂直的排列方向，如图 8-11（c）所示。

④ 由内向外/由外向内：零件序号标注方向，如图 8-11（d）所示。

⑤ 显示明细表/隐藏明细表：可以选择显示或隐藏明细表。

⑥ 填写/不填写：可以在标注完当前零件序号后即填写明细表，也可以选择不填写，或利用明细表的填写表项或读入数据等方法填写。

根据系统提示输入引出点和转折点后，当立即菜单第六项为“填写”时，弹出【明细表属性】对话框。操作者可仿照文字输入的方法依次填写出对话框中的内容。

如果零件是从图库中提取的标准件，或含属性的块，则可以自动填写明细表。但如果提取的标准件被打散，在序号标注时系统将无法识别，所以也就找不到属性，不能自动填写明细表。

8.3.2 删除序号

删除序号（ptnodel）用于在已有的序号中删除不需要的序号。在删除序号的同时，也删除明细表中的相应表项。

执行【幅面】→【序号】→【删除】，则系统提示“请拾取要删除的序号：”，用鼠标拾取待删除的序号，该序号即被删除。对于多个序号共用一条指引线的序号结点，如果拾取位置为序号，则删除被拾取的序号；若拾取到其他部位，则删除整个结点。如果所要删除的序号没有重名的序号，则同时删除明细表中相应的表项，否则只删除所拾取的序号。如果删除的序号为中间项，系统会自动将该项以后的序号值顺序减一，以保持序号的连续性。

8.3.3 编辑序号

编辑序号（ptnoedit）用于修改指定序号的位置。

执行【幅面】→【序号】→【编辑】，则系统提示“请拾取零件序号：”，用鼠标拾取待编辑的序号，根据鼠标拾取位置的不同，可以分别修改序号的引出点或转折点位置。如果鼠标拾取的是序号的指引线，系统提示“引出点：”，输入引出点后，所编辑的是序号引出点及引出线的位置；如果拾取的是序号的序号值，系统提示“转折点：”，输入转折点后，所编辑的是转折点及序号的位置。注意：编辑序号只编辑修改其位置，而不能修改序号本身。图 8-12 所示为零件序号的编辑示例。

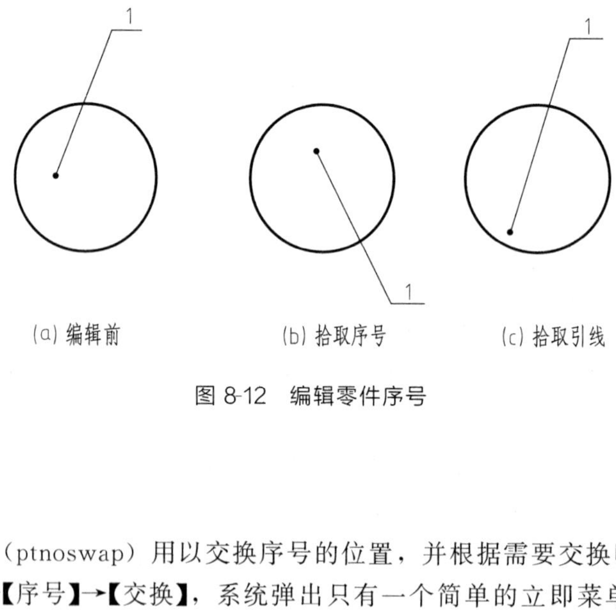

图 8-12　编辑零件序号

8.3.4 交换序号

交换序号命令（ptnoswap）用以交换序号的位置，并根据需要交换明细表内容。

执行【幅面】→【序号】→【交换】，系统弹出只有一个简单的立即菜单（其中第二项默认为“交换明细表内容”），并提示“请拾取零件序号：”。根据系统提示连续拾取两个序号后，两序号自动交换。

如果从立即菜单中切换“交换明细表内容”为“不交换明细表内容”，则序号更换后，相应的明细表内容不交换。

如果要交换的序号为连续标注（如图 8-13 中的 1、2、3），则交换时会有如图 8-14 所示的提示。图 8-15 所示为序号 1 和 5 交换后的结果。图 8-16 所示为进一步交换序号 2 和 4 后的结果。

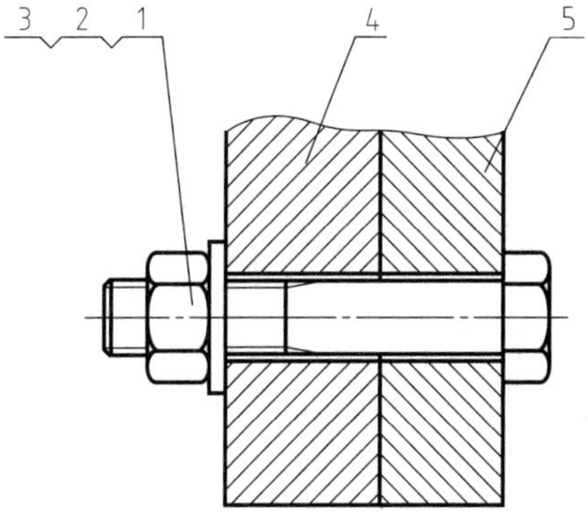

图 8-13 交换零件序号举例

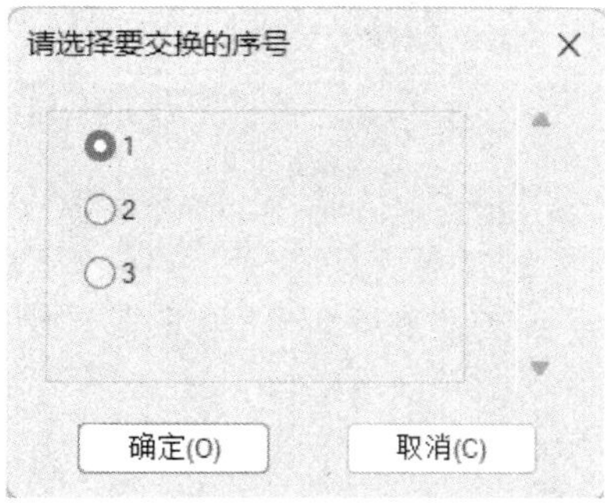

图 8-14 连续序号交换提示

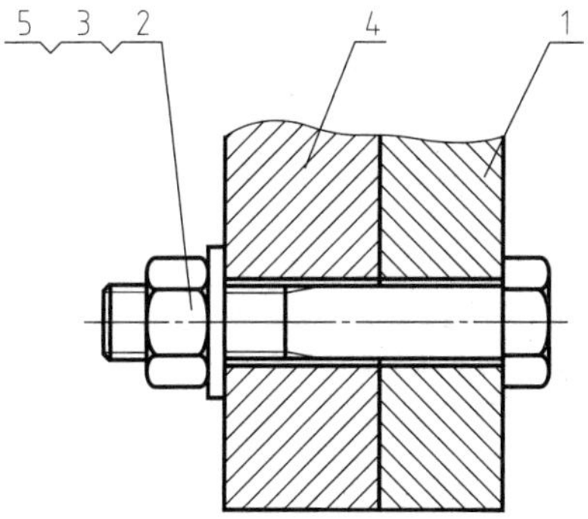

图 8-15 交换零件序号（一）

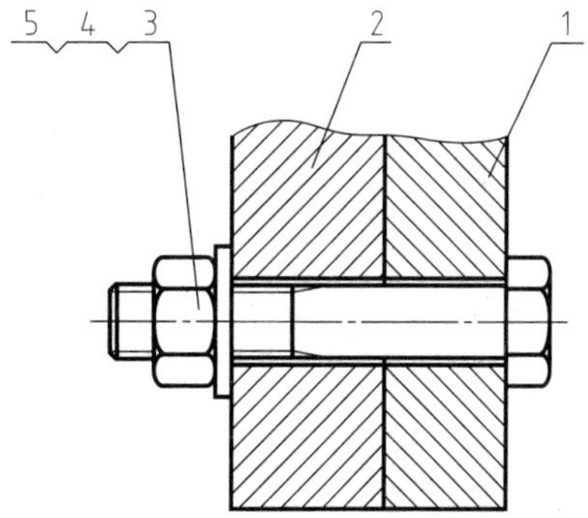

图 8-16 交换零件序号（二）

8.3.5 合并与拆分序号

合并序号命令（ptnomerge）可以将多个单独引出的序号合并为一条引线的序号。拆分序号（ptnosplit）则将合并的序号拆分为独立的序号。

执行【幅面】→【序号】→【合并序号】，则系统提示“拾取两个或两个以上序号”，根据提示拾取序号后选择定位点及折线点即可。执行【幅面】→【序号】→【拆分序号】，根据提示拾取要拆分的序号，选择定位点及折线点即可。

8.3.6 序号风格

序号风格命令（ptnotype）可以定义不同的零件序号风格。不同的工程图样中可能需要不同的序号风格，通过参数的设置可以选择多种样式，包括箭头样式、文本样式、序号格式、特性显示，以及序号的尺寸参数，如横线长度、圆圈半径、垂直间距等。

执行【格式】→【序号】，则弹出【序号风格设置】对话框，如图 8-17 所示。从对话框中可以设置箭头样式、文本样式、文字字高、线型颜色等。如果单击“符号尺寸控制”，对话框则切换到如图 8-18 所示的状态，从中可以指定横线长度、圆圈半径、垂直间距、六角形内切圆半径、文本压缩等。

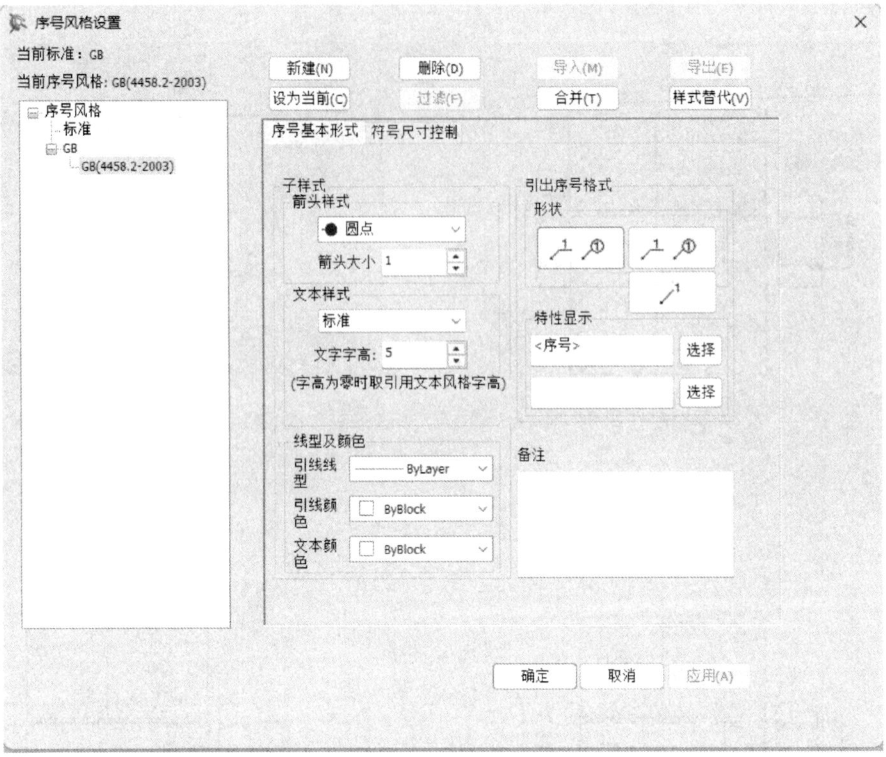

图 8-17 【序号风格设置】对话框（一）

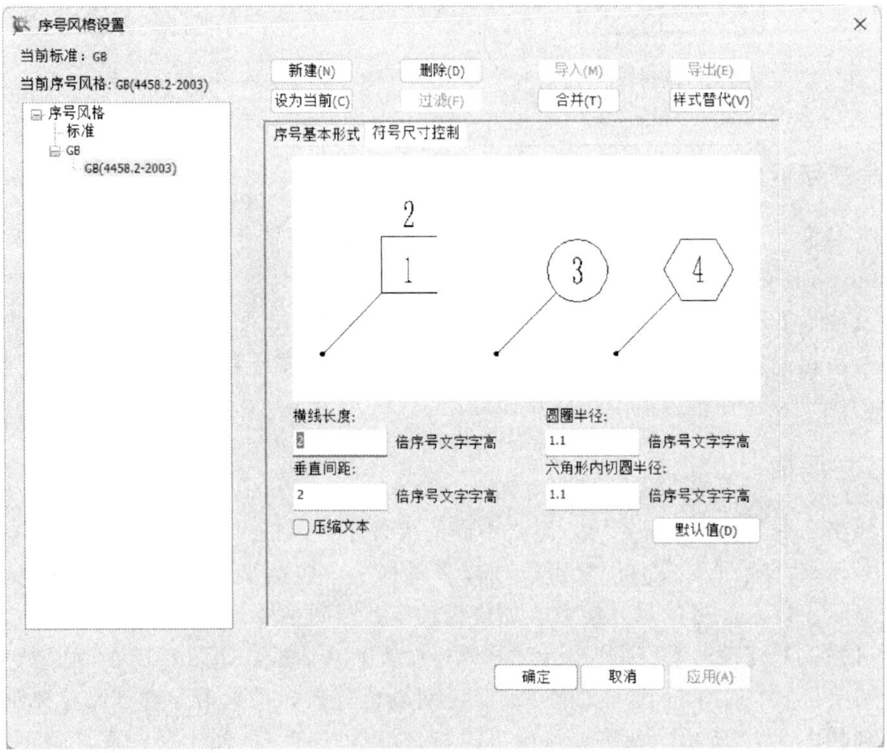

图 8-18 【序号风格设置】对话框（二）

8.4 明细表

电子图板的明细表与零件序号联动，可随零件序号的生成、插入和删除产生相应的变化。修改明细表中的相关内容时，零件序号也作相应变化。明细表的相关操作包括“删除表项”“表格折行”“填写明细表”“插入空行”“输出明细表”等，集中于【幅面】→【明细表】栏。

8.4.1 填写明细表

填写明细表（tbledit）用于在明细表内填写某零件序号的各项内容，且自动定位。选取【幅面】→【明细表】→【填写明细表】，系统弹出【填写明细表】对话框（图 8-19），即可进行填写或修改，然后单击“确定”按钮，所填项目将自动添加到明细表中。

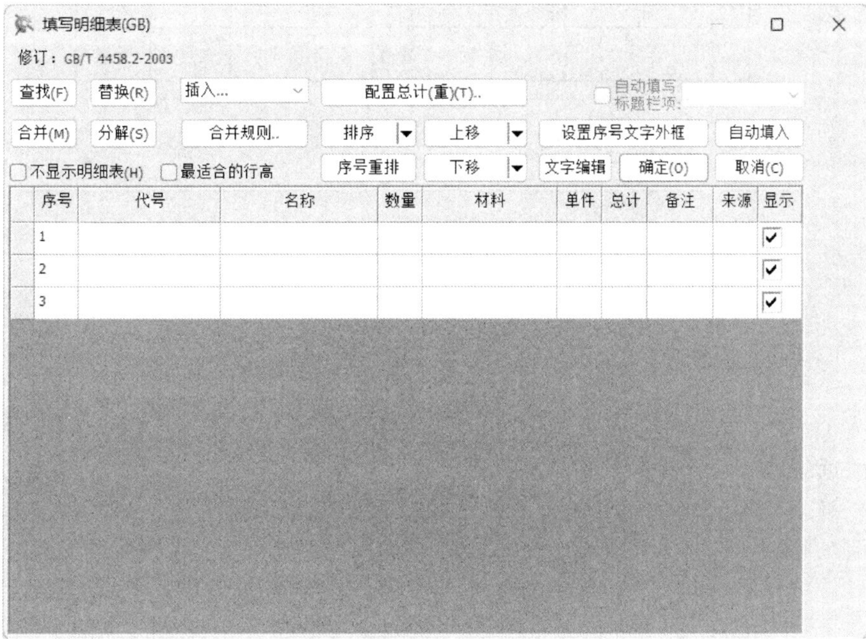

图 8-19 【填写明细表】对话框

8.4.2 删除表项

删除表项（tbldel）用以从已有的明细表中删除某一个表项。删除该表项时，其表格及项目内容全部被删除。相应零件序号也被删除，序号重新排列。

选取【幅面】→【明细表】→【删除表项】，系统提示“请拾取表项:”，即可拾取所要删除的明细表表项，该表项及所对应的所有序号将被删除，同时该序号以后的序号将自动重新排列。重复拾取，可删除一系列明细表表项及相应的序号。当需要删除所有明细表表项时，可以直接拾取明细表表头，此时弹出对话框以得到操作者的最终确认后，删除所有的明细表表项及序号。如果希望结束删除表项的操作时，可按下鼠标右键，即恢复到命令状态。例如，图 8-20 所示为轴和套的销连接图，其中的轴和销均有重复编号现象。删除表项 3 和 5 后的结果如图 8-21 所示，其中相应的序号被自动删除。

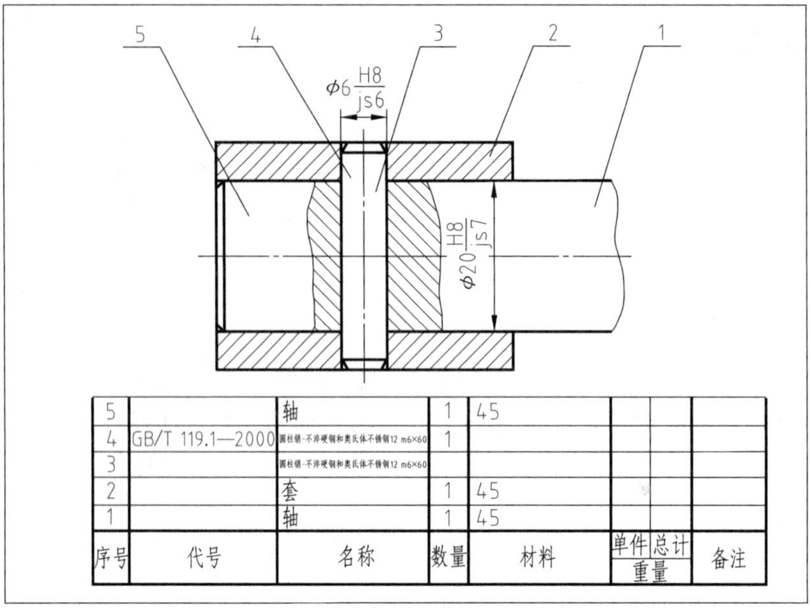

图 8-20　重复编号的装配图

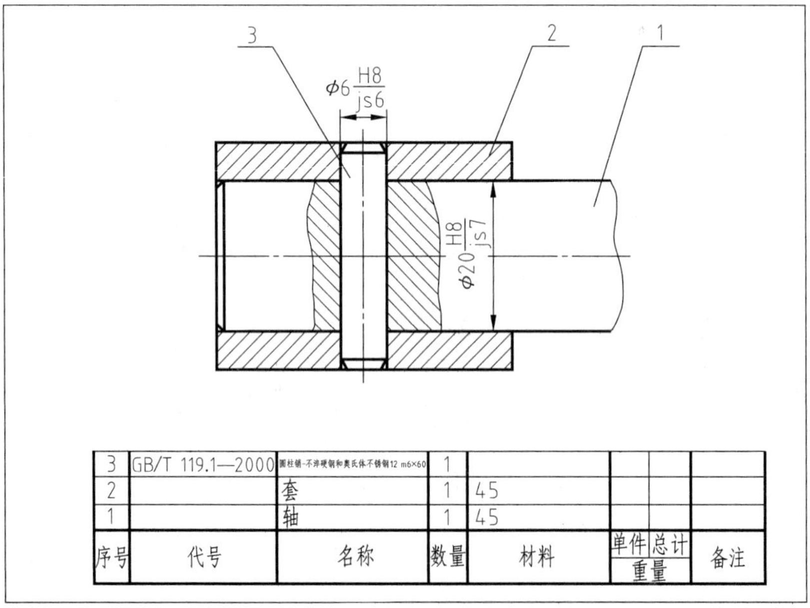

图 8-21　删除表项后的装配图

8.4.3　表格折行

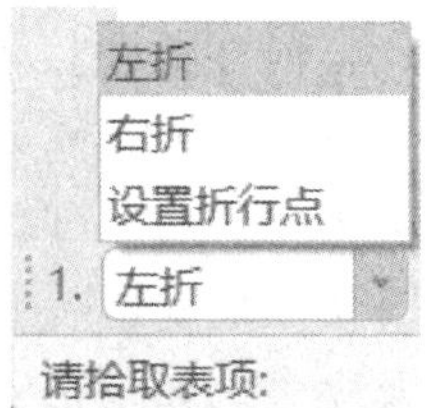

图 8-22　表格折行立即菜单

表格折行（tblbrk）将已存在的明细表的表格在所需要的位置处向左或向右转移。转移时，表格及项目内容一起转移。

选取【幅面】→【明细表】→【表格折行】，则系统弹出立即菜单，如图 8-22 所示。用户可在立即菜单选择左折、右折和设置折行点，然后按提示拾取明细表的表项，在设置折行点时直接用鼠标确定折行点即可。如果明细表内容较多可以设置多个折行点。

下面是明细表左折的例子，其中图 8-23 所示为折行前的明细表，图 8-24 所示为折行后，操作时拾取的表项为明细表第三项。

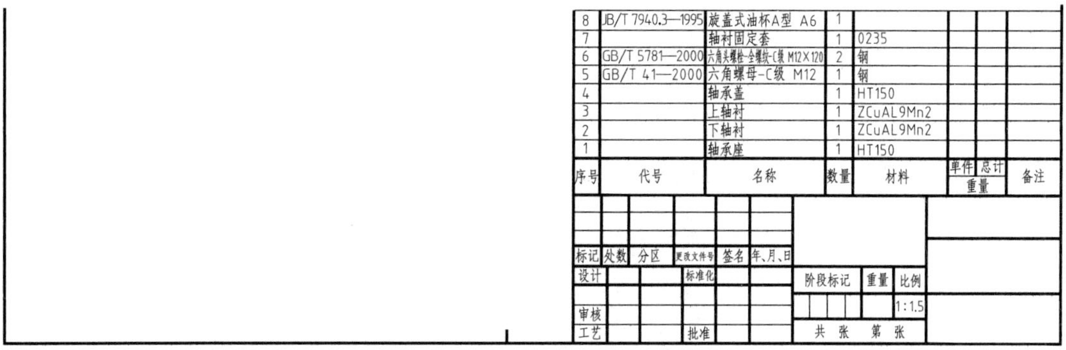

图 8-23　表格折行前的明细表

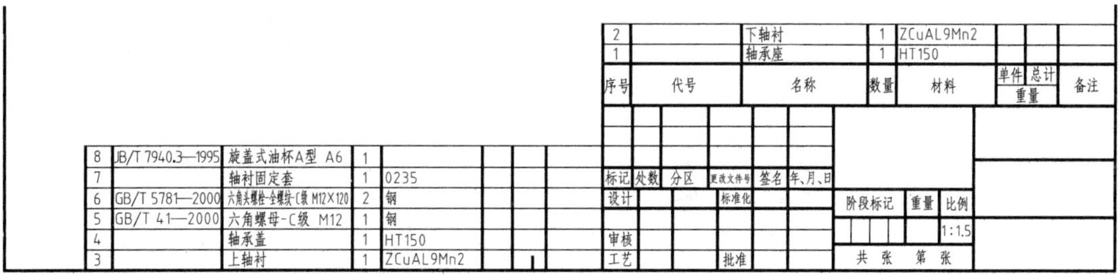

图 8-24　表格折行后的明细表

8.4.4　插入空行

插入空行（tblnew）可以在明细表中插入一个空白行。

选取【幅面】→【明细表】→【插入空行】，根据系统提示拾取表项后，系统将把一空白行插入到明细表相应位置。

8.4.5　明细表风格

不同的工程图纸中通常需要不同的明细表风格，电子图板明细表风格功能（tbltype）包含定制表头、颜色与线宽设置、文字设置等，可以定制各种样式的明细表。

执行【格式】→【明细表】，则弹出【明细表风格设置】对话框，如图 8-25 所示。从中可以定制表头、设置颜色和线宽、设置文字等。定制表头时，对话框内列出了当前表头的各项内容及各功能按钮。在表项名称列表框中列出当前明细表的所有明细表的表头字段及其内容。单击其中的一个字段，然后可以在右边窗口修改这个字段的参数。具体参数包括项目标题、项目宽度、项目高度、项目名称、数据类型等。操作者可通过对各项内容的操作，建立一个新表头或修改原有表头。

在表项名称列表框中还可进行“增加项目、添加子项、删除项目、编辑项目”等操作。

增加项目：如果想在某个项目后加入新的项目，则可用鼠标或上下方向键在表项名称列表框中选定该项目，然后按鼠标右键，在弹出的编辑菜单（图 8-26）中选择“增加项目”，

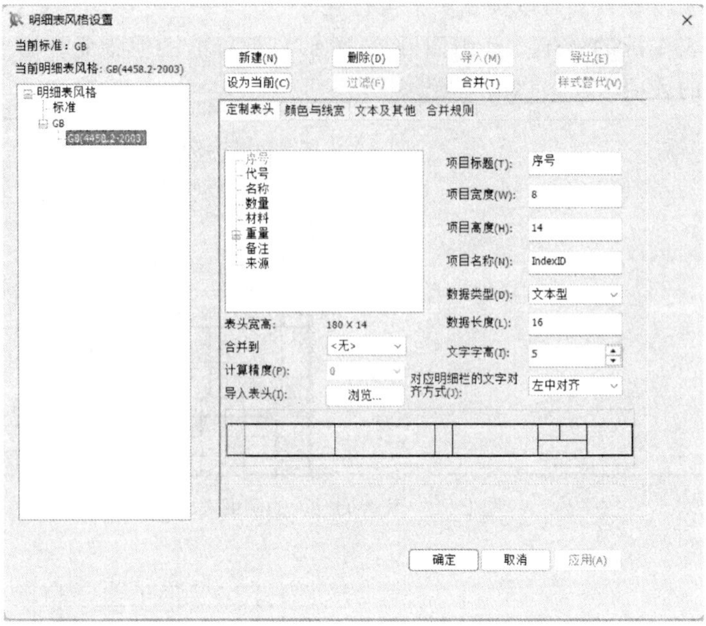

图 8-25 【明细表风格设置】对话框

可在列表中插入一个名为“新项目 1”的项目（图 8-27），按照下面介绍的方法将项目名改为实际名称即可完成“增加项目”操作。

添加子项：如果想在该项目中加入子项，则可用鼠标或上下方向键在表项名称列表框中选定该项目，然后按鼠标右键，在弹出的编辑菜单中选择“添加子项”，可在列表中插入一个名为“新项目 2”的项目（图 8-28），按照下面介绍的方法将项目名改为实际名称即可完成“添加子项”操作。

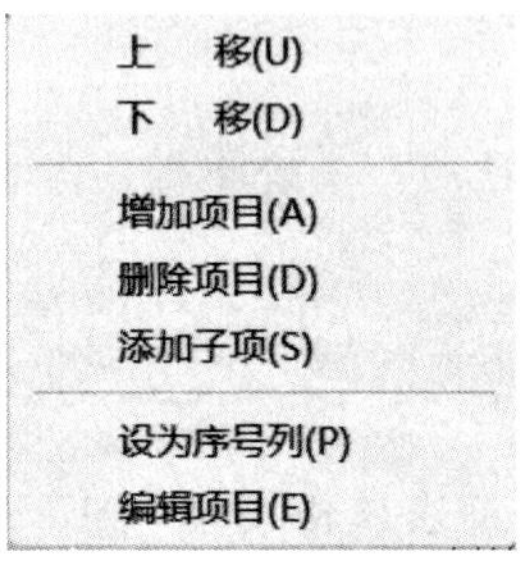

图 8-26 右键菜单

图 8-27 增加项目

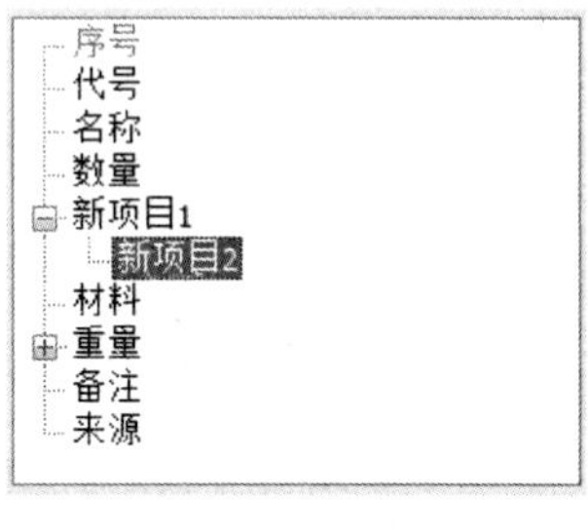

图 8-28 添加子项

删除项目：用鼠标或上下方向键在项目名称列表框中选定该项目，然后按鼠标右键，在弹出的编辑菜单中选择“删除项目”即可删除该项目。

编辑项目：即修改项目名，用鼠标单击或通过上下方向键在项目名称列表框选中要修改的项目名，然后按鼠标右键，在弹出的编辑菜单中选择“编辑项目”，则可进入编辑状态，实现对项目名的修改。

如果在【明细表风格设置】对话框中单击“颜色与线宽”，则切换到新的页面，从中可以设置明细表各种线条的线宽及各种元素的颜色。如果单击“文字及其他”，则可以设置相关文本风格。

8.5 装配图的绘制

8.5.1 绘制装配图的大致步骤

装配图的内容包括一组视图、尺寸标注、技术要求、标题栏和明细表四部分。绘制装配图的视图可利用已绘制好的零件图，装配图上的一部分零件的绘制，就是把零件图的一些视图直接或稍作修改插入到装配图中，标准件可从图库中直接调用。装配图中的其他内容除明细表以外，尺寸标注、技术要求、标题栏等内容，与零件图中的操作方法完全相同。下面以简单装配体为例介绍装配图的绘图步骤。

例 8-3：参照图 8-29 画出装配图，其中轴的零件图见图 8-8，齿轮的零件图见图 8-30。

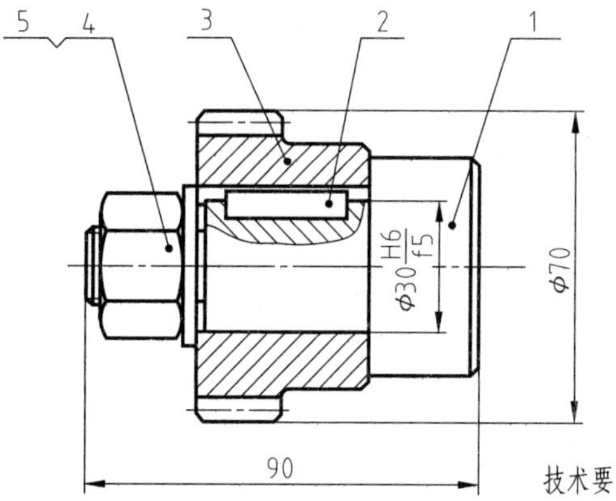

技术要求：

装配时表面涂黄干油

序号	代号	名称	数量	材料	单件重量	总计重量	备注
5		垫圈20	1				GB95-85
4		六角螺母M20	1				GB41-86
3		齿轮	1	ZG45			
2		键8×28	1				GB1096-79
1		轴	1	45			

图 8-29 装配图举例

分析：

组成图 8-29 所示装配体的零件共有 5 个。其中齿轮和轴是主要零件，它们的零件图已画出，可借用。螺母、垫圈、键为标准件，电子图板图形库中已有这些标准件的图形，可以用“插入图符”命令提取出来。

借用零件图中的图形画装配图不仅可以提高效率，而且也起到一定的校对作用。对照零件图和装配图可以看出，装配图中齿轮的表达与零件图中的主视图基本相同，绘制装配图时可直接制作成块使用。轴的零件图中键槽向前，而装配图中键槽向上，所以可以将轴的零件图根据装配图的要求进行修改，然后制作成块使用。

为了能方便地找到插入点的位置，准确地将块插入到装配图中，还应考虑各个零件块的插入顺序，一般遵循零件的装配顺序。从本例来看，应先调入齿轮，以轴与齿轮接触面的中心为定位点插入轴，再以垫圈与齿轮接触面的中心为定位点提取垫圈，然后以螺母与垫圈接触面的中心为定位点提取螺母，最后提取键。

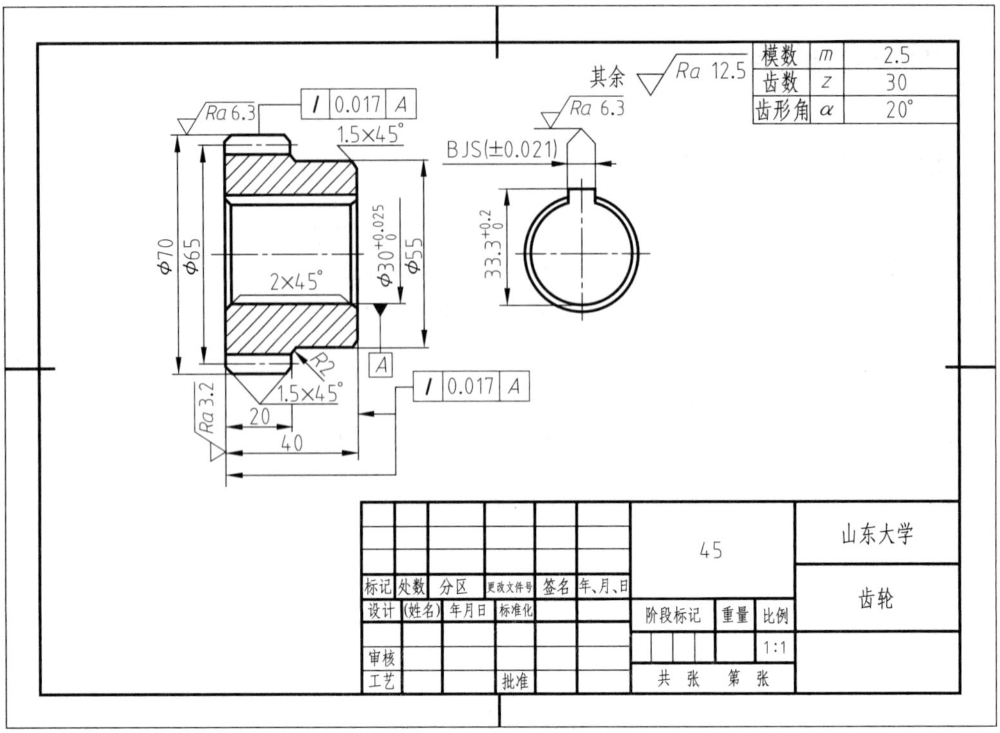

图 8-30　齿轮零件图

制作零件块：

在装配图中需将一些零件的部分图形制作成块使用，这样可以利用块的消隐功能，将这些零件遮挡的部分在视图中不显示出来，就不必诸条线进行修改了，这会大大提高绘图效率。如图 8-30 所示即根据装配图的需要制作的齿轮和轴的零件块。下面以轴为例，介绍制作零件块的步骤：

① 备份文件。将轴的零件图文件复制一份，在新文件中进行修改，以免将原文件破坏。

② 删除或隐藏无关实体。装配图上轴的视图只需要零件图中的主视图，零件图上的尺寸、粗糙度、技术要求等实体在装配图中无用，所以首先将尺寸、粗糙度、技术要求等实体所在的层以及与主视图无关的层关闭，或将这些实体删除，再将装配图中不需要的剖面图删除。

③ 修改图形。将主视图中键槽的方向由朝前改成朝上，键槽用局部剖视图表示出来，得到如图 8-31（a）所示图形。

④ 生成块。选择【绘图】→【块】→【创建】，根据提示，拾取修改后的零件图，按下鼠标右键确认，待提示“输入定位点：”时，用鼠标拾取框拾取轴上的 *A* 点作为轴的定位点，轴的零件块就生成了。最后将轴的零件块存盘待用。

同样方法，将齿轮也制作成如图 8-31（b）所示的零件块，并存盘待用。

设定图纸和图面：

从幅面下拉菜单中调入标准图幅、图框和标题栏，填写标题栏，同时为新图定义一个文件名。调入图幅时各项参数为：图幅 A4，竖放（根据需要选择带边或不带边），比例 1∶1。为了将图形匀称地布置在幅面上，将齿轮右端面中点坐标定为（10，60）。

绘制图形：

① 插入齿轮零件块。画出中心线作定位线（装配轴线），将当前状态存盘。

打开保存齿轮块的文件，选取【编辑】→【带基点复制】，然后用鼠标选取齿轮块，按下鼠标右键。接下来根据系统提示输入图形的定位基点，可以将齿轮右端中心作为定位点。这时，确认后的实体重新恢复原来颜色显示，屏幕上看不到什么变化，但是在剪贴板中已经把选中的齿轮临时存储起来了。

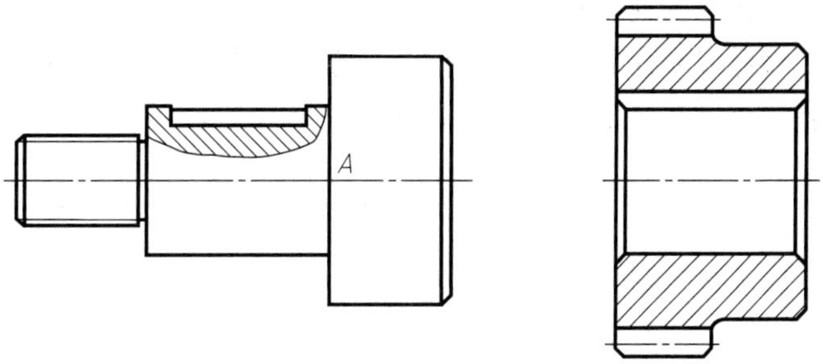

(a) 轴　　(b) 齿轮

图 8-31　零件块

打开装配图文件，选取【编辑】→【粘贴】，拖动鼠标，齿轮块已以绿色线条显示在屏幕上。这时可在合适位置单击鼠标左键或直接输入坐标值（10，60）确定位置，然后在系统提示旋转角度时直接按鼠标右键，即把齿轮粘贴到当前装配图中。

② 插入轴的零件块。用同样的方法，以轴与齿轮接触面的中心为定位点将轴插入到装配图中。这时两图形交错在一起，单击块操作子菜单“块消隐”按钮，拾取轴的图形为前景图形，齿轮上被遮盖的线立刻消失了。

③ 提取标准件。执行【绘图】→【图库】→【插入图符】，从对话框中选择“垫圈和挡圈”→“圆形垫圈”，然后从列表中选取“GB 95—2002 平垫圈 C 级”，单击“下一页”按钮进入【图符预处理】对话框。在对话框右下方打开视图控制开关 1，关闭 2、3。这时只有主视图出现在图符预览区内，选择规格尺寸 20，单击“确定”按钮，则系统返回到绘图区，垫圈视图已“挂”在了十字光标上。捕捉齿轮左端中心为定位点，给出角度 90°，完成提取。

执行【绘图】→【图库】→【插入图符】，选择“螺母”→“六角螺母”，然后从列表中选取“I 型六角螺母 C 级”（GB/T 41—2016），并保留视图控制开关 1，选择规格尺寸 M20。然后给出角度 90°，以螺母与垫圈接触面的中心为定位点提取螺母。

执行【绘图】→【图库】→【插入图符】，选择“键”→“平键”，从列表中选取“GB 1096—2016 普通平键 A 型”，保留视图控制开关 1，选择键宽 $b=8$，键长 $l=28$，以轴上键槽左下角点为定位点提取键。

标注尺寸：

执行【标注】→【尺寸标注】，在“基本标注”方式下完成装配图中的尺寸标注，其中标注配合尺寸时，应在确定尺寸线位置之前单击鼠标右键，将“尺寸标注属性设置”对话框中的公差与配合栏的输入形式切换为“配合”，该对话框变为如图 8-32 所示形式，从中设置相应的孔、轴公差带代号后，单击“确定”按钮。

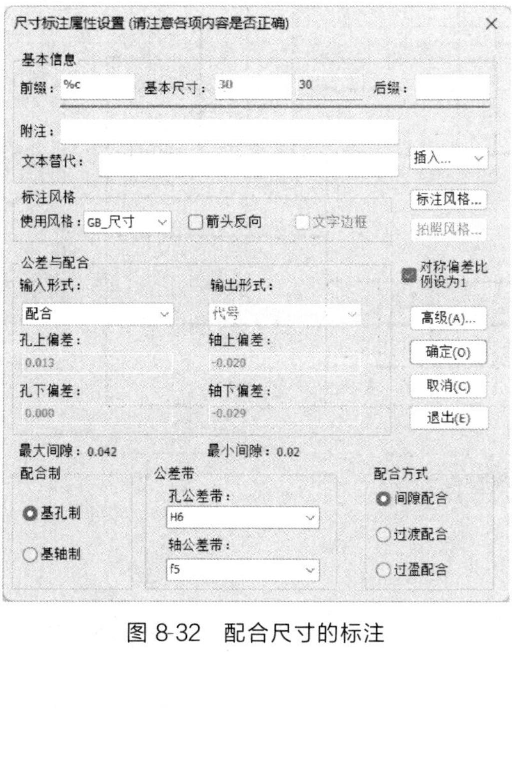

图 8-32　配合尺寸的标注

编写序号并填写明细表：

执行【幅面】→【序号】→【生成】，并确定菜单中的各项，依次将 5 个零件的序号标出。然后执行【幅面】→【明细表】→【填写明细表】，完成全图（图 8-33）。

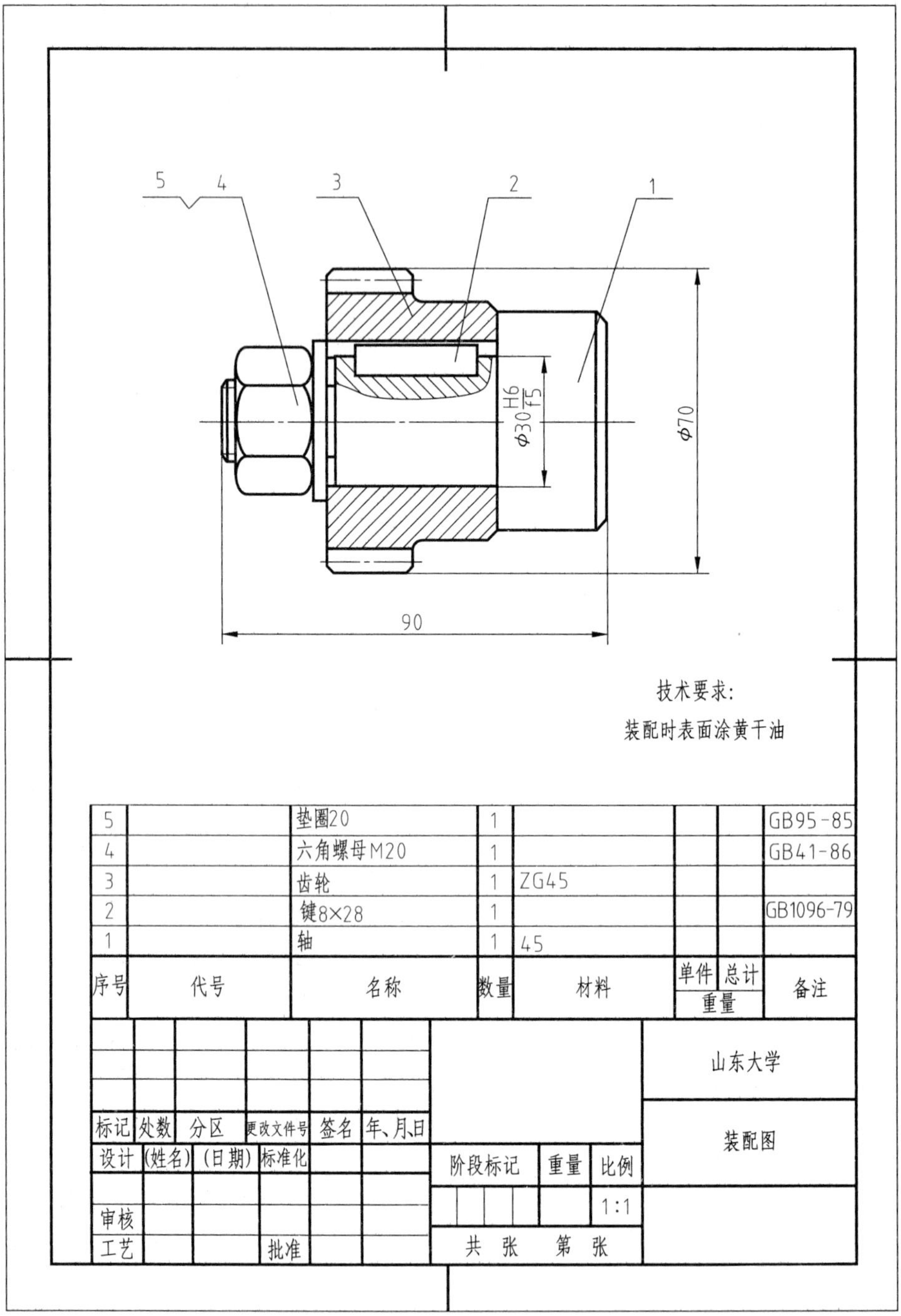

图 8-33　装配图

8.5.2 综合示例

例 8-4：参照图 8-34 重新在 A3 图纸上绘制千斤顶的装配图，零件图见图 8-35～图 8-40。

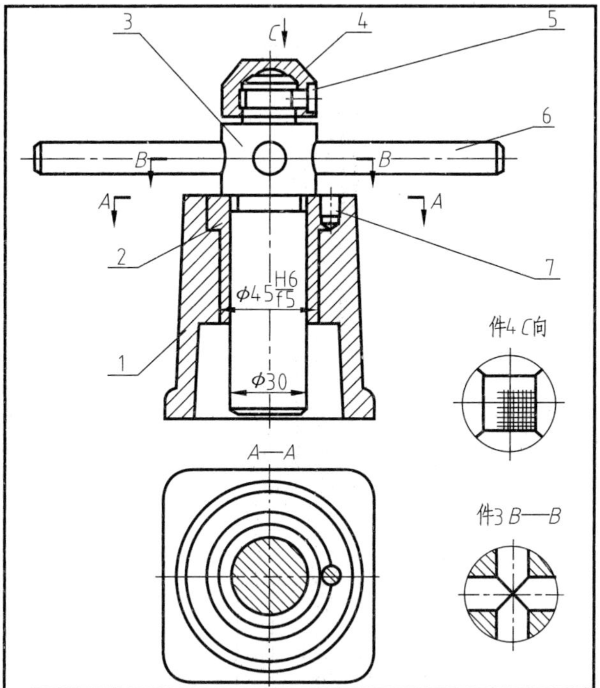

7	M12×16	螺钉	1	35			
6		螺钉	1	45			
5	M12×16	螺钉	1	35			
4		顶盖	1	Q235-1			
3		螺杆	1	45			
2		螺塞	1	HT240			
1		底座	1	HT150			
序号	代号	名称	数量	材料	单件 重量	总计 重量	备注

图 8-34　画装配图示例

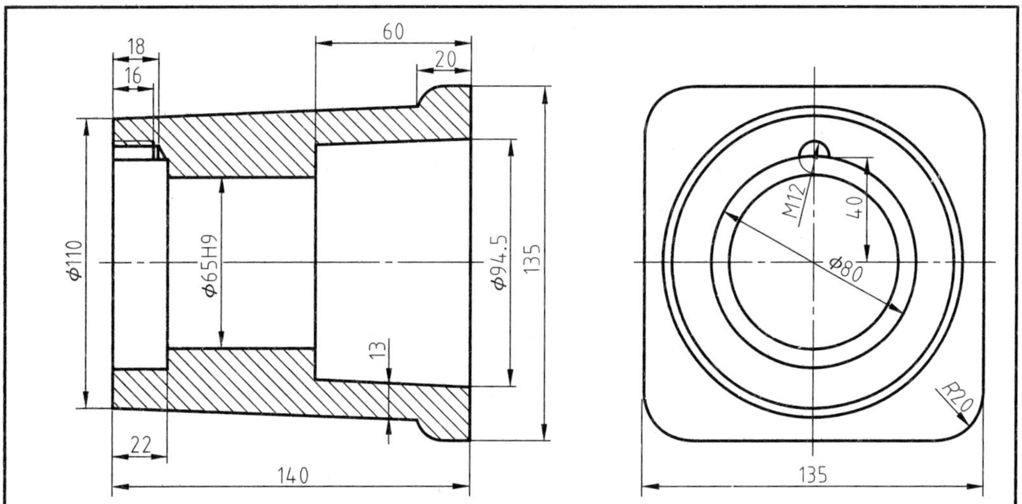

技术要求
1.圆角均为C3
2.圆角半径R3～5。

标记	处数	更改文件号	签字	日期	图样标记	重量	比例	底座
设计							1:1	
		日期			共　张	第　张		

图 8-35　底座零件图

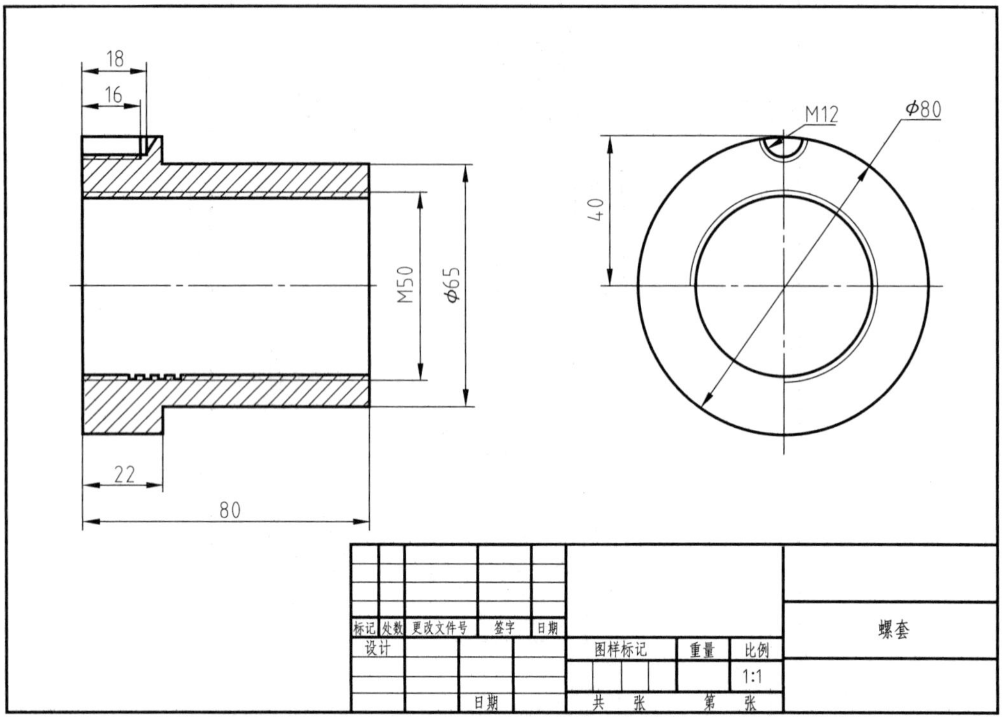

图 8-36 螺套零件图

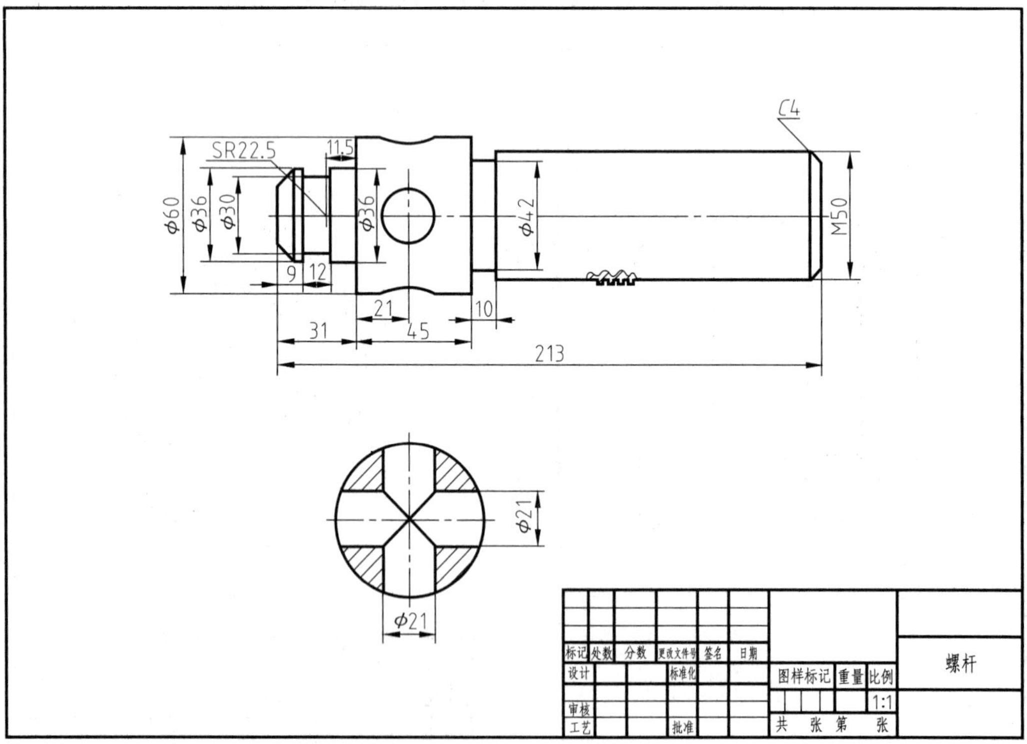

图 8-37 螺杆零件图

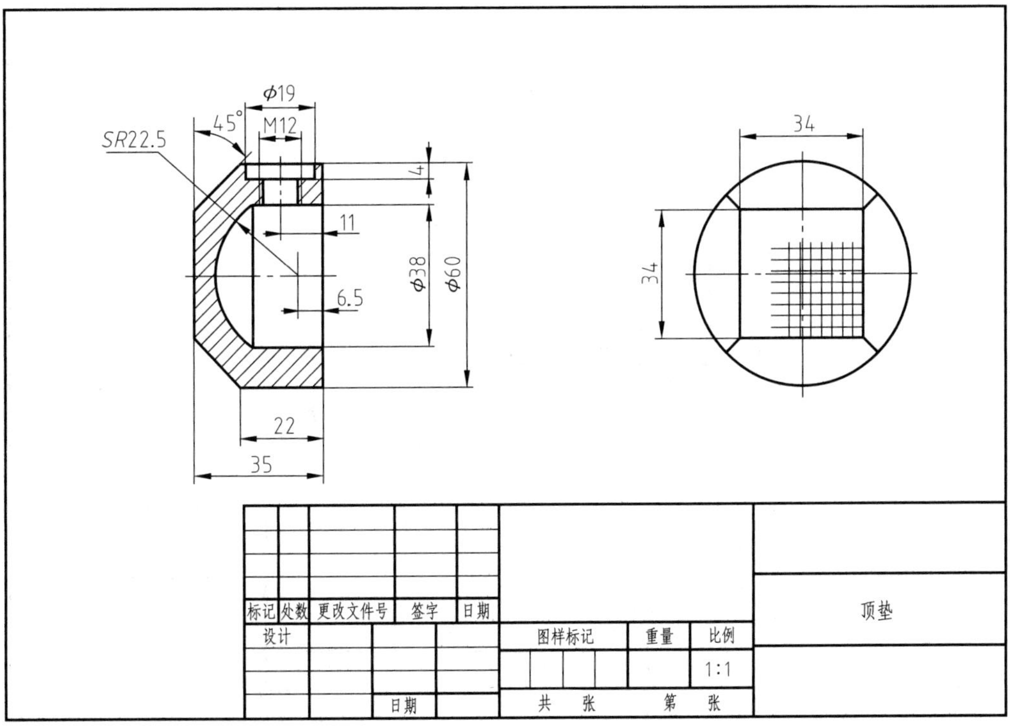

图 8-38 顶垫零件图

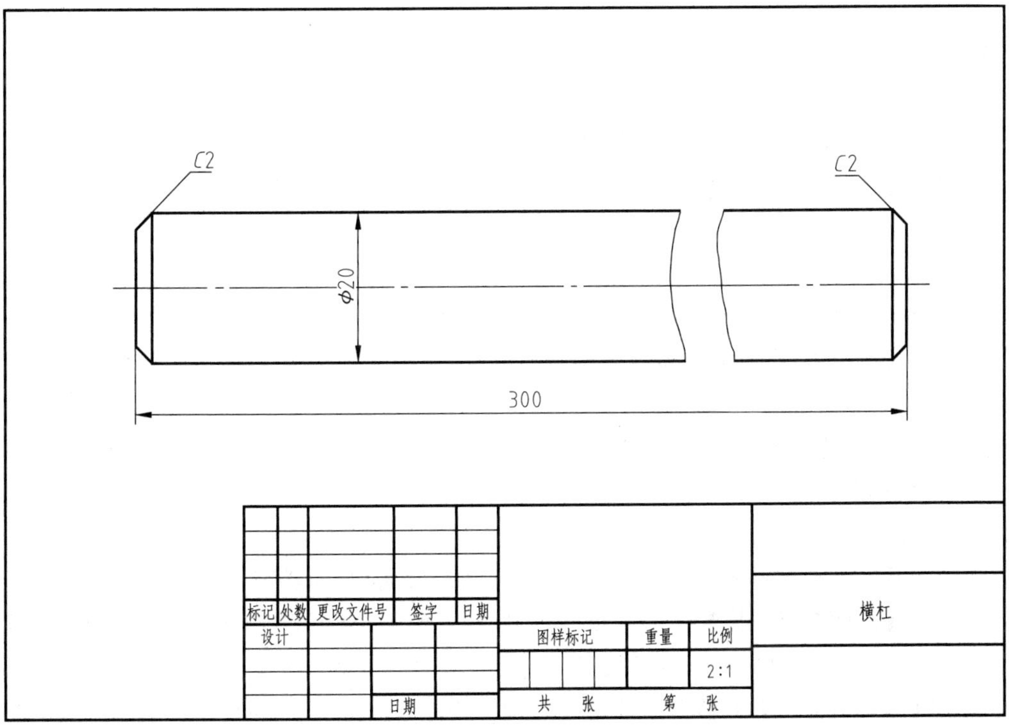

图 8-39 横杠零件图

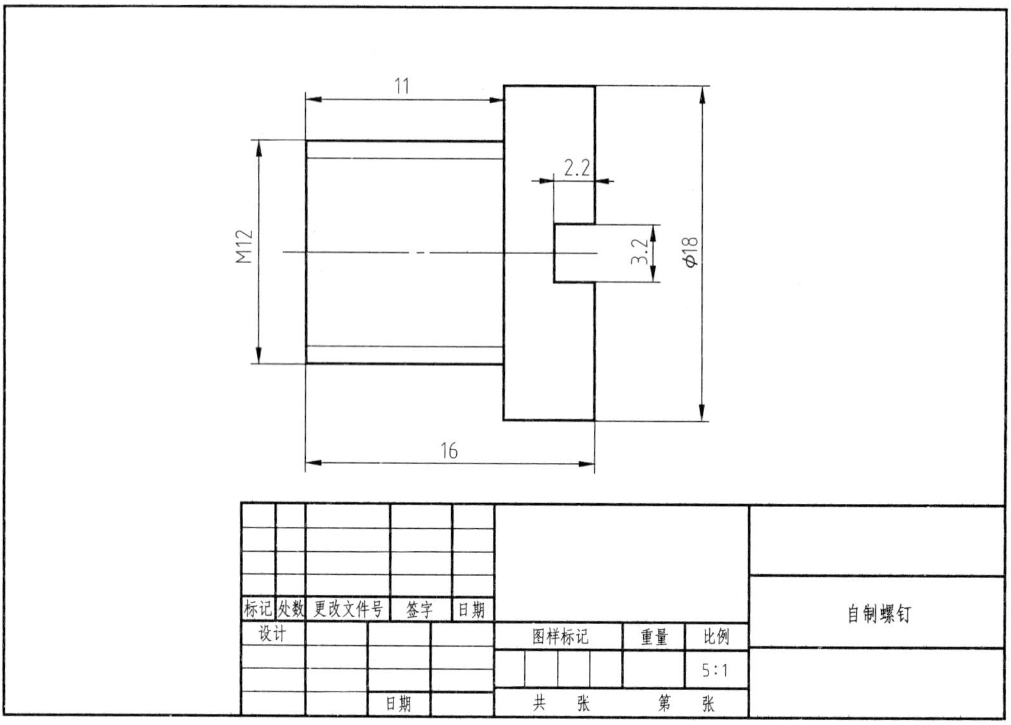

图 8-40 自制螺钉零件图

参考操作步骤：

① 画出各个零件图（略）。

② 从主菜单选择【文件】→【打开】，打开底座的零件图。

③ 选择【格式】→【图层】，通过【层控制】对话框将尺寸线层关闭。

④ 选择【文件】→【部分存储】，将底座的主要轮廓部分存储为新文件。

⑤ 重复执行前面的步骤，得到各个非标准件的部分存储图形。

⑥ 创建一个新的 CAXA 文件，命名为“千斤顶装配图 .exb”。

⑦ 选择【幅面】→【图幅】，设置图幅为 A3，横放，绘图比例为 1∶2，并调入相应的图框和标题栏。

⑧ 选择选择【文件】→【并入】，选择底座的部分存储文件，指定合适的插入位置（图 8-41）和旋转角度（－90°或 270°）后，底座的基本轮廓被并入当前文件中，得到如图 8-42 所示图形。

⑨ 依次并入其他零件图中的所选图形，得到如图 8-43 所示图形。

⑩ 选择【绘图】→【图库】→【插入图符】，选择“螺钉”→“紧定螺钉”，从图符列表中选取“GB/T 73—2013 开槽平端紧定螺钉”，然后单击“下一页”按钮。

⑪ 在【图符预处理】对话框中按图 8-44 所示选择规格尺寸（M12×16），单击“确定”按钮。根据系统提示指定定位点和旋转角，完成紧定螺钉的提取。

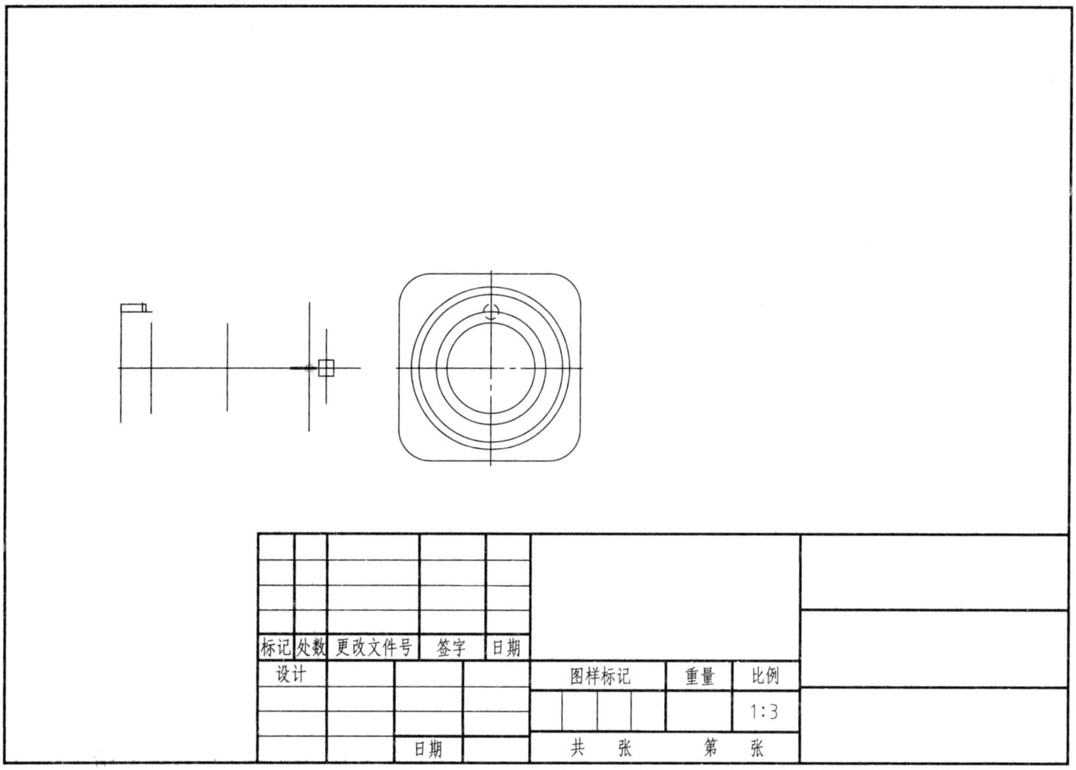

图 8-41 指定被并入图形的位置和角度

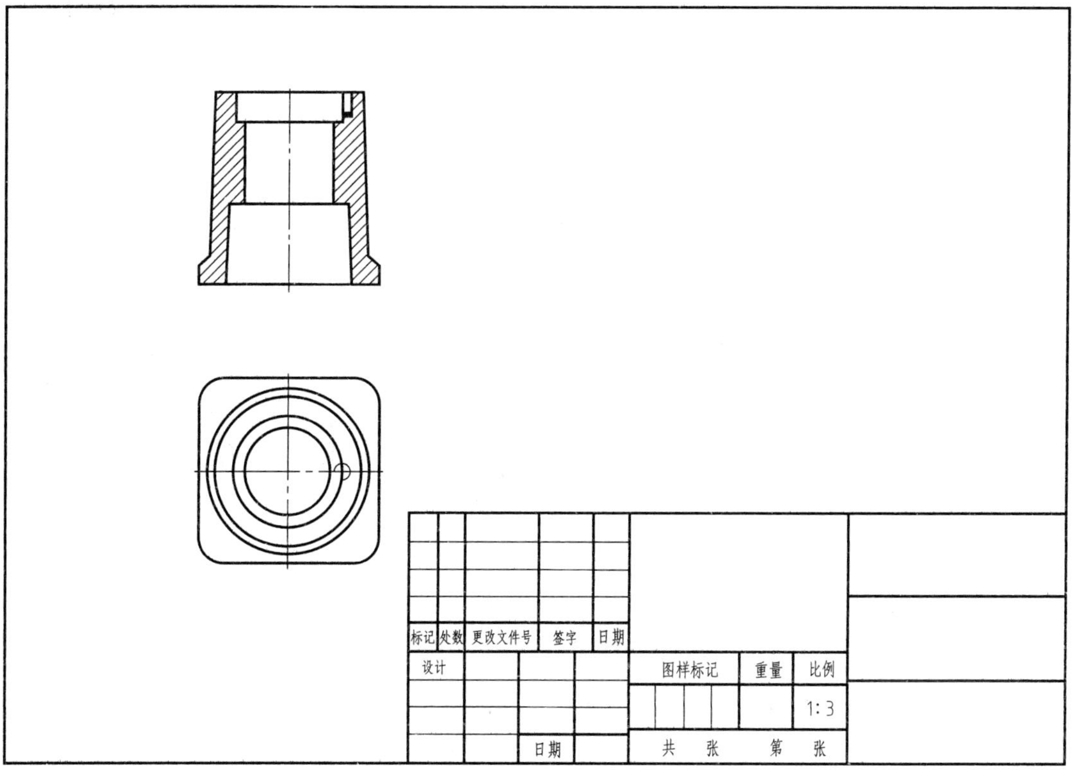

图 8-42 并入底座的部分存储文件

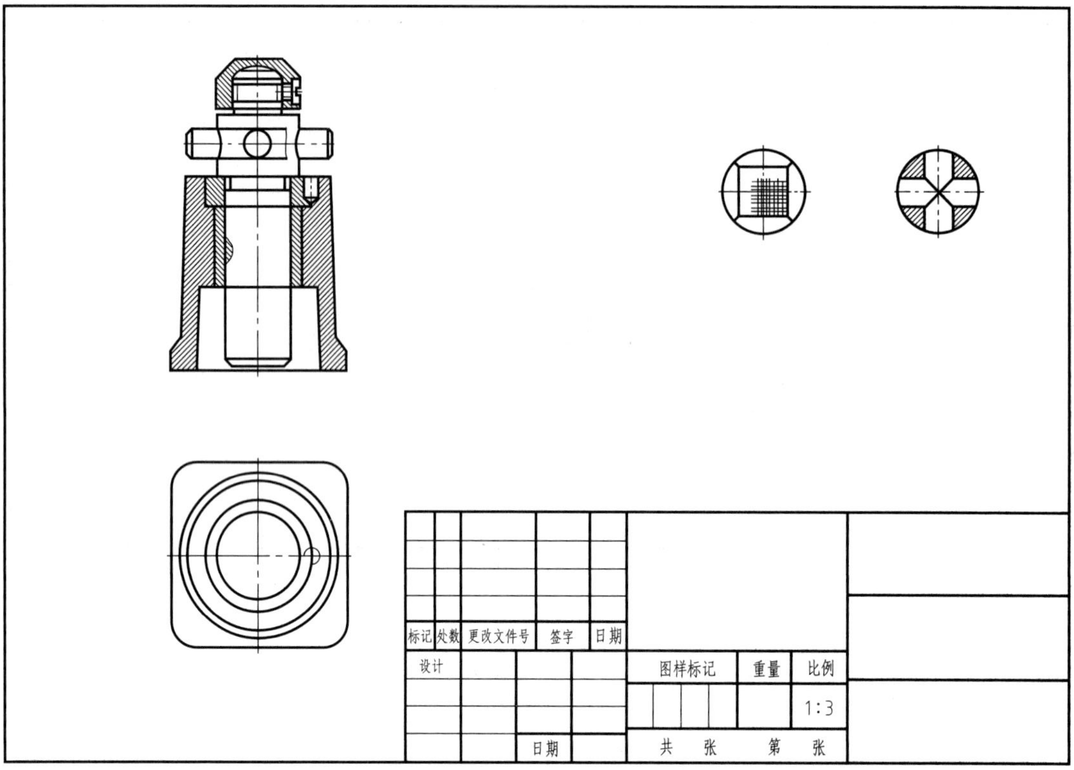

图 8-43　并入文件后的图形

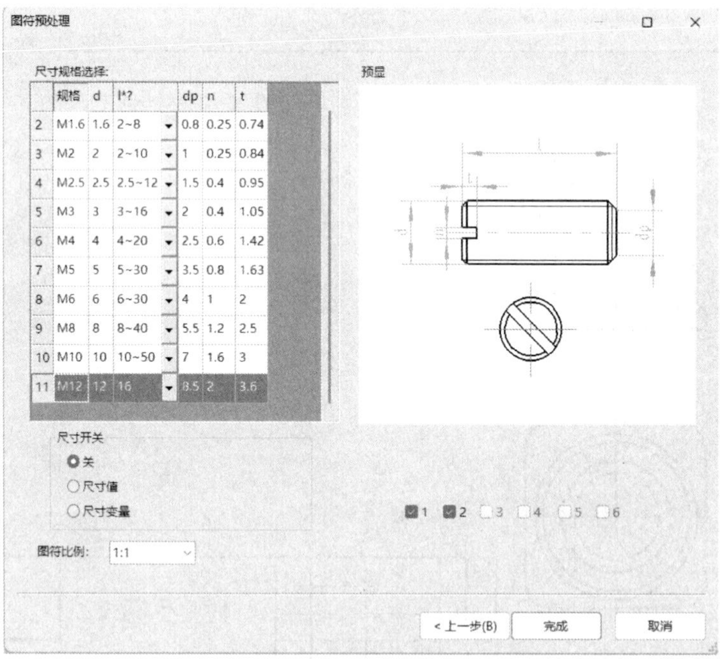

图 8-44　紧定螺钉图符的预处理

⑫ 选择【绘图】→【平行线】，利用竖直中心线在辅助线层画两条偏移线（双向偏移，距离为 150）。然后选择【修改】→【拉伸】，将立即菜单第一项切换为“窗口拾取”，第二项切换为“给定两点”，打开“正交”开关，然后用窗口拾取横杠左端（图 8-45），根据系统提

示给定两点，将横杠拉伸到辅助线位置。同样，将横杠右端拉伸到相应位置。然后选择【修改】→【删除】、【裁剪】等命令，剪除横杠上的多余线段。

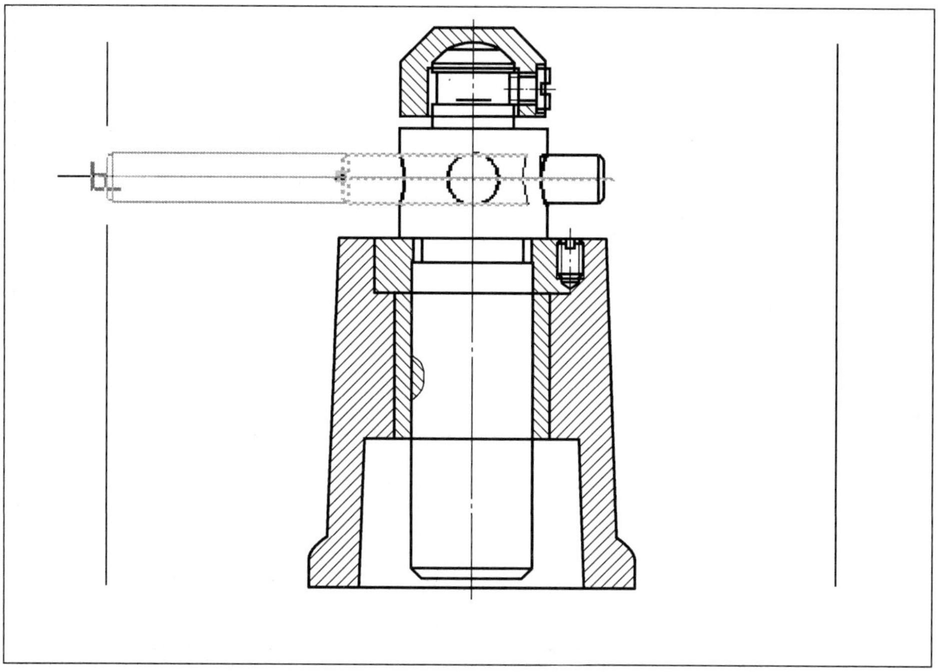

图 8-45　拉伸横杠

⑬ 在新窗口中打开顶垫的零件图，选择【编辑】→【复制】，根据系统提示将顶垫的左视图（不包括尺寸标注）复制到剪贴板，然后回到当前窗口，选择【编辑】→【粘贴】，将顶垫的左视图复制到当前图形中。用同样的方法，将螺杆的断面图复制到当前图形中，得到图 8-46。

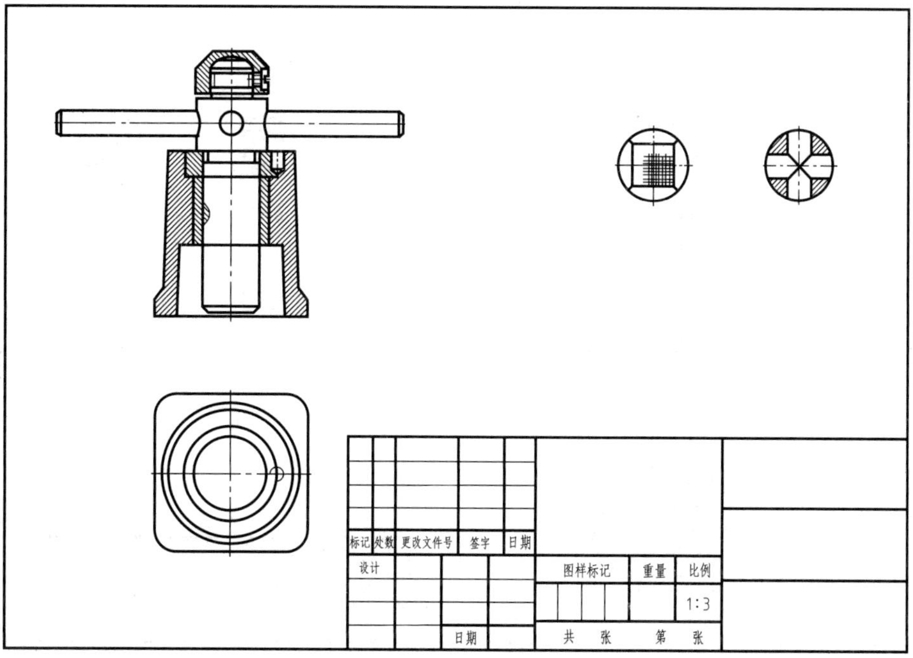

图 8-46　复制视图

⑭ 选择【修改】→【裁剪】、【删除】以及【绘图】→【直线】等基本操作，修整图形并调整视图位置，得到如图 8-47 所示图形。

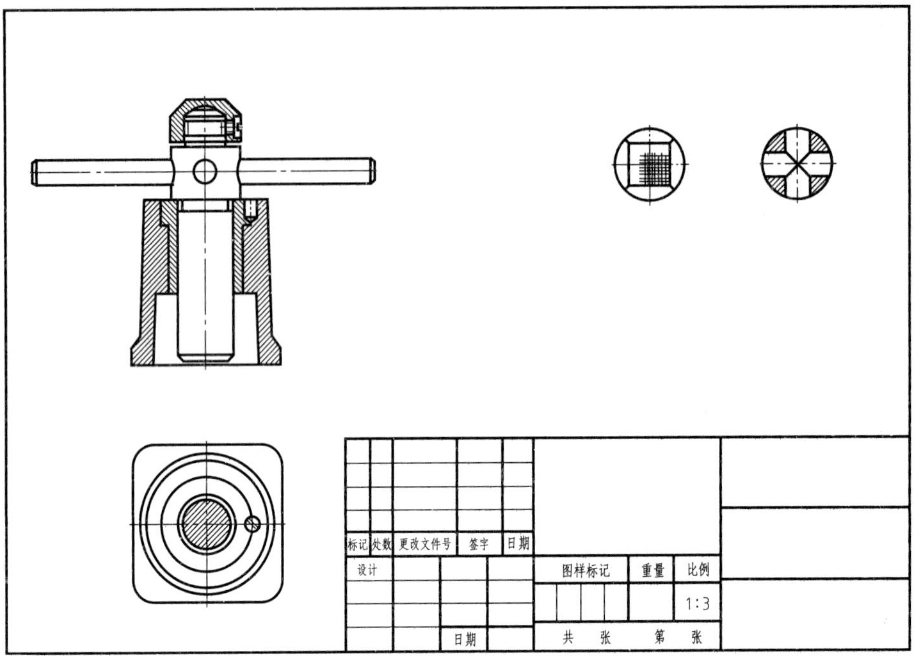

图 8-47　修整后的图形

⑮ 选择【格式】→【图层】，建立一个细双点画线层。

⑯ 选择【修改】→【平移复制】，画出千斤顶的极限位置，并修改其属性为细双点画线层，得到如图 8-48 所示图形。

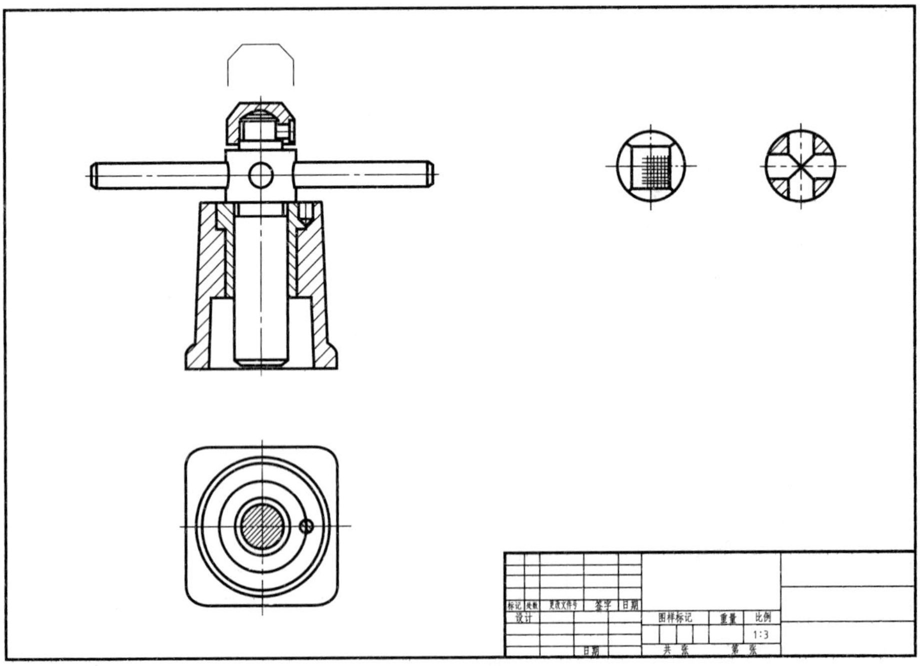

图 8-48　画千斤顶的极限位置

⑰ 选择【标注】→【尺寸标注】以及【标注】→【剖切符号】等，标注必要的尺寸符号和说明等，得到图 8-49。

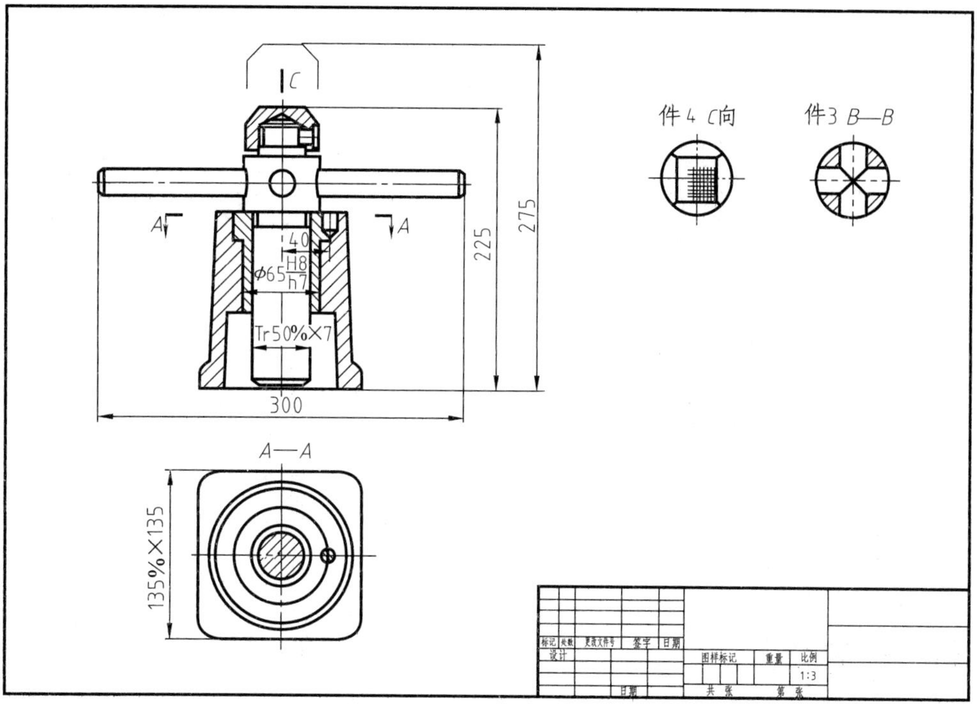

图 8-49　标注尺寸和工程符号

⑱ 选择【幅面】→【生成序号】，编写零件序号并填写明细表，得到图 8-50。

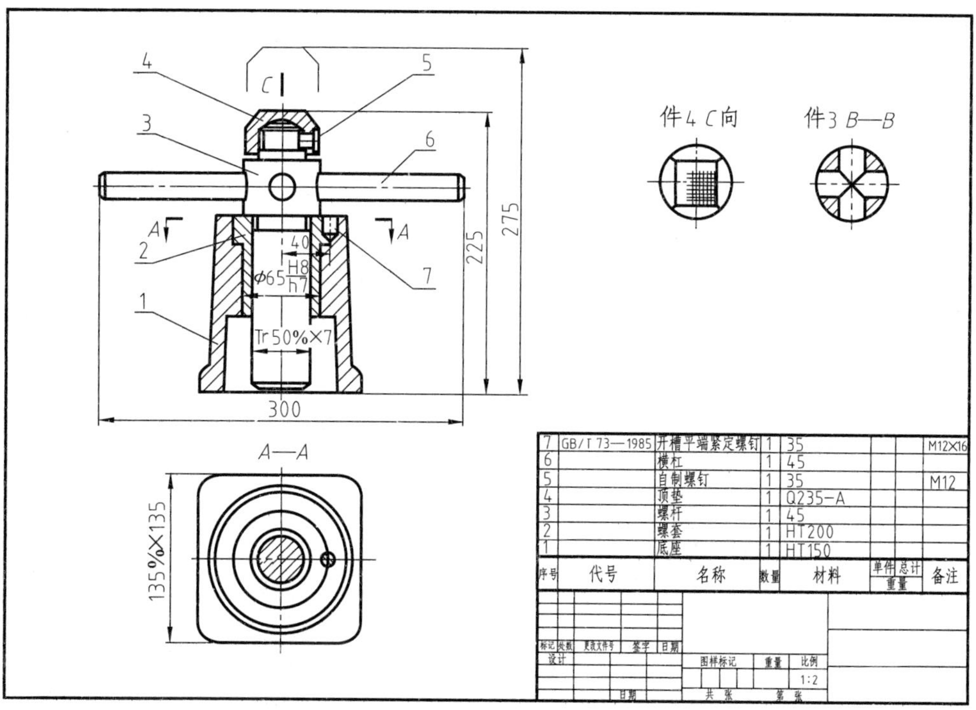

图 8-50　生成零件序号及明细表

⑲ 选择【标注】→【技术要求】，填写技术要求，选择【幅面】→【标题栏】→【填写】，填写后得到图 8-51。

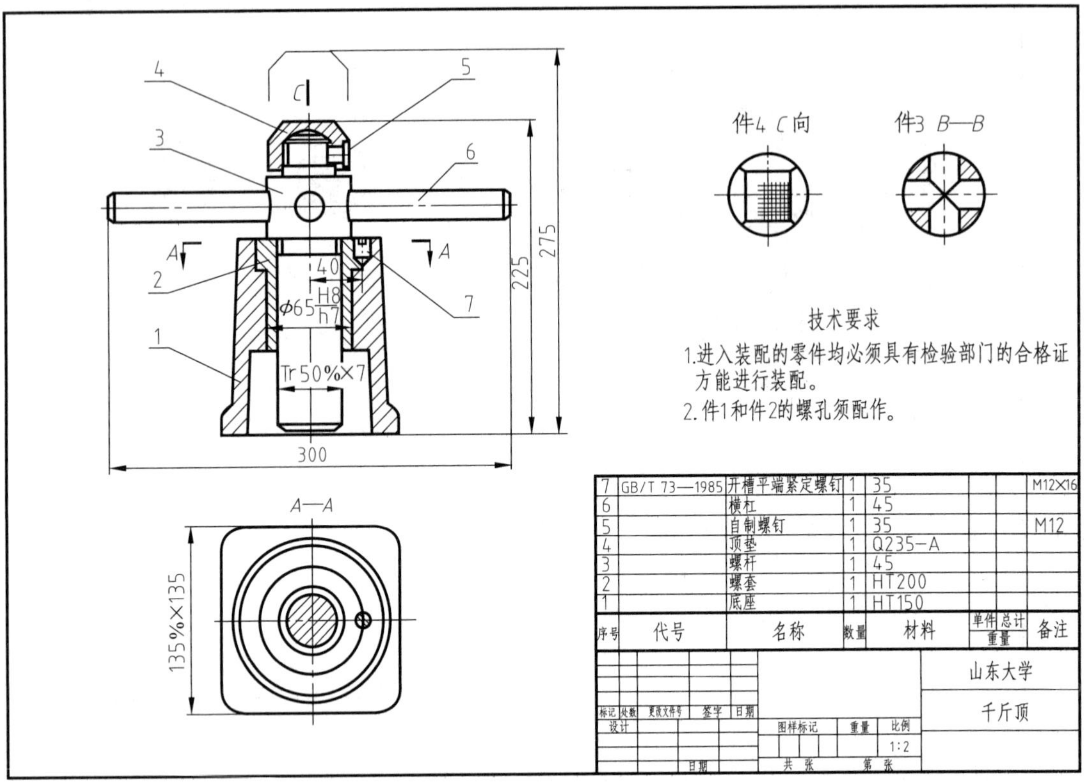

图 8-51 千斤顶的装配图